U0960060

天津大学"十四五"规划教材

红外辐射传热传质理论与应用

主　编　褚治德
副主编　杨俊红　王一建

天津大学出版社
TIANJIN UNIVERSITY PRESS

图书在版编目（CIP）数据

红外辐射传热传质理论与应用 / 褚治德主编 ; 杨俊红, 王一建副主编. -- 天津 : 天津大学出版社, 2025. 1. -- (天津大学“十四五”规划教材). -- ISBN 978-7-5618-7870-5

Ⅰ. TK124

中国国家版本馆CIP数据核字第2025T293A4号

HONGWAI FUSHE CHUANRE CHUANZHI LILUN YU YINGYONG

出版发行 天津大学出版社
地　　址 天津市卫津路92号天津大学内（邮编：300072）
电　　话 发行部：022-27403647
网　　址 www.tjupress.com.cn
印　　刷 北京虎彩文化传播有限公司
经　　销 全国各地新华书店
开　　本 787mm×1092mm　1/16
印　　张 13
字　　数 301千
版　　次 2025年1月第1版
印　　次 2025年1月第1次
定　　价 70.00元

编委会

前 言

Preface

为什么有传质？中国的现实是什么？随着我国工业、农业、医疗卫生业、航天航空业等的发展，传质业也迅猛发展，本书主要研究红外辐射传热传质理论与应用。

本书作者众多，他们是实验者、劳动者、实践者、创新者，他们与我国的飞速发展共同前进，是历史的见证人。不与实践相结合，将一事无成，这是哲学告诉我们的真理，脱离实际是反哲学观，不可取。

本书主要内容如下。

政论：主要指高等教育史的政论，中华人民共和国教育部提出全面推进课程思政建设（在所有高校所有学科专业），这是中国的政论。这就是依法治国。

红外辐射传热传质理论：红外辐射具有双重性，即电磁波与光量子论双重性。光量子论可提供生物、生命材料、发酵材料、人体皮肤、中草药、热敏性材料等对光的吸收光谱。本书除介绍普朗克定律外，还介绍爱因斯坦光电效应量子论及潘建伟世界领跑的“量子通信技术”等，该技术远超美国。

金属漆面及木板表面层干燥：根据化学动力学规律，漆表面温度升高 10 ℃可提高漆膜化学反应速度 1~3 倍，因此这一阶段最好采用 3 μm 波段的高温辐射，即可利用 730 ℃辐射器表面温度，这是高温定向辐射所特有的现象。

红外辐射加热热敏基材粉末涂层快速固化：普通人造板甲醛超标会对人体带来严重的健康危害，亟待解决，木质人造板可以达到零甲醛排放效果，是木材涂装技术的一次革命，这是五源科技院士工作站光电工程研究室的干燥技术。

恒定条件与变化条件下厚木板干燥：国际干燥咨询委员会主席、国际干燥界权威杂志 *Drying Technology* 主编 A.S.Mujumdar 教授指出“干燥技术的进步依靠改革与创新，而创新技术的基石则是干燥理论基础的研究”，天津大学红外辐射干燥技术研发团队遵照先辈的教导，大力抓好创新技术的基石，并得到多项资助，包括国家自然科学基金 4 项、天津市自然科学基金 5 项、国家中医药管理局项目 1 项。经过 20 多年的不断努力，团队搭起实验台，建起模拟实验装置，购买大量的先进仪器及设备，开展大量的实验室实验，进入工厂，进行工程实验验证与创新，并获 4 项国家科学技术进步奖。本书以视图方式作出供温曲线、木板的多层温度曲线与蒸发面曲线，能清晰地看到木材中的热能是如何传入内部的，以及水分是如何从内部迁移出来的。

红外辐射果蔬干燥及干燥机应用：水果和蔬菜是农业生产中除谷物外最重要的农作物，芦英林教授创建的三环转筒干燥机是科技部等五部委批准的国家级重点新产品项目、科技部创业基金重点资助项目，通过了 ISO9001 国际质量管理体系认证，设备技术性能达到国际先进水平，获得中国发明专利，且一次性投资少、烘干成本低、烘干品种多。

红外辐射供暖：楼宇、住宅电热地膜红外供暖可快速使人获得热感，且感受舒适、成本低；智能化的储热管理与调度，能解决能源不足问题，大面积用于办公楼和家用住宅的红外辐射供暖系统已运行多年，前景看好。

热像仪功能：设计辐射加热器及生产过程检测，效果甚好。

热像功能：热像技术、激光技术与光干涉技术是现代三大光学测量技术，红外热成像技术应用于医学领域已有几十年历史。其特点是收集和分析人体表面辐射信息，这也符合中医“有诸内者，必形诸外”“司外揣内，以象测脏”的诊断思想。诸凯教授的舌体传热与中医舌诊项目 1988 年获 2 项天津市自然科学基金资助、2 项国家自然科学基金资助，并于 1995 年获国家科学技术进步三等奖，为中医舌诊理论做出重要贡献。

充分利用高品位能量提高能源效率：高品位能量即高温能量，需要充分利用高温能源资源。从工程热力学实践即可看出，三环转筒干燥机进口燃气温度可高达 800 ℃，热效率可高达 65%~75%，是普通翻板干燥机的 5（70/14）倍、网带干燥机的 6.4（70/11）倍，这是干燥工程的巨大创新。传质（干燥、脱水、蒸发）过程的热效率公式说明，没有脱水，就得不到工程的热效率。

红外辐射高效节能、污染少、投资少，不用锅炉与管道，也不用水，可为人类提供理想的生态环境。

本书作者褚治德等获 4 项国家科学技术进步奖，并享受国务院特殊津贴。本书编写与实（试）验过程得到国家自然科学基金委、国家医药管理局、天津市科委的资助，以及天津大学机械工程学院、五源科技院士工作站光电工程研究室、全国红外加热暨红外医学发展研讨会及 85 岁老伴金永娟的后勤全力支持，在此一并感谢！

对于书中存在的疏漏之处，也请读者不吝赐教。

褚治德

2024 年 6 月于天津大学

目 录

Contents

第 0 章 政论：教育能力的培养——思政、能力、创新、爱国

0.1 教育部：全面推进课程思政建设（在所有高校、所有学科专业）

2020 年 5 月 28 日，教育部印发《高等学校课程思政建设指导纲要》（以下简称《纲要》），以全面推进高校课程思政建设。

《纲要》提出，课程思政建设要在所有高校、所有学科专业全面推进，围绕全面提高人才培养能力这一核心点，以及政治认同、家国情怀、文化素养、宪法法治意识、道德修养等重点，优化课程思政内容，提升教师开展课程思政建设的意识和能力，系统进行中国特色社会主义和中国梦教育、社会主义核心价值观教育、法治教育、劳动教育、心理健康教育、中华优秀传统文化教育，坚定学生理想信念，切实提升立德树人的成效。

0.2 教育部、财政部、国家发展改革委公布第二轮“双一流”建设高校及建设学科名单

2022 年 2 月 9 日，教育部、财政部、国家发展改革委公布第二轮“双一流”建设高校及建设学科名单，天津市有 5 所高校及 14 个学科入围。其中，南开大学有 6 个学科，天津大学有 5 个学科（包括化学、材料科学与工程、动力工程及工程热物理、化学工程与技术、管理科学与工程，其中动力工程及工程热物理为本轮新入选学科），天津工业大学有 1 个学科，天津医科大学有 1 个学科，天津中医药大学有 1 个学科。

新一轮“双一流”大学建设将以学科为基础，淡化身份色彩，探索自主特色的新模式，发

展和引导各高校在特色优势领域和方向上创建一流学科。

建设世界一流大学和一流学科是新时代高等教育强国建设的引领性和标志性工程，对于提高高等教育综合实力、支持创新驱动发展战略、服务经济社会高质量发展具有重要意义。

0.3 天津市推进高等教育高质量内涵发展

从 2021 年起，天津市围绕服务国家重大战略、天津产业布局和区域经济社会发展的需要，实施加快推进“双一流”建设，加快推进部市共建南开大学、天津大学、天津医科大学、天津工业大学、天津中医药大学，提升国家层面 5 所部市共建“双一流”高校水平，培育一批顶尖学科，建设 200 个国家一流本科专业、 200 个国家一流本科课程，推动 9 所市属本科高校和 2 所共建高校高水平特色大学建设取得标志性成果。

从 2021 年起，为加强一流本科教育，天津市推动实施“六卓越一拔尖”计划 2.0，支持高校开展新工科、新医科、新农科、新文科教育与实践，深入推进一流本科专业和本科课程。

推进一流研究生教育，提升研究生的实践能力和创新能力，推进研究生课程改革，推出一批研究生教育精品示范课程；加强研究生系统科研训练，以大团队、大平台、大项目支撑高质量研究生培养，着力提升研究生学术能力；对接产教融合型企业、科研院所建立一批产教融合联合培养基地；鼓励高校设立一批产业（行业）导师，强化专业学位研究生双导师队伍建设。

0.4 我国教育与创新的未来发展

中国梦是最大的想象力、智慧与创新。创新是推动国家发展和社会进步的不竭动力。当今世界，各国的竞争实际上就是创新的竞争。这些想象力和创新从何而来？当然是教育。

教育是国之大计、党之大计。“十四五”时期，我们要从党和国家发展全局的高度，全面贯彻党的教育方针，坚持优先发展教育事业，坚守为党育人、为国育人，努力办好人民满意的教育，在加快推进教育现代化的新征程中培养能担当民族复兴大任的时代新人。

我国高校要勇挑重担，聚焦国家战略需要，瞄准关键核心技术，加快技术攻关。

当今世界正经历百年未有之大变局，科技创新是其中一个关键变量。我们要于危机中育先机、于变局中开新局，必须向科技创新要答案。要充分认识推动量子科技发展的重要性和紧迫性，加强量子科技发展战略和系统布局，把握大趋势，下好先手棋。

量子科技发展突飞猛进，是新一轮科技革命和产业变革的前沿领域。加快发展量子科技，对促进高质量发展、保障国家安全具有非常重要的作用，也具有重大科学意义和战略价值。量子科技领域的重大颠覆性技术创新，将引领新一轮科技革命和产业变革方向。

总体来看，我国已经具备在量子科技领域的科技实力和创新能力，同时也要看到我国的短板与不足。我国要突破关键核心技术，努力在关键领域实现自主可控，抢占量子科技国际竞争制高点，加强多学科交叉融合和多技术领域集成创新，形成我国量子科技发展的体系化能力。

我国要建立健全政策支持体系和良好政策环境，培养造就高水平人才队伍，培养善于统筹协调的世界级科学家和领军人才，发现一批创新思维活跃、敢闯"无人区"的青年才俊和顶尖人才，营造有利于激发科技人才创新的生态系统。

欧洲、美国和日本都在大力研究量子通信。据报道，日本东芝的目标是2035年量子密码通信业务的销售额超过5 000亿日元（约合317.6亿元人民币），占世界市场份额的四分之一。

日本东芝首先从2021年1—3月向防卫省、自卫队和警察厅提供收发密码的专用设备和线路；然后计划通过与美国、英国和亚洲各国通信企业等的合作，扩大业务范围。东芝将于2025年之前开始提供服务，助力企业利用量子密码通信技术在内部传送机密性较高的客户数据等信息。

复习题

1. 教育部全面推进课程思政建设的意义是什么？

2. 教育部、财政部、国家发展改革委公布第二轮"双一流"建设高校及建设学科名单的意义是什么？

3. 发展量子科技的战略意义是什么？

第 1 章
红外辐射传热的基本理论 1:电磁辐射波谱

1.1 红外辐射传热的基本概念

1.1.1 电磁辐射波谱

电磁辐射遵循横波传播定律,所谓横波就是质点的振动方向垂直于传播方向的波。图 1-1 所示为整个电磁辐射波谱及其产生机理。电磁波的波长范围很宽,以短波的电磁波至可见光,有 γ 射线、X 射线和紫外线,这主要是高能物理学家和核能工程师所感兴趣的部分,其是靠放射性裂变或电子轰击产生的;而长波的微波和无线电波则是电气工程师所关心的部分,其是靠电子回路的放大振荡产生的。波长为 0.1~100 μm 的电磁辐射波谱中包括一部分紫外线、全部可见光和红外线,这些射线称为热射线,其是由固体中的分子振动或晶格振动或固体中束缚电子的迁移产生的,其传播过程称为热辐射。

红外线是怎样发现的呢? 1676 年,牛顿用玻璃做的三棱镜发现了可见光谱有七色,即红、橙、黄、绿、青、蓝、紫。1800 年，赫舍尔为了测量这七种光中到底有多少热量，在七种色带上分别放上一支水银温度计，同时将一支温度计放在靠近红区的外部，他偶然发现这支在暗处的温度计温升特别高，由于它位于可见光红区的外部，因而得名红外线。

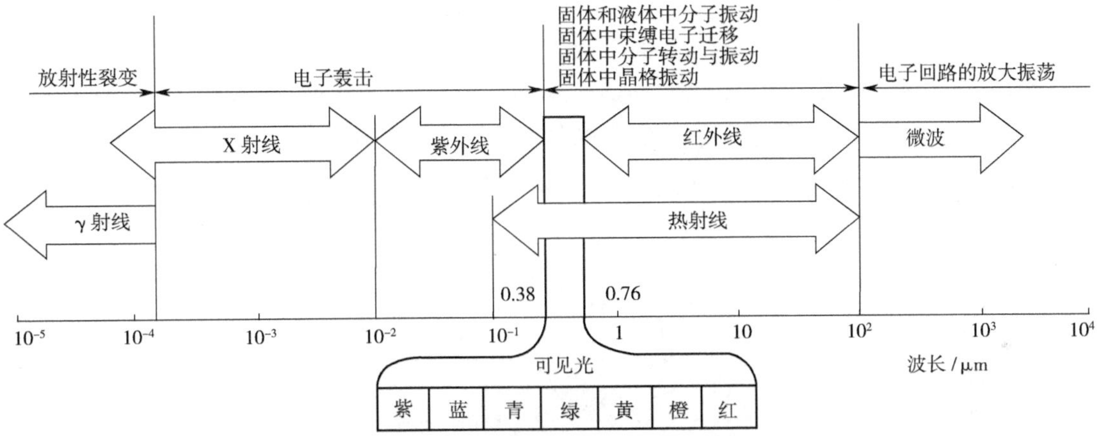

图 1-1　整个电磁辐射波谱及其产生机理

1.1.2　红外辐射传热的基础理论：电磁波动说与光量子论

由于无论用电磁波动说或者光量子论都不能全部解释清楚所有的实验观察结果，但是辐射能的传递可以依靠电磁波或光子的能量发射实现已被证实，因此人们称辐射具有双重性，即电磁波与光子的双重性。光量子论定律的表达式为

$$E = h\nu \tag{1-1}$$

式中　E——一个光子的能量（J）；

h——普朗克常数，h=6.624 × 10^{-34} J·s；

ν——光的频率（s^{-1}）。

光量子论在光电子发射、光子探测器等方面均得到了应用，如热像仪中的光子探测器就是通过光电效应将光子转换为电信号，此电信号的数值单位称为热值（IU），而热值又与辐射温度相关，因而可用热像仪测试物体表面的温度。

所有的电磁波和光子发射都是以光速传播的，真空中的光速 c_0=2.997 7 × 10^8 m/s，常取 3 × 10^8 m/s。其他介质中的光速都比真空中的光速低，可用介质的折射系数 n 求出，即 $c=c_0/n$，气体的折射系数 $n≈1$，因此气体中的光速也取 3 × 10^8 m/s。

不同的单色光必定具有不同的波长，且波长比频率容易测准，所以测试物体的发射率或吸收率的红外光谱仪的横坐标均以波长（或波数）表示。但出现折射时，由于射线从一种介质进入另一种介质时的频率不变，而光速和波长会发生改变，因此辐射具有典型的波性质，波长和频率之间的关系为

$$c = \lambda\nu \tag{1-2}$$

式中　c——光速（m/s）；

ν——频率（s^{-1}）；

λ——波长（m）。

热辐射也称为光学辐射，因而有关光的投射、反射、折射的概念和规律同样适用于热辐射。

图 1-2 所示为辐射能流 Q_E 投射到物体 2 上时，一部分能流 Q_A 被吸收，使物体 2 升温；一部分能流 Q_R 被反射；还有一部分能流 Q_T 被透射。图中，φ_i、φ_o 和 φ_d 分别为入射角、反射角和折射角。

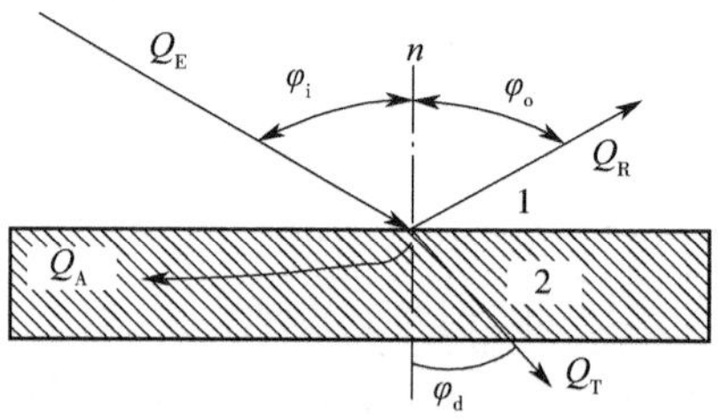

图 1-2　投射到物体上的辐射能流的分配

这种吸收、反射、透射份额的大小由物体的性质决定，并分别称为该物体对外来辐射能流的吸收率 A、反射率 R 和透过率 T，即

$$\begin{cases} A = \dfrac{Q_A}{Q_E} \\ R = \dfrac{Q_R}{Q_E} \\ T = \dfrac{Q_T}{Q_E} \end{cases} \tag{1-3}$$

根据能量守恒定律，有

$$A+R+T=1 \tag{1-4}$$

从物理意义来看，A、R、T 均只能在 0~1 的范围内变化。被反射和透射的辐射能流除部分被空间介质沿途吸收外，其他将落在周围的其他物体上，并依次被吸收。由此可见，自然界中每一个物体在不断地向空间发射辐射能的同时，又在不断地吸收来自周围其他物体的辐射能。辐射与吸收的综合结果即为辐射换热，这种相互作用的概念十分重要。

物体之间不发生相对位移，只依靠分子、原子及自由电子等微观粒子的热运动而产生的热量传递称为导热；而冷、热流体相互掺混或流体内部因有温差而产生流体的流动换热称为对流换热。可见，无论是导热还是对流换热均需有介质传递能量。而热辐射可以在真空中传递能量，且辐射能仅与温度的 4 次方成正比，而不像导热和对流换热那样与温度的 1 次方成正比，这是辐射换热的另一特点。

1.2 黑体辐射定律

自然界并不存在绝对黑体，如黑丝绒和烟黑的吸收率也只有 0.96，但是可以采用人工方法制作得到绝对黑体模型，如图 1-3 所示。其中，孔径越小，其吸收率越接近于 1，各种物体的辐射吸收能力以“黑体”最大。人造黑体空腔常做成圆柱形，并且底部成锥形（图 1-3（b）），以防止外界射线直射到底面，而反射回出口，黑体炉就是这样制成的。在理论研究与工程测试中，均以黑体炉的发射能量为基准来对比测试得到其他材料的发射率。

在研究辐射换热问题时，最常用到的一个表明物体辐射能力的参量就是辐射力 E（Emissive Power），它表示某一温度的表面在单位时间、单位面积向半球空间所有方向发射的全部波长的辐射能的总量，它的常用单位是 W/m^2，也称为全辐射力或总辐射力。如某一波长范围内的辐射力称为单色辐射力 E_λ，黑体的单色辐射力为 $E_{b\lambda}$。

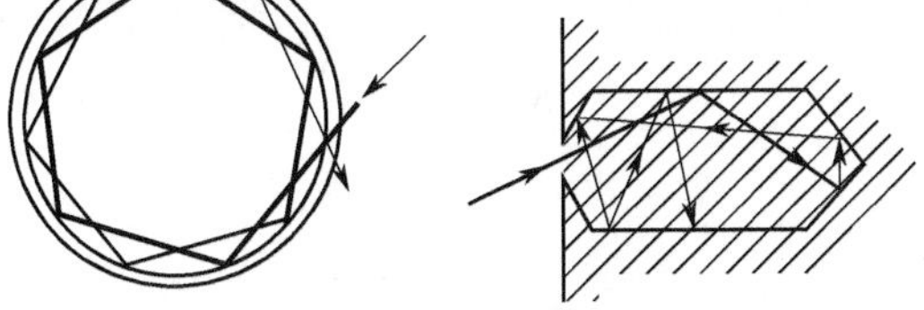

（a）　　（b）

图 1-3　人造黑体的模型

（a）平面图　（b）剖面图

1.3 普朗克定律（1900 年）

普朗克揭示了黑体辐射能按波长分布的规律，给出了黑体单色辐射力 $E_{b\lambda}$ 与波长 λ 和温度 T 的关系，即 $E_{b\lambda}=f(\lambda,T)$ 的具体函数形式。根据量子理论得到的普朗克定律数学式为

$$E_{b\lambda}=\frac{C_1\lambda^{-5}}{e^{C_2/(\lambda T)}-1} \tag{1-5}$$

式中　$E_{b\lambda}$——黑体单色辐射力（W/m^3）；

λ——波长（m）；

T——黑体绝对温度（K）；

e——自然对数的底；

C_1——常数，其值为 3.743×10^{-16} $W\cdot m^2$；

C_2——常数，其值为 $1.438\,7\times10^{-2}$ $m\cdot K$。

式（1-5）是在瑞利-金斯公式与维恩公式基础上用内描法得出的，瑞利-金斯公式的推导是无懈可击的，但结果与实验明显不符，因此瑞利-金斯公式所遇到的困难暴露了经典物理学本身的困难，它动摇了经典物理学基础，物理学家称此困难为“紫外灾难”。

普朗克认为他的公式是用内插法导出的，若不能做出适当的理论解释，其意义将是有限的。因此，他后来的工作主要是试图从理论上导出式（1-5）。经过艰苦努力，他发现构成空腔壁材料的谐振子的能量不能连续取值，而只能取一系列离散值，即只能是一个最小能量单位的整数倍：

$$E=0, E_0, 2E_0, \cdots, nE_0, \cdots$$

式中：$E_0=h\nu$，比例常数 h 即普朗克常数，普朗克称这个最小能量单位 E_0 为能量子。

这一假设使普朗克定律无论在红外的短波段或长波段均与实验吻合。普朗克于 1918 年获得诺贝尔物理学奖。

图 1-4 所示为普朗克定律的图示，其中纵坐标 $E_{b\lambda}$ 为黑体单色辐射力（W/m^3 或 $W/(m^2 \cdot \mu m)$），横坐标为波长 λ（μm）。从图 1-4 中可看出以下 4 个问题。

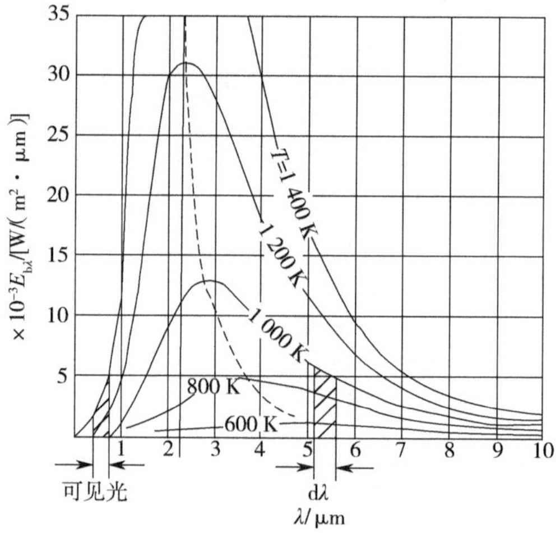

图 1-4　普朗克定律的图示

（1）对某一确定的波长，绝对温度越高，单色辐射力越大，且随着温度的升高，其峰值向短波移动。

（2）每条曲线下的面积表示相应温度的黑体辐射力 E_b，E_b 与 $E_{b\lambda}$ 的关系为

$$E_b=\int_0^{+\infty} E_{b\lambda} d\lambda \quad (W/m^2) \tag{1-6}$$

（3）$d\lambda$ 波长发射的黑体辐射力如图 1-4 中阴影面积所示。其中包括 T=1 000 K，$d\lambda$=5.6−5.2=0.4 μm 的阴影，T=1 400 K 及 T=1 200 K 在可见光区 $d\lambda$=0.76−0.38=0.38 μm 的阴影。由此可见，可见光的黑体辐射力与红外区的电磁波相比所占的百分比很小。

（4）红外热辐射只在 0.76~25 μm 才有实际意义，波长再长，其单色辐射力过小，不具有工程意义。

1.4 爱因斯坦光电效应量子论（1905 年）

1905 年，爱因斯坦在普朗克假设的基础上，提出了光电效应的解释。他认为光不仅在发射和吸收过程中是以 $h\omega$ 为单位一份一份地进行的，在传播过程中也是一份一份地存在的，并称此最小能量单位为光量子，即后来所谓的光子。根据爱因斯坦的解释，当光照射到金属表面时，光子和金属表面的电子直接发生作用，逸出金属表面的电子能量符合下面的方程，即爱因斯坦方程：

$$\frac{1}{2}mc_r^2=h\omega-W \tag{1-7}$$

式中 m——电子的静止质量；

$mc_r^2/2$——光电子最大动能；

ω——光的角频率；

W——逸出功，它和金属材料有关。

这个方程经密立根长达十年的精心实验验证，被证明在各个方面都与实验精确符合。其中，各个方面包括红外辐射长波段与短波段，也包括紫外段。长期以来，前人也有很多理论，如以太论、微粒子论、电磁波论等，但都有不足之处，而爱因斯坦简洁明了地解释了光电效应理论和实验现象。如在式（1-7）中，当光的角频率低于 $\omega_0=W/h$ 时，光电子的最大初动能将成为负值，这是不可能的，也是存在红线频率的原因。而在经典物理学中，这是无法理解的。爱因斯坦的相对论提出，光子以光速并以量子的能量 e_r 前进，则 e_r 为

$$e_r=h\nu_r=mc_r^2 \tag{1-8}$$

式中 c_r——量子的能量（J）；

m——光子质量；

ν_r——光子频率（s^{-1}）；

h——普朗克常数，取 $h=6.624\times10^{-34}$ J·s。

普朗克常数这么小的数值被密立根实验证实。光子应有质量 $m=h\nu_r/c_r^2$，动量为 $mc_r=h\nu_r/c_r$。光子撞击表面引起单位时间内的动量改变，从而产生“辐射压力”。

1900 年，普朗克提出他的定律后，有 4 年时间过着风雨飘摇的生活。1905 年，在瑞士专利局工作的爱因斯坦发表了一个大胆的重大声明，即光电效应理论，从而使普朗克日渐衰颓的发现重获新生。4 年后，爱因斯坦从瑞士专利局调到苏黎世大学从教。光电效应理论是光电池、有声电影、电视，以及现代热像仪、现代遥感技术、微电子技术和众多现代电子技术、现代生物技术的理论基础。爱因斯坦所谓的质量已被证明是能量的一个形式，根据爱因斯坦的式（1-8），一块物质内蕴藏的能量要按把它的质量乘以光速的平方计算。这确实是一个骇人听闻的数量。原子能的量度就是这样的。在日本爆炸的原子弹，也只是发挥出了其质量中所蕴藏的总能量的一小部分。这是爱因斯坦的微观想象力。

爱因斯坦说:“想象力比知识更重要,因为知识是有限的,而想象力概括着世界上的一切,推动着社会进步,并且是知识进化的源泉。”爱因斯坦还说:“提出一个问题,往往比解决一个问题更为重要,因为解决问题也许仅是一个数学或实验上的技能而已,而提出新的问题、新的可能性,从新的角度去看旧的问题,却需要有创造性的想象力,而且标志着科学的真正进步。”

爱因斯坦是光量子论及相对论的创始人,开创了物理学的新纪元,成为世界上最伟大的国际知名的物理学家、科学家之一。爱因斯坦于 1921 年获得诺贝尔物理学奖。

1.5 密立根验证爱因斯坦的光电效应量子论(1923 年)

密立根是美国著名的实验物理学家,他从 1910 年开始着手进行实验以验证爱因斯坦的光电效应量子论,他相信热辐射的波动说,因此对爱因斯坦的理论半信半疑。他设计了一个精密实验装置,采用有效方法获得了单种频率光辐射,并解决了金属电极表面的电位差问题。为了能在没有氧化物薄膜的电极表面上同时测量真空中的光电效应和接触电势差,密立根设计了一个特殊的真空管,在其内安装了精密的实验设备,如图 1-5 所示。密立根选择了 6 种不同波长的单色光,得到 6 种不同的光电流作图,即得到一条漂亮的直线,与爱因斯坦光电效应方程式(1-8)预期的结果非常吻合。密立根还根据这条直线的斜率求出了普朗克常数 h 的值(极小的值),即 $h=6.624\times10^{-34}$ J·s,其与普朗克 1900 年根据黑体辐射求得的数值符合得极好。密立根因长达十年极出色地精密测量并证实了爱因斯坦的光电效应量子论,而于 1923 年获得诺贝尔物理学奖。

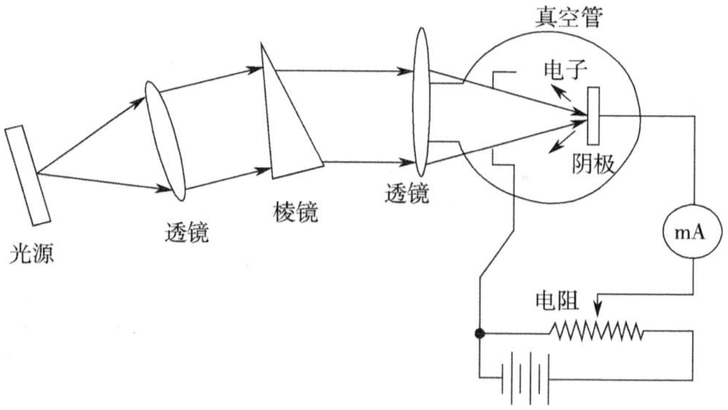

图 1-5 密立根的精密实验装置

从 1760 年兰贝特定律的问世,到 1900 年普朗克定律的出现,跨越了两个世纪共 140 年。但至今还不能以光量子理论或电磁波动理论全面解释所有的实验观察结果,因此人们认为辐射具有双重性。

1701 年牛顿提出了对流换热的冷却定律, 1882 年傅里叶提出了导热基本定律,而黑体辐射定律出现于 1900 年,可见与对流换热和导热相比,辐射理论既古老又年轻。与整个传热学的导热、对流换热相比，狭小的红外领域就有三位学者获得诺贝尔物理学奖，可见红外辐射的重要性。

1.6 潘建伟世界领跑的“量子通信技术”（2017 年）

2017 年 12 月 19 日，国际顶尖学术期刊《自然》评选了年度十大人物，即在过去一年中对科学产生重大影响的十人，中国科学技术大学教授、“墨子号”量子科学卫星首席科学家潘建伟上榜，并以“量子之父”为题报道了潘建伟。

潘建伟说：传统的通信是以光为载体进行的，光脉冲里有很多很多光子。光通信的信号是可以被复制的，也可以被分成一模一样的两部分。好比有一个文件，别人可以拿复印机复印上面的信息，我是不知道的；别人也可以把文件分成两部分，我能读到。这样光通信就存在安全隐患，信息可能被别人窃取，我却浑然不知。但是，量子通信就不一样了。如果中间有人窃取信息，他无非有两种方法：复制或者分割。量子密码通信的理论模式是发送方首先将用于解读密码文的“密钥”信息写入一粒量子并发送给接收方。我们把这种方法称为“量子密钥分发（QKD）”。量子通信用最小的光量子作为信息载体，无法被分割，恰好量子又具有无法被复制的特性，所以窃取信息的人既无法复制信息，也无法分割信息，这就保证了信息的安全性。这就是量子通信最基本的特点和优点。除非他拿走了这个信息，那我就收不到这个信息，等于给我一个警报——信息被窃取了。与量子“纠缠”，梦想就是“操纵”量子，让量子更好地为我所用，即我能找到敌人的隐形飞机、潜艇等，可他找不到我，就是这样神奇。

尤其在当今世界光电子、微电子迅速发展，“墨子号”量子科学实验卫星在国际上首获成功，实现从卫星到地面的量子密钥分发和从地面到卫星的量子隐形传态。潘建伟介绍，这两项成果使我国继续引领世界量子通信技术发展，已在《自然》期刊发表。这是人类唯一已知的不可窃听、不可破译的安全通信方式。而不用卫星，只在地面用自由空间传输损耗能量巨大，是没有前途的。对于该技术，世界上最发达的国家还处于实验室状态，可见其差距。进一步说，量子信息卫星依靠的是光子的传输，是一块能够产生纠缠光子对的晶体，利用这一特性，量子通信可执行加密任务。而传统通信使用的是无线电波，不能执行加密任务。

由式（1-5）可知，当 λT 的乘积比常数 C_2 小很多时，则可忽略该式分母中的“1”，该式变为

$$E_{b\lambda}=\frac{C_1\lambda^{-5}}{e^{C_2/(\lambda T)}}\quad (W/m^3) \tag{1-9}$$

图 1-4 的单色辐射力最大位置可由式（1-9）取极值得到，为此将该函数对波长求导，并令其等于零，则得下列超越方程：

$$e^{-C_2/\lambda_m}+\frac{C_2}{5\lambda_m T}-1=0$$

解此方程式可得 $C_2/(\lambda_m T)$=4.965，由此可得

$$\lambda_m T = 2.897\ 8\times10^{-3} \approx 2.9\times10^{-3}\ \text{m}\cdot\text{K} \quad (1\text{-}10)$$

式(1-10)给出最大辐射力对应的波长 λ_m 与绝对温度 T 的乘积为一常数，称为维恩位移定律(1893 年)。

1.7 斯蒂芬-玻尔兹曼定律(1879—1884 年)

斯蒂芬-玻尔兹曼定律确定了黑体半球总辐射力与温度的关系。在普朗克的量子理论出现以前，1879 年斯蒂芬首先通过实验的方法确定了黑体辐射力的公式(采用测量黑体模型自身辐射的方法)，1884 年玻尔兹曼从热力学定律出发在理论上得到了同样的公式，因此这个定律称为斯蒂芬-玻尔兹曼定律。将普朗克定律 $E_{b\lambda}$ 的表达式对全波长积分即得到斯蒂芬-玻尔兹曼定律(俗称四次方定律)：

$$E_b = \int_0^{+\infty} \frac{C_1\lambda^{-5}}{e^{C_2/(\lambda T)}-1}\,d\lambda = \sigma_0 T^4 \quad (\text{W/m}^2) \quad (1\text{-}11)$$

式中　σ_0——黑体辐射常数，其值为 5.67×10^{-8} W/(m²·K⁴)。

式(1-11)说明黑体辐射力(能)正比于绝对温度的四次方。为了便于计算高温辐射，通常把式(1-11)改写为

$$E_b = C_0\left(\frac{T}{100}\right)^4 \quad (\text{W/m}^2) \quad (1\text{-}12)$$

式中　C_0——黑体辐射系数，其值为 5.67 W/(m²·K⁴)。

例 1-1　一个黑体表面置于室温为 27 ℃的厂房中，试求其在热平衡条件下的辐射力，以及将该黑体加热到 327 ℃时黑体的辐射力。

解　在热平衡条件下，黑体温度与室温相同，即黑体温度为 27 ℃，按式(1-12)计算辐射力为

$$E_{b1} = C_0\left(\frac{T_1}{100}\right)^4 = 5.67\times\left(\frac{273+27}{100}\right)^4 = 459\ \text{W/m}^2$$

黑体温度为 327 ℃时的辐射力为

$$E_{b2} = C_0\left(\frac{T_2}{100}\right)^4 = 5.67\times\left(\frac{273+327}{100}\right)^4 = 7\ 348\ \text{W/m}^2$$

因为辐射力与绝对温度四次方成正比，所以随着温度的升高，辐射力急剧增大。上述计算表明，$T_2/T_1=2$，但 $E_{b2}/E_{b1}=16$。

在许多工程问题中，往往需要确定某一特定波长区段内的辐射能量。按式(1-6)，黑体在 λ_1~λ_2 区段所发出的辐射能为

$$\Delta E_b = \int_{\lambda_1}^{\lambda_2} E_{b\lambda}\,d\lambda \quad (\text{W/m}^2) \quad (1\text{-}13)$$

在图 1-6 中，λ_1~λ_2 区段的能量以该温度下的阴影面积表示。通常将这一波长区段的辐射能表示成相同温度下黑体辐射力(波长从 0 到+∞ 整个波谱的辐射能)的百分数，记为 $F_{b(\lambda_1-\lambda_2)}$，且有

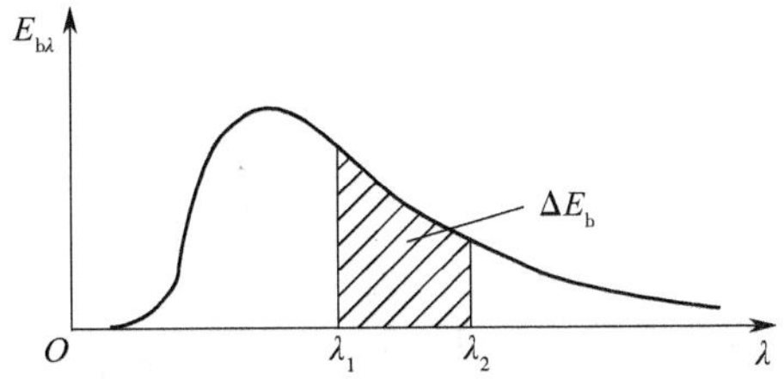

图 1-6　特定波长区段内的黑体辐射力

$$F_{b(\lambda_1-\lambda_2)}=\frac{\int_{\lambda_1}^{\lambda_2}E_{d\lambda}\mathrm{d}\lambda}{\int_0^{+\infty}E_{b\lambda}\mathrm{d}\lambda}=\frac{1}{\sigma_0T^4}\int_{\lambda_1}^{\lambda_2}E_{b\lambda}\mathrm{d}\lambda=\frac{1}{\sigma_0T^4}\left(\int_0^{\lambda_2}E_{b\lambda}\mathrm{d}\lambda-\int_0^{\lambda_1}E_{b\lambda}\mathrm{d}\lambda\right)=F_{b(0-\lambda_2)}-F_{b(0-\lambda_1)} \tag{1-14}$$

式中　$F_{b(0-\lambda_2)}$、$F_{b(0-\lambda_1)}$——波长在 $0\sim\lambda_2$ 与 $0\sim\lambda_1$ 区段的黑体辐射力占相同温度下黑体辐射力的百分数。

$F_{b(0-\lambda)}$ 可表示为单一变量 λT 的函数，即 $F_{b(0-\lambda)}=f(\lambda T)$，称为黑体辐射函数。为计算方便，该函数 $f(\lambda T)$ 已制成表格（表 1-1），供计算辐射能量份额时查用。

表 1-1　黑体辐射函数表

λT / (μm·K)	$F_{b(0-\lambda)}$ / %	λT / (μm·K)	$F_{b(0-\lambda)}$ / %	λT / (μm·K)	$F_{b(0-\lambda)}$ / %	λT / (μm·K)	$F_{b(0-\lambda)}$ / %
1 000	0.032 3	2 800	22.82	6 500	77.66	24 000	99.12
1 100	0.091 6	3 000	27.36	7 000	80.83	26 000	99.30
1 200	0.214	3 200	31.85	7 500	83.46	28 000	99.43
1 300	0.434	3 400	36.21	8 000	85.64	30 000	99.53
1 400	0.782	3 600	40.40	8 500	87.47	35 000	99.70
1 500	1.290	3 800	44.38	9 000	89.07	40 000	99.79
1 600	1.979	4 000	48.13	9 500	90.32	45 000	99.85
1 700	2.862	4 200	51.64	10 000	91.43	50 000	99.89
1 800	3.946	4 400	54.92	12 000	94.51	55 000	99.92
1 900	5.225	4 600	57.96	14 000	96.29	60 000	99.94
2 000	6.690	4 800	60.79	16 000	97.38	70 000	99.96
2 200	10.11	5 000	63.41	18 000	98.08	80 000	99.97
2 400	14.05	5 500	69.12	20 000	98.56	90 000	99.98
2 600	18.34	6 000	73.81	22 000	98.89	100 000	99.99

已知辐射能量份额后，在给定的波长区段内，单位时间内黑体单位面积所辐射的能量可由下式计算：

$$E_{b(\lambda_1-\lambda_2)}=F_{b(\lambda_1-\lambda_2)}E_b\quad(\mathrm{W/m^2}) \tag{1-15}$$

为了对可见光（0.38~0.76 μm）、红外线（0.76~25 μm，0.76~1 000 μm）的辐射能量有一个

定量的了解，进行如下计算。

例 1-2 试分别计算温度为 1 000 K、1 400 K、3 000 K、6 000 K 时可见光与红外线（0.76~25 μm，0.76~1 000 μm）的辐射能量在黑体总辐射力中所占的份额。

解 先将给定的温度乘以 0.38 μm、0.76 μm、25 μm、1 000 μm，从而得到各 λT 值；再根据 λT 值在表 1-1 上查得对应的 $F_{b(0-\lambda)}$ 值，最后根据式（1-15）计算出可见光与红外线热辐射能量各自占的份额百分比，见表 1-2 和表 1-3。

表 1-2 可见光与红外线对应 λT 值

温度/K	$\lambda_1 = 0.38$ μm		$\lambda_2 = 0.76$ μm		$\lambda_3 = 25$ μm		$\lambda_4 = 1\ 000$ μm	
	λT / (μm·K)	$F_{b(0-\lambda_1)}$ / %	λT / (μm·K)	$F_{b(0-\lambda_1)}$ / %	λT / (μm·K)	$F_{b(0-\lambda_1)}$ / %	λT / (μm·K)	$F_{b(0-\lambda_1)}$ / %
1 000	380	<0.1	760	<0.1	25 000	99.21	1×10^6	100
1 400	532	<0.1	1 060	0.12	35 000	99.70	1.4×10^6	100
3 000	1 140	0.14	2 280	11.5	75 000	99.97	3×10^6	100
6 000	2 280	11.5	4 560	57.0	150 000	99.99	6×10^6	100

表 1-3 可见光与红外线热辐射能量所占份额

温度/K	所占份额/%		
	可见光（0.38~0.76 μm） $F_{b(\lambda_1-\lambda_2)} = F_{b(0-\lambda_2)} - F_{b(0-\lambda_1)}$	红外线（0.76~25 μm） $F_{b(\lambda_2-\lambda_3)} = F_{b(0-\lambda_3)} - F_{b(0-\lambda_2)}$	红外线（0.76~1 000 μm） $F_{b(\lambda_2-\lambda_4)} = F_{b(0-\lambda_4)} - F_{b(0-\lambda_2)}$
1 000	<0.1	99.11	>99.9
1 400	0.12	99.58	99.88
3 000	11.4	88.47	88.50
6 000	45.5	42.99	43.00

在工程中，温度大都在 1 400 K 以下，此时可见光辐射能量所占份额只有 0.12%，而 0.76~25 μm 与 0.76~1 000 μm 相比，已占 99.7%（99.58/99.88），因此红外辐射干燥一般只考虑 0.76~25 μm 波长区段，波长更长的区段能量已很低，无工程意义。因此，对于各种有机材料、涂料的光谱透过率及一些材料的光谱发射率，所有的红外分光光度计及傅里叶变换红外光谱仪的测试波段大都为 2~25 μm。

1.8 兰贝特定律（1760 年）

斯蒂芬-玻尔兹曼定律确定了黑体表面在半球空间向所有方向发射的总辐射力。黑体向各个方向发射的辐射热流密度由兰贝特定律确定（1760 年）。为了说明辐射能量在空间不同方向上的分布规律，需引入立体角概念。图 1-7（a）所示微元立体角 dω 是一个空间角度，其是以立体角端为中心，作半径为 r 的表面，将半径表面被立体角所切割的面积 df 除以半径的平方 r^2，即得立体角的量度，即

$$d\omega = df/r^2 \quad [\text{Sr（球面度）}] \tag{1-16}$$

球面度是国际单位制中的立体角单位，整个半球的立体角为 2π（球面度）。

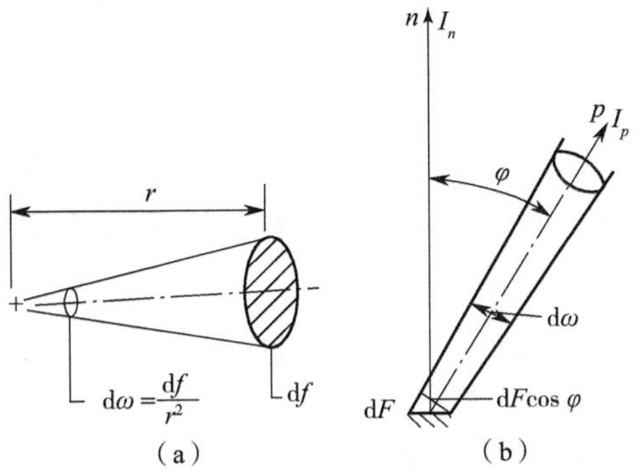

图 1-7　立体角定义及定向辐射强度定义

（a）立体角定义　（b）定向辐射强度定义

因为在不同方向上所能看到的辐射面积是不一样的（图 1-7（b）），微元辐射面积 dF 位于球心底面，在任意方向 p 看到的辐射面积不是 dF，而是 $dF\cos\varphi$。所以，不同方向上辐射能量的强弱，还要在相同的看得见的辐射面积的基础上才能进行对比。据此，与辐射面法向成 φ 角的 p 方向上的定向辐射强度 I_p 为

$$I_p = \frac{dQ_p}{dF\cos\varphi d\omega} \quad [\text{W/（m}^2\cdot\text{Sr）}] \tag{1-17}$$

在理论上可以证明，黑体辐射的定向辐射强度与方向无关，即在半球空间的 p、m、n 及其他方向上的定向辐射强度相等：

$$I_p = I_m = I_n = \cdots = I \tag{1-18}$$

n 方向的辐射热流为 $I_n dF$，但 p 方向（与 n 方向成 φ 角）的辐射热流为

$$q_p = I_n dF\cos\varphi \quad \text{（W/Sr）} \tag{1-19}$$

即若干投影面积的热流以法线 n 方向最大为 $I_n dF$，其余方向为 $I_n dF\cos\varphi$，此即为兰贝特余弦定律，当 $\varphi = 90°$ 时为最小，并降为零。兰贝特定律是辐射换热角系数计算的基础。

对于服从兰贝特定律的物体辐射，其定向辐射强度 I 和辐射力 E 之间存在下述关系：

$$E = \pi I \tag{1-20}$$

兰贝特定律适用于黑体和具有漫辐射特性的物体。但许多物体辐射不服从该定律，如磨光的金属表面在 $\varphi = 60° \sim 80°$ 时的辐射强度大于表面法向的辐射强度。

1.9 基尔霍夫定律（1882年）

前面阐述的普朗克定律、维恩位移定律、斯蒂芬-玻尔兹曼定律及兰贝特定律是黑体发射辐射的四大定律。基尔霍夫定律（1882年）揭示了在热平衡条件下，任何物体的辐射力 E 和它来自黑体辐射的吸收率 A 的比值恒等于相同温度下黑体的辐射力，其表达式为

$$E_1/A_1 = E_2/A_2 = \cdots = E_i/A_i = E_b \tag{1-21}$$

图1-8所示为近距离平行板间的辐射换热。其中，令1板为黑体，从1板发出的辐射能 E_b 落到2板上被2板吸收 AE_b，而反射后的辐射能 E_b-AE_b 全部被1板吸收；2板为任意物体的表面，其辐射力、吸收率与温度分别为 E、A 与 T_2，2板发出的辐射能为 E、吸收的辐射能为 AE_b，其差额即为两板间的热辐射换热热流密度 $q = E - AE_b$，当两板处于热平衡状态时，$T_1=T_2$ 且 $q=0$，所以 $E/A=E_b$，即为式（1-21）。

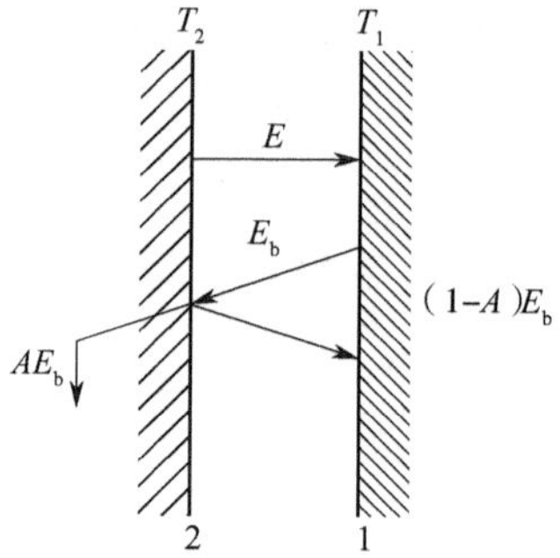

图1-8　近距离平行板间的辐射换热

式（1-21）表示，在热平衡条件下，黑体对任何物体辐射时该物体的辐射力与自身吸收率之比都恒等于相同温度下的黑体辐射力。这个比值与物体性质无关，只取决于温度。从基尔霍夫定律可以得出以下结论。

（1）因为实际物体的吸收率总小于1，所以在相同温度条件下，黑体的辐射力最大。

（2）在相同温度条件下，物体的辐射力越大，其吸收率也就越大，即善于辐射的物体必善于吸收。

（3）黑度的定义为 $\varepsilon = E/E_b$，与式（1-21）对照，则 $A = \varepsilon$，这是基尔霍夫定律的另一种表达形式，对单色辐射则有 $A_\lambda = \varepsilon_\lambda$。

（4）在热辐射分析中，把单色吸收率与波长无关的物体称为灰体，对于灰体则有

$$A_\lambda = \varepsilon_\lambda = \text{常数} \tag{1-22}$$

因此，对于灰体则有

$$\varepsilon = \varepsilon_\lambda = \text{常数} \tag{1-23}$$

从式（1-22）与式（1-23）可知，对于灰体，不论是否处于热平衡条件下，其吸收率恒等于相同温度下的黑度。这个结论对辐射换热条件下吸收率的研究带来了实质性的简化，十分

重要。

综上所述，对黑体的辐射规律做以下小结。

（1）黑体辐射的辐射力由斯蒂芬-玻尔兹曼定律确定，即辐射力正比于绝对温度的四次方，这是 1878 年由斯蒂芬实验发现、1884 年由玻尔兹曼用热力学方法证明的。

（2）黑体的辐射能量按波长的分布服从普朗克定律（1900 年）；而按空间方向的分布服从兰贝特定律（1760 年），该定律是辐射换热角系数计算的基础。

（3）黑体的单色辐射力有一个峰值，相对应的波长 λ_m 由维恩位移定律确定，即随着温度的升高，λ_m 向波长短的方向移动。

（4）任何物体的辐射力与吸收率及发射率之间都服从基尔霍夫定律，物体的吸收率等于发射率。

1.10 红外波段的划分

1.10.1 国际红外波段的划分

根据 IEC 60050-841：2004《国际电工词汇 第 841 部分：工业电热》，长波、中波与短波红外辐射的定义见表 1-4。

（1）长波红外辐射（longwave infrared radiation）即远红外辐射（far infrared radiation），也就是真空中波长大于 4 μm 的红外辐射。

（2）中波红外辐射（mediumwave infrared radiation）即中红外辐射（medium infrared radiation），也就是真空中波长大于 2 μm、小于 4 μm 的红外辐射。

（3）短波红外辐射（shortwave infrared radiation）即近红外辐射（near infrared radiation），也就是真空中波长小于 2 μm 的红外辐射。

表 1-4　红外波段的划分（据 IEC 60050-841:2004）

红外辐射名称	波长/μm	波数/cm^{-1}	温度/℃
长波（远）	大于 4	小于 2 500	低于 451.4
中波（中）	2~4	5 000~2 500	451.4~1 175.8
短波（近）	小于 2	大于 5 000	大于 1 175.8

注：1. 空气的折射率 $n\approx1$，空气中的数据近似于真空中的数据。

2. 日本伊藤和喜认为 0.78~1.4 μm 为短波红外辐射，称为 IR-A，1.4~3 μm 为中波红外辐射，称为 IR-B，3~1 000 μm 为长波红外辐射，称为 IR-C。应认识到这种波段划分是不可取的，尤其加了 IR-A、IR-B、IR-C 更是画蛇添足，亦不可取。

1.10.2 历史上对红外波段的划分

表 1-5 是历史上曾对红外波段的划分。

表 1-5　在不同研究领域中对红外波段的划分　（单位：μm）

学科	近红外	中红外	远红外	极远红外
红外分析	0.78~2.5 0.78~2.0	2.5~25 2.0~25	25~1 000 25~1 000	
光学物理	0.75~1.5	1.5~5.6	5.6~1 000	
照明	0.75~1.4	1.4~3	3~1 000	
加热	0.75~2.5		2.5~15（实效区）	15~1 000（微效区）
红外加热国际标准 841	0.78~2	2~4	4~1 000	

（1）红外分析：把中红外波段划得很大，即 2.5~25 μm。

（2）光学物理：研究双原子分子光谱，能够得到双原子分子的转动能级、振动能级及电子能级的精确知识，就能精确地定出该物质的核间距、振动频率、力常数、离解能及其他有关双原子分子结构的资料，其中转动-振动光谱和红外光谱对我们十分有益。

（3）照明：研究光源，即弧光灯与白炽灯。1807 年，英国的戴维制成了碳极弧光灯。1878 年，美国的布拉特利用弧光灯对街道、广场照明并取得成功。1880 年，爱迪生发明了家用白炽灯，开启了电应用于日常生活的序幕。1882 年，特斯拉从学校毕业，并进入爱迪生在欧洲开设的一家分公司工作，很快就成为这家公司最重要的工程师，后来公司决定推荐他到美国公司总部工作，让他见到了非常崇拜的爱迪生。两个人对一个问题产生了分歧：到底是直流电好，还是交流电好？爱迪生公司设计的所有东西，包括灯泡，采用的都是直流电。相对于交流电，直流电比较安全，但传输距离短，而交流电能比较容易地铺开大面积的电网。特斯拉从爱迪生公司辞职后，加盟了西屋公司。最终，1915 年，爱迪生和特斯拉都没有获得诺贝尔物理学奖，而是亨利和劳伦斯获得了诺贝尔物理学奖。

（4）加热：卢为开等在《远红外辐射加热技术》（1983 年）一书中提出，2.5~15 μm 划为远红外，远红外区无限扩大，该书中还精辟阐述了近红外与中红外的内容，提供了大量 2.5~25 μm 的发射光谱与吸收光谱。

（5）IEC 60050-841：2004 是现用的国际标准，我国据此制定了相关国家标准与国际标准。

1.11 红外国家标准及国际标准

近几年来，我国在红外国家标准及国际标准方面做了大量的工作，标准代表一个行业的水平。

我国制定的三项 IEC 国际标准，即 IEC 60519-12：2016，IEC 62693：2013 和 IEC 62798：2014 已由我国国家标委会批准。目前，这三项国际标准已获得 2016 年标准创新贡献奖一等奖和 2014 年电工标准-正泰创新奖一等奖。

1.12 国际红外标准波段划分（据 841）的意义

（1）全世界有了统一的标准。

（2）该国际红外标准波段的划分简洁、明确、使用方便，为红外辐射的发展奠定了基础。

（3）红外辐射有自己的波段划分标准，为何还要借用“照明标准”，这显然是张冠李戴。

复习题

1. 红外辐射传热的基础理论是什么？为什么两者缺一不可？

2. 国际红外波段是如何划分的（据 841）？借用“照明标准”为何不对？

3. 普朗克黑体单色辐射力的函数形式 $E_{b\lambda}=f(\lambda,T)$ 说明了什么？

4. 爱因斯坦为什么能凭借光电效应量子论（1905 年）获得诺贝尔物理学奖？

5. 量子论红外辐射还完整吗？

6. 密立根为什么能获得诺贝尔物理学奖？

7. 潘建伟世界领跑的“量子通信技术”（2017 年）的重大意义是什么？

8. 量子 e_r 这个最小能量单位有多大？ 这个最小能量单位说明了什么？

9. 斯蒂芬-玻尔兹曼定律（1879 年）也称为四次方定律，其在工程计算中有何作用？

10. 漫射表面的面积 A_1=4 cm^2，它的半球向辐射力 $E_1=5\times10^4$ W/m^2，试求其表面法线方向和 45° 方向上的定向（总）辐射力。

11. 阴天时太阳辐射的方向性明显减弱，可以把地球表面任意一点接收到的太阳辐射强度表示成 $L=L_n\cos\theta$，其中 L_n=90 W/（m^2 · Sr）表示地球表面法线方向的辐射强度，θ 是入射辐射与法线的夹角。试求地球表面单位面积接收到的来自半球空间的太阳总辐射。

12. 两个漫射表面所发射的辐射的光谱分布如附图所示，试求它们的总辐射力以及在法线方向和与法线成 30° 方向上的定向辐射力。

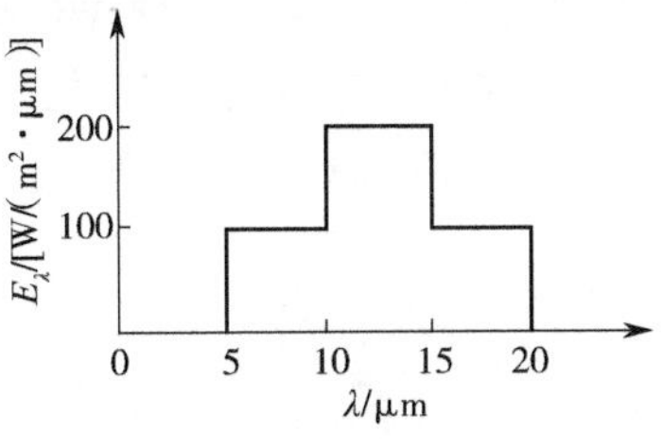

复习题 12 附图

13. 如附图所示，窗口直径 d=10 mm、辐射力 $E=1.176\times10^5$ W/m^2 的黑体炉，用于标定热流计的敏感元件，该敏感元件的表面积 $A_d=1.6\times10^{-5}$ m^2。试求：

（1）热流计位于黑体炉正前方 200 mm 处时，敏感元件上的投射辐射；

（2）热流计偏离 20° 角时，敏感元件上的投射辐射。

14. 试求在 $0 \leqslant \theta \leqslant \pi/6$ 和 $0 \leqslant \theta \leqslant \pi/3$ 范围内，离开一个漫射表面的辐射占半球向总辐射力的份额。

15. 如附图所示，用安装在传送带上方的红外传感器自动启动一项工艺操作。为了设定放大器中的鉴别装置，必须知道传感器的输出信号(信号强弱与投射到传感器表面上的辐射能量成正比)与传送带上热零件相对位置间的关系。

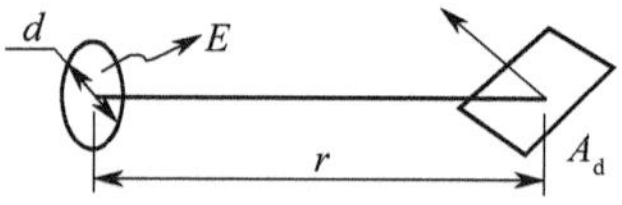

复习题 13 附图

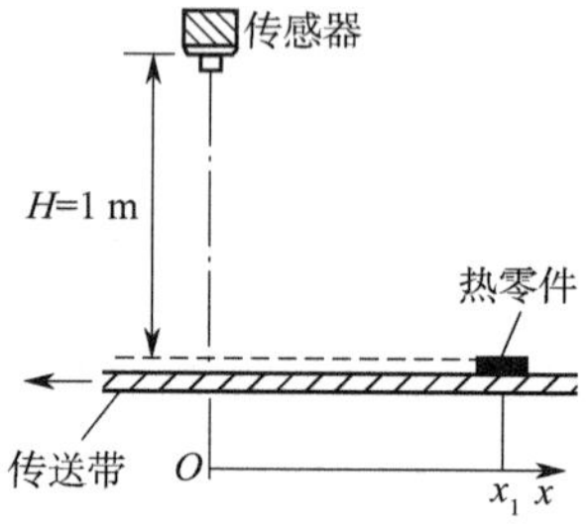

复习题 15 附图

(1)如果距离 H=1 m，热零件移动到什么位置时，传感器的信号 S 达到其最大值 S_0(在 x=0 处)的 80%?

(2)对 H=0.75 m、1 m、1.25 m，分别计算并绘出信号比 S/S_0 与 x 坐标之间的关系曲线。

16. 试求温度为 5 762 K、3 000 K、1 000 K 的黑体在 0.5 μm、2 μm、4 μm 的光谱辐射力，并予以比较。

参考文献

[1] 惠和兴. 量子力学[M]. 北京：北京理工大学出版社，1995：1-15.

[2] 西格尔，豪厄尔. 热辐射传热[M]. 曹玉璋，黄素逸，陆大有，等译. 北京：科学出版社，1990：5-10.

[3] 霍夫曼. 量子史话[M]. 马元德，译. 北京：科学出版社，1979：1-29.

[4] 皮尔斯. 量子电子学[M]. 罗金波，译. 北京：科学出版社，1974：1-17.

[5] 雷仕湛，刘德安，张艳丽. 激光发展史概论[M]. 北京：国防工业出版社，2013：43-46.

[6] 埃克特，德雷克. 传热与传质分析[M]. 航青，译. 北京：科学出版社，1983：269-286.

第 2 章
红外辐射传热的基本理论 2:量子学说

2.1 量子学说和分子内部的能级

用一个红外辐射源(连续波长)照射某一物质时,该物质的分子吸收一部分光能并转换为分子的振动能量和转动能量,如果以波长或波数为横坐标,以吸收率或透过率为纵坐标,即可得到该物质的红外吸收光谱或透射光谱。其中,波长以 μm、波数以 cm^{-1} 表示,它们之间的关系为

$$波数(cm^{-1})=\frac{10^4}{波长(\mu m)} \tag{2-1}$$

即波数定义为波长的倒数,也就是 1 μm 的波长中有多少波数(在 10^4 倍数内)。

红外光谱源于分子内部运动状态的改变,要了解和利用光谱,必须对分子的运动进行研究,这对认识物质的加热和干燥过程也是极为有益的。

在量子学说没有建立以前,人们对光谱的研究几乎全是靠经验,量子学说的建立和发展使红外光谱有了理论指导。根据量子学说的观点,物质在入射光的照射下,分子吸收光能后,自己能量的增加是跳跃式的,即不是连续变化的。每个光子的能量 $h\nu$ 取决于两个能级间的能量差 ΔE,即

$$\Delta E=E_2-E_1=h\nu \tag{2-2}$$

式中 h——普朗克(量子)常数,$h=6.624\times10^{-34}$ J·s;

ν——光的频率(s^{-1});

E_1、E_2——初能级和终能级的能量。

由式(2-2)可知,能量差 ΔE 越大,则吸收光谱的频率越高(即波长越短)。转动能级间的间隔(能量差)最小,$\Delta E<0.05$ eV(eV 为电子伏特,1 eV=1.6×10^{-19} J),要使分子发生转动

能级跃迁仅需远红外光或波照射即可。如果振动能级间距较大（ΔE=0.05~1.0 eV），要使分子发生振动能级跃迁就需要短波的光能，振动光谱出现在中红外区，但振动跃迁时伴随有转动跃迁的发生，所以中红外光谱也称为分子的振-转光谱。电子能级跃迁的能级间距ΔE=1~20 eV，因此电子跃迁光谱只能在可见光、紫外线或波长更短的光谱区。双原子分子能级示意图如图 2-1 所示。

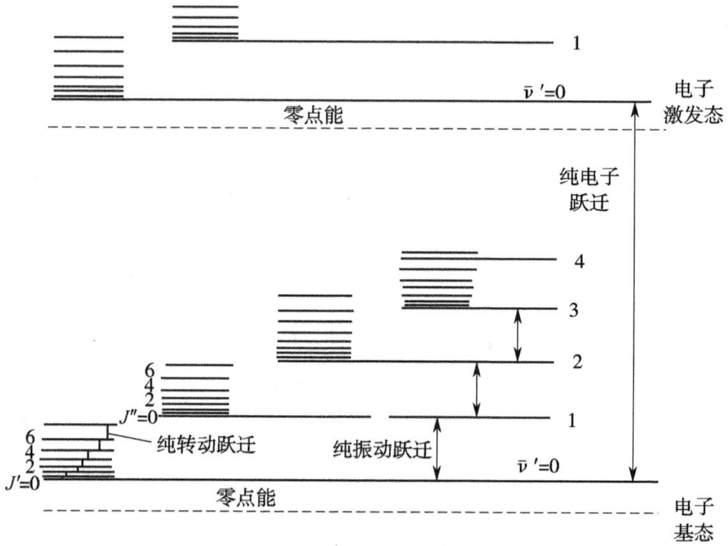

图 2-1　双原子分子的能级示意图

实际的分子吸收光谱相当复杂，作为一级近似，分子的运动能量可分为平动、转动、振动和电子的运动，每个运动状态都对应一定的能级，因此分子的总能量为

$$E= E_0+E_{平}+E_{转}+E_{振}+E_{电} \tag{2-3}$$

式中：E_0 是分子内能，它是不随分子运动而改变的能量，即所谓的"零点能"；$E_{平}$是分子的空间运动或热运动能，或称平移运动能，它的能量是连续变化的，不产生光谱，对流换热属于这一能量。

分子从较低能级 E_1 跃迁到较高能级 E_2 时，要吸收电磁辐射即吸收光子。对于红外辐射加热干燥使用的电磁辐射，波长在 2~25 μm 范围内，属于振动吸收光谱范围。因此，仅就分子的振动光谱加以分析，这也是红外辐射强化烤漆理论基础之一，既为什么中波烤漆比长波烤漆的漆面强化效果更好。上述这一分析与普朗克和爱因斯坦的理论是一致的。

2.2　分子的振动机理：红外吸收光谱的产生

红外辐射干燥是脱水过程，下面以水为例，研究组成水分子羟基的振动的理论和实际意义。图 2-2 所示为双原子分子振动简图。如图 2-2（a）所示，G 为重心，设在平衡位置其核间距分别为 r_1 与 r_2，O、H 两原子核间距为 r_e；如图 2-2（b）所示，当 O、H 两原子伸缩振动时，其

核间距分别为 r_1'、r_2' 及 r，则体系动能为

$$T = \frac{1}{2}m_1 r_1'^2 + \frac{1}{2}m_2 r_2'^2 = \frac{1}{2}\mu(r)^2 \tag{2-4}$$

由量子力学可证明，分子振动总能量为

$$E_{振} = \left(n + \frac{1}{2}\right)hc\nu \quad (\mathrm{J}) \tag{2-5}$$

式中　n——振动量子数，n=0，1，2，⋯；

ν——振动频率。

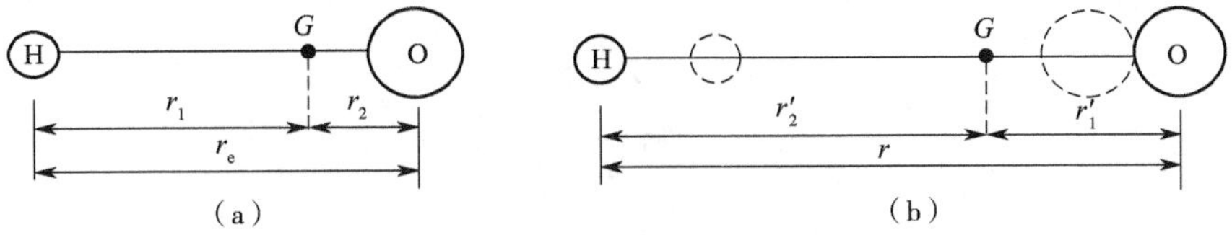

图 2-2　双原子分子振动简图

(a)平衡状态　(b)伸缩振动状态

红外辐射干燥是脱水过程，水是氢、氧原子通过化学键连接而组成的，因此根据虎克定律则有

$$\nu = \frac{1}{2\pi c}\sqrt{\frac{k}{\mu}} \quad (\mathrm{s}^{-1}) \tag{2-6}$$

因此

$$E_{振} = \frac{h}{2\pi}\sqrt{\frac{k}{\mu}}\left(n + \frac{1}{2}\right) \quad (\mathrm{J}) \tag{2-7}$$

双原子分子谐振的规律：

(1)对于非极性分子如 O_2、N_2、H_2 等，在振动过程中偶极矩不发生变化，即 Δn=0，故无振动光谱；

(2)对于极性分子，Δn=±1，若振动能级由 n=0 向 n=1 跃迁，则其能量变化为

$$\Delta E_{振} = \frac{h}{2\pi}\sqrt{\frac{k}{\mu}} \tag{2-8}$$

根据式(2-2)与式(2-8)相等，则得

$$\nu = \frac{1}{2\pi}\sqrt{\frac{k}{\mu}} \tag{2-9}$$

式(2-9)说明双原子分子的振动量子数由 n=0 变到 n=1 时，其吸收光谱的频率是由原子及其键的结合特性所决定的，由此可以观察到 O、H 两原子的伸缩振动吸收特性。

图 2-3 所示为乙醇羟基的振动吸收原理。原子和化学键的振动类似于弹簧和小球组成的机械振动系统，对于纯机械运动的弹簧和小球，当外界的强迫振动频率与弹簧和小球的自振频率一致时，即产生共振，而乙醇羟基中的弹簧和小球的振动是量子化的，即只有特定频率的红外辐射能量导致化学键的能级迁移时，才表现出该分子对红外线的强烈吸收，这种吸

收过程是不连续的，如图 2-3 中的弯曲和伸缩振动。当乙醇受到波长为 2~40 μm 连续变化的红外辐射照射时，乙醇羟基将吸收入射频率而产生伸缩或弯曲振动，同时吸收入射辐射能量，将乙醇样品放入样品池中，用傅里叶变换红外光谱仪即可测出乙醇羟基的吸收光谱，如图 2-4 所示。

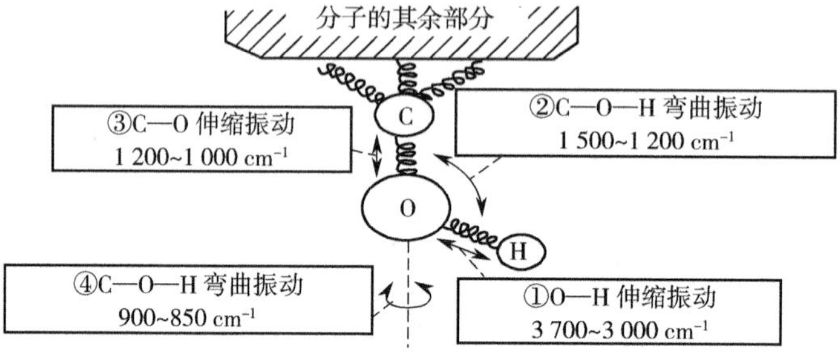

图 2-3　乙醇羟基的振动吸收原理图

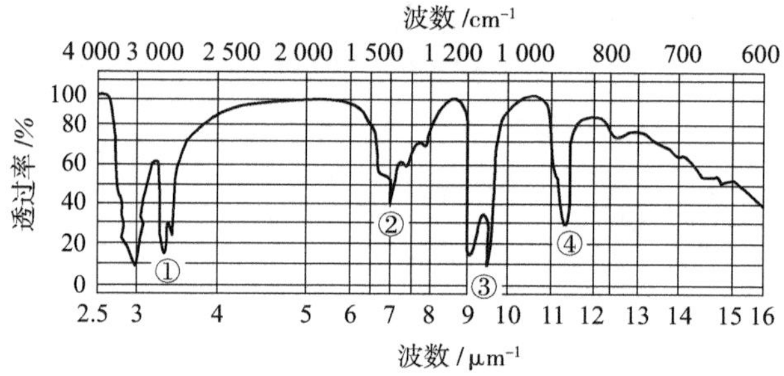

图 2-4　乙醇羟基的吸收光谱

（1）O—H 伸缩振动，波数为 3 700~3 000 cm^{-1}，即为 2.7~3.3 μm；

（2）C—O—H 弯曲振动（面内），波数为 1 500~1 200 cm^{-1}，即为 6.7~8.3 μm；

（3）C—O 伸缩振动，波数为 1 200~1 000 cm^{-1}，即为 8.3~10 μm；

（4）C—O—H 弯曲振动（面外），波数为 900~850 cm^{-1}，即为 11.1~11.8 μm。

由图 2-3 和图 2-4 乙醇羟基的振动吸收原理及吸收光谱可见，原子与化学键间的伸缩和弯曲振动结果全体现在吸收光谱的吸收峰值上，即图 2-3 中的①、②、③、④中的振动特性完完全全地在图 2-4 中表现出来且一一对应。经过上述的理论计算和机理分析，可进一步认清以下几个问题。

（1）运用量子理论即物质吸收光子能量是不连续的阶跃跃迁能量和分子振动吸收能量，计算结果与红外光谱实测曲线一致，证明量子理论的正确性。

（2）实际物质的发射率和吸收率并不像灰体那样是常数，而是对应不同的谱带峰值。

（3）红外光谱中分子振动吸收机理对物质脱水过程，尤其对认识涂层的干燥机理十分有益。

（4）红外发射光谱和吸收光谱提供了单色发射率 E_λ 和单色吸收率 A_λ，为实际物体表面间的辐射换热计算提供了依据。

（5）红外辐射发射光谱和吸收光谱为辐射器及被干物料最佳工作温度的选择提供了依据，对有机涂料涂层的干燥也十分重要。

2.3 红外发射光谱的测量理论

本书最为关注的是发射光谱与吸收光谱的测量理论。发射光谱用于辐射源特性的研究，以加热炉（一般用黑体炉）或放电的方法来激发原子或离子发光，以双光路测量系统测得。其法向光谱发射率双光路测量系统如图 2-5 所示，它以黑体炉和待测样品（在样品炉中）做两光束对比，以两光束的输出信号比的形式在记录纸上直接画出发射率随波数的变化曲线基准而得出发射率（黑度）。两光束交替投射到单色仪的入射狭缝，分光后被探测器转变为电信号，由电子放大与处理系统放大。采用双光路便于消除大气中 CO_2 和水蒸气对吸收的影响。

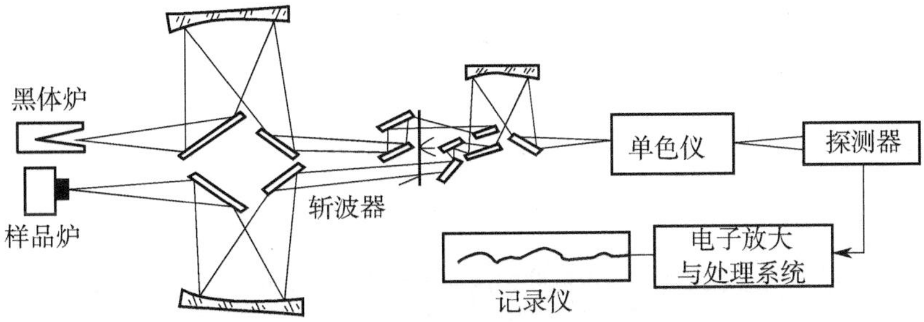

图 2-5　法向光谱发射率双光路测量系统

2.4 傅里叶变换红外光谱仪与吸收光谱的测量理论

傅里叶变换红外光谱仪（FTIR）不仅能完成通常的红外分光光度计的工作，而且由于它具有记录速度快、分辨率高、输入辐射通量大（不用狭缝）、杂散辐射少、可研究的光谱范围宽等优点，可代替双光路测量系统，可通过测量常温下样品的发射光谱（或吸收光谱）判断大气污染程度，以及研究反应过程、表面效应和微小试样等。

对生物和生命材料、人体皮肤、中草药、植物材料、发酵材料、热敏性材料等，在黑体炉或样品炉中加热至高温会使其分解，因此测出的光谱曲线是不正确的。可以用一束光照射样品，得到常温下的傅里叶变换红外吸收光谱，这是按爱因斯坦的光量子论进行测试的。

傅里叶变换红外光谱仪是 20 世纪 70 年代发展起来的新一代红外光谱仪，它具有以下特点：

（1）扫描速度快，可以在 1 s 内测得多张红外谱图；

（2）光通量大，可以检测透射率较低的样品，以及气体、固体、液体、薄膜和金属镀层等不同样品；

（3）分辨率高，便于观察气态分子的精细结构；

（4）测定光谱范围宽，广泛应用于有机化学、高分子化学、无机化学、化工、催化、石油、材料、生物、医药、环境等领域。

我国的遥感卫星能观测地球环境状态以及分析月球或其他星球表面的组成和结构，也是基于上述原理。

图 2-6 所示为人体皮肤的反射率和光谱波长的关系，其中纵坐标是人体反射率，横坐标是光谱波长。辐射能的传递可以依靠电磁波或光子能量发射，该图作者用自己左手食指的皮肤，在 UV-210 A 型双光束扫描分光光度计上利用积分球法进行皮肤反射率的测定，这利用了光量子理论，而不是电磁波理论。如利用黑体炉的电磁波理论，在短波段其温度可达上千摄氏度。对不耐温的生物和生命材料（如人体皮肤、中草药、植物材料、发酵材料）、热敏性材料等都是采用此法测其光谱特性，因此图 2-6 数据可靠。

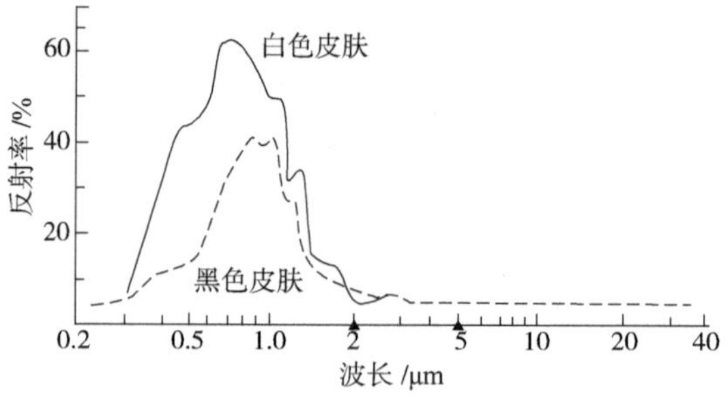

图 2-6　人体皮肤的反射率和光谱波长的关系

根据维恩位移定律，设人体温度为 26 ℃，则人体绝对温度为 26+273=299 K，波长为 2 897.8/299=9.69 μm，可见其在直线区。由于吸收率=1−反射率，图 2-6 直线区的反射率约为 5%，因此此时白色皮肤的吸收率为 1−5%=95%，黑色皮肤的吸收率为 1−5%=95%。由此可见，黑色皮肤和白色皮肤的人，在长波段的吸收率是一致的，均为 95%。

但在短波段，白色皮肤的光谱波长为 0.7 μm，吸收率为 1−65%=35%；黑色皮肤的光谱波长为 0.9 μm，吸收率为 1−40%=60%。由此可见，白色皮肤和黑色皮肤在短波段的吸收率分别是 35%和 60%，两者不一致。

2.5 散射、相干散射、瑞利散射

介质不仅能吸收光子，也可以散射光子。我们把光子传播方向所发生的任何变化称为散射。散射过程实际上是介质中的局部不均匀性引起的，造成这种不均匀性的原因是介质中悬浮有固体颗粒或液滴，此外气体分子也可以引起散射。

如果辐射能被介质散射，其频率不发生变化，这种散射称为相干散射。

如果气体中对辐射能的散射完全由气体分子引起（即没有其他粒子存在），这种散射称为瑞利（Rayleigh）散射。瑞利理论预言，散射辐射的光谱强度与频率的四次方成正比，这就是说散射主要发生在短波波段。这就解释了为什么天空看起来是蓝色的，因为蓝色的光波长较短，在大气中散射较厉害；这也解释了为什么太阳在落山时是红色的，因为太阳光在穿过大气层的漫长路程上，波长较长的红色光线衰减较少。

本书实（试）验用到的是中波（2~4 μm，451.4~1 175.8 ℃）、长波（大于 4 μm，低于 451.4 ℃），即一般工程上短波应用较少。

第3章 红外辐射传热的基本理论3:表面互相间的辐射换热

在锅炉中燃烧的火焰加热锅炉管主要依靠燃烧气体的红外光辐射,这已有文章详述。本章着重研究固体与固体表面之间的辐射换热,从而为加热干燥打下传热理论基础。这种能量的交换主要取决于表面的几何形状和其方位,还与表面性质及温度有关。现假设两物体表面之间的介质(空气)不参与发射和吸收辐射能,辐射能也没有散射,而要解决上述问题首先要研究角系数这一概念,集中分析热辐射交换问题中的几何因素特性,进而再分析黑体与灰体之间的辐射换热。

3.1 角系数及黑体表面间的辐射换热

图3-1所示为两黑体表面之间的辐射换热。设两表面的面积分别为 F_1 和 F_2,温度分别为 T_1 和 T_2,且分别保持恒温。其中,一个表面所辐射出的能量只有一部分落到另一个表面上,其余部分则落入体系外的空间。

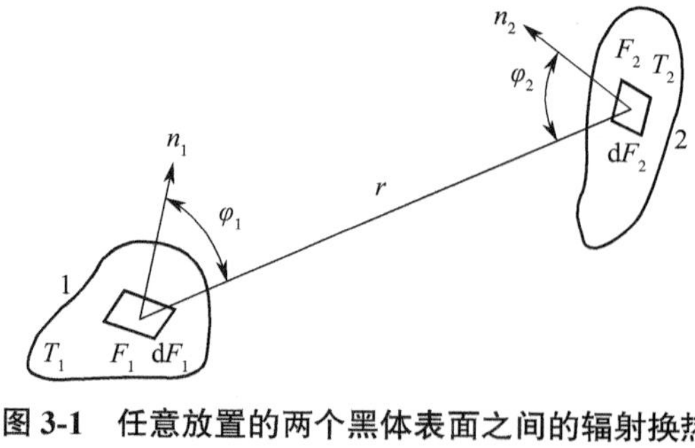

图3-1 任意放置的两个黑体表面之间的辐射换热

将表面1发出的辐射能落到表面2上的百分数称为表面1对表面2的角系数,记为 $X_{1,2}$,

同理表面 2 对表面 1 的角系数记为 $X_{2,1}$。在单位时间内表面 1 发出而落到表面 2 上的辐射能为 $E_{b1}F_1X_{1,2}$，而在单位时间内表面 2 发出而落到表面 1 上的辐射能为 $E_{b2}F_2X_{2,1}$。由于两表面均为黑体，所以落到表面上的能量全部被吸收，则两者之间的净换热量为

$$Q_{1,2}=E_{b1}F_1X_{1,2}-E_{b2}F_2X_{2,1} \tag{3-1}$$

当热平衡时，即 $T_1=T_2$，净换热量 $Q_{1,2}=0$，而 $E_{b1}=E_{b2}$，则由式（3-1）得

$$F_1X_{1,2}=F_2X_{2,1} \tag{3-2}$$

式（3-2）说明两个表面在辐射换热时，角系数具有相对性。尽管上述关系是在热平衡条件下得出的，但从物理概念来看，角系数纯属几何因子，它只取决于换热物体的几何特性（形状、尺寸及物体的相对位置），而与物体的性质及温度等条件无关，所以对非黑体表面及处于不平衡条件下的情况，式（3-2）也同样适用。因而，两黑体表面间的辐射换热为

$$Q_{1,2}=F_1X_{1,2}(E_{b1}-E_{b2})=F_2X_{2,1}(E_{b1}-E_{b2})\quad (\mathrm{W}) \tag{3-3}$$

由式（3-3）可知，在具体问题的计算中只要能求出角系数，则即可算出黑体的辐射换热，因而角系数的计算十分关键。下面介绍如何求解角系数。

对于黑体和灰体，即服从第 1 章所述的兰贝特定律的漫辐射表面，均可严格地推导出角系数的数学表达式。如图 3-2 所示，有两个微元体的表面积分别为 dF_1 和 dF_2，两者相距 r，中点连线和法线 n_1、n_2 的夹角分别为 φ_1 和 φ_2，这两个夹角不一定在一个平面上。根据兰贝特定律，dF_1 投射到 dF_2 微面上的辐射热流为

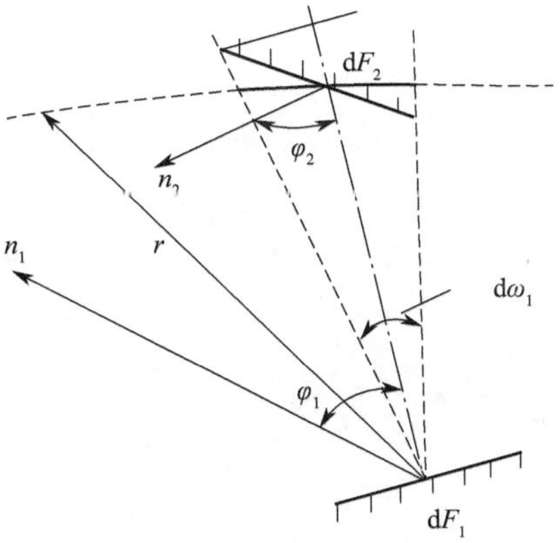

图 3-2　角系数图解

$$dQ_{1,2}=I_{n1}dF_1\cos\varphi_1 d\omega_1 \tag{3-4}$$

式中：法向辐射强度服从兰贝特定律，即 $E_b=\pi I_b$，代入式（3-4）可得

$$dQ_{1,2}=\frac{E_{b1}}{\pi}dF_1\cos\varphi_1 d\omega_1 \tag{3-5}$$

同理，dF_2 投射到 dF_1 微面上的辐射热流为

$$dQ_{2,1}=\frac{E_{b2}}{\pi}dF_2\cos\varphi_2 d\omega_2 \tag{3-6}$$

微元立体角 $d\omega_1$ 及 $d\omega_2$ 按定义可分别表示为

$$d\omega_1 = \frac{dF_2 \cos\varphi_2}{r^2}\ ,\ d\omega_2 = \frac{dF_1 \cos\varphi_1}{r^2}$$

将以上两式代入式(3-5)和式(3-6)可得

$$dQ_{1,2} = E_{b1}\frac{\cos\varphi_1 \cos\varphi_2}{\pi r^2}dF_1 dF_2 \tag{3-7}$$

$$dQ_{2,1} = E_{b2}\frac{\cos\varphi_1 \cos\varphi_2}{\pi r^2}dF_1 dF_2 \tag{3-8}$$

互相辐射的结果构成净辐射换热的热流为

$$dQ_{1,2} - dQ_{2,1} = (E_{b1} - E_{b2})\frac{\cos\varphi_1 \cos\varphi_2}{\pi r^2}dF_1 dF_2$$

对于两个有限的灰体表面 F_1 和 F_2 来说,对上式积分可得

$$Q_{1,2} = (E_{b1} - E_{b2})\int_{F_1}\int_{F_2}\frac{\cos\varphi_1 \cos\varphi_2}{\pi r^2}dF_2 dF_1$$

引进角系数 $X_{1,2}$ 和 $X_{2,1}$,则有

$$X_{1,2} = \frac{1}{F_1}\int_{F_1}\int_{F_2}\frac{\cos\varphi_1 \cos\varphi_2}{\pi r^2}dF_2 dF_1 \tag{3-9}$$

或

$$X_{2,1} = \frac{1}{F_2}\int_{F_1}\int_{F_2}\frac{\cos\varphi_1 \cos\varphi_2}{\pi r^2}dF_1 dF_2 \tag{3-10}$$

由式(3-9)与式(3-10)可知,如按同样的比例缩小或放大 F_1 和 F_2,只要保持空间的几何特性相似,即两个表面的相对位置、相对大小不变,角系数(无量纲)$X_{1,2}$ 或 $X_{2,1}$ 也不会改变。据此,可绘制角系数图,两种典型几何体系的角系数图如图 3-3 和图 3-4 所示。为说明角系数图的用法,举例如下。

例 3-1 有两个相互平行的黑体长方形表面,尺寸均为 1 m × 2 m,相距 1 m。若两个表面温度分别为 727 ℃和 227 ℃,试计算两表面之间的辐射换热量。

解 首先确定两表面间的角系数。在使用图 3-3 时,必须计算出无量纲参数 X/D=2/1=2.0,Y/D=1/1=1.0。

由图 3-3 查得角系数 $X_{1,2}$=0.285,两表面之间的辐射换热量用式(3-3)计算,即

$$Q_{1,2} = F_1 X_{1,2}(E_{b1} - E_{b2}) = F_1 X_{1,2} C_0\left[\left(\frac{T_1}{100}\right)^4 - \left(\frac{T_2}{100}\right)^4\right]$$

$$= 2\times 0.285\times 5.67\times\left[\left(\frac{1\,000}{100}\right)^4 - \left(\frac{500}{100}\right)^4\right] = 30.3\ \text{kW}$$

例 3-2 将例 3-1 中的相距 1 m 改为 0.5 m,其他条件不变,试计算两表面之间的辐射换热量。

解 确定 X/D=2/0.5=4,Y/D=1/0.5=2,查图 3-3 得角系数 $X_{1,2}$=0.51,则有

$Q_{1,2}$=30.3 ×(0.51/0.285)=54.2 kW

可知两辐射表面间距从 1 m 减小为 0.5 m 后,辐射换热量 $Q_{1,2}$ 增加为原来的 1.79(0.51/0.285)倍。可见高温定向辐射和减小辐射表面间的距离是强化辐射换热的手段。由角系数计算公式可以看清这一问题。

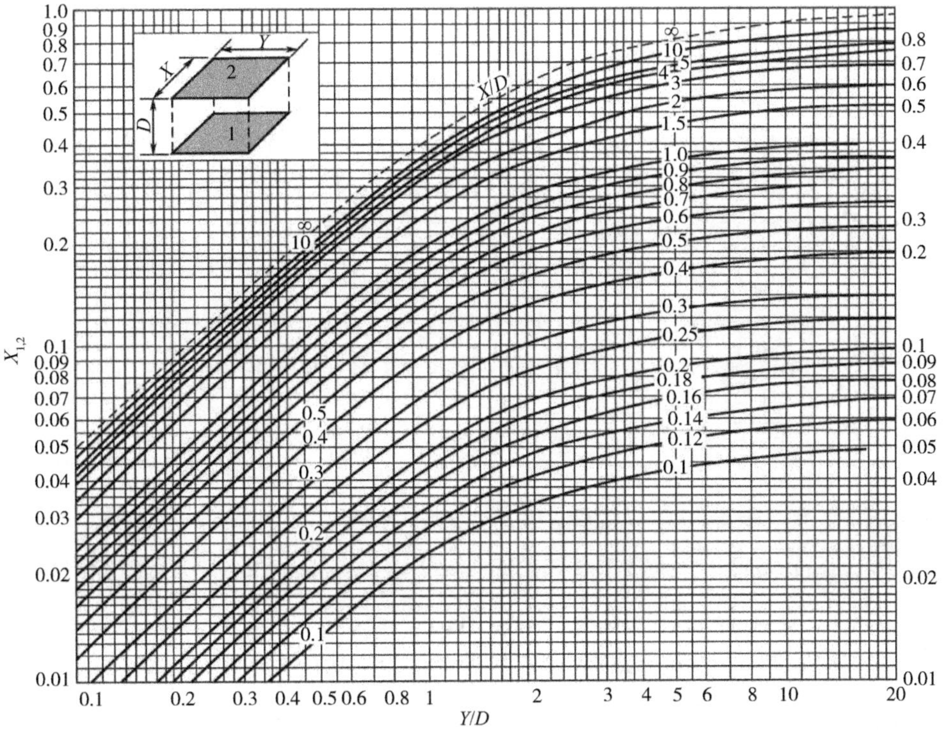

图 3-3　两个相互平行表面间的角系数

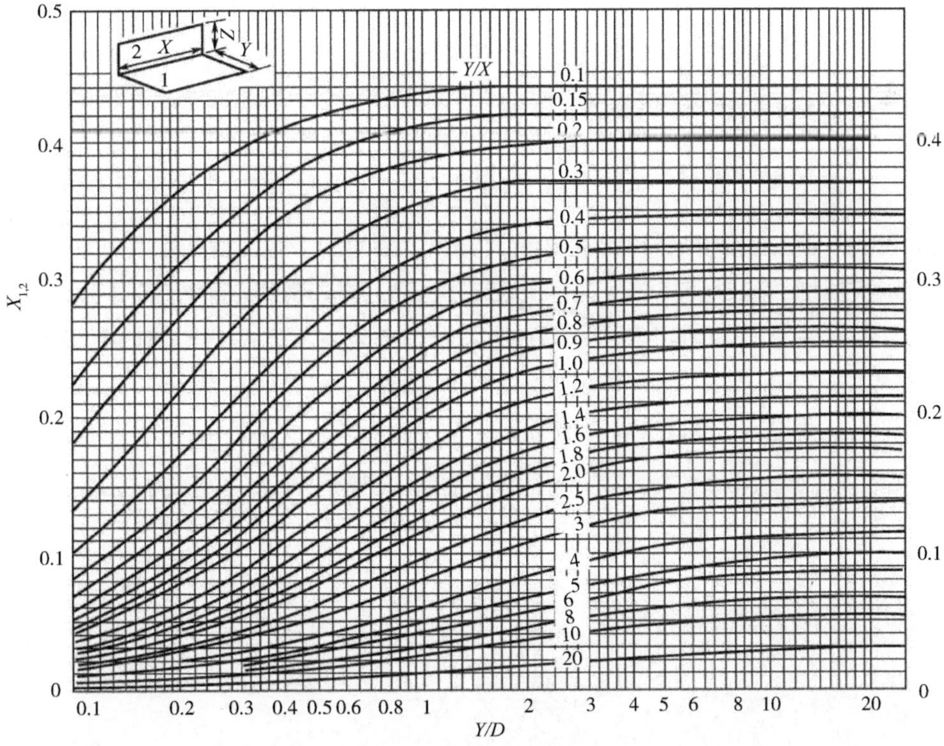

图 3-4　两个相互垂直表面间的角系数

3.2 灰体表面间的辐射换热

上述计算均针对黑体，黑体是理想化的物体，尽管某些表面与黑体近似，但永远也不能准确地达到黑体的性质。在工程上计算辐射换热时，通常假设参与辐射换热的表面是灰体，即 $\varepsilon = A$，当发射的表面与被投射的表面辐射都在相同的波长范围内，并且在此范围内的单色发射率相对不变时，灰体的假设才是正确的。若发射的辐射表面与入射的辐射表面间的辐射能的波长不同，如一个是红外线，另一个是可见光，这时灰体条件的假设就会产生很大误差，使计算结果不准确。对于黑体间的辐射换热，由式（3-3）可得

$$Q_{1,2} = \frac{E_{b1} - E_{b2}}{\dfrac{1}{F_1 X_{1,2}}} \tag{3-11}$$

式（3-11）与电工学中的欧姆定律类似，其中 $Q_{1,2}$ 相当于电路中的电流，$E_{b1} - E_{b2}$ 相当于电路中的电压差，$1/(F_1X_{1,2})$ 相当于电阻，在辐射换热中为辐射热的热阻，但辐射热的热阻仅取决于空间参量，与表面及内部的性质无关，所以称为空间热阻。两个黑体表面间及三个黑体表面间在封闭腔内的辐射换热网络分别如图 3-5 和图 3-6 所示。

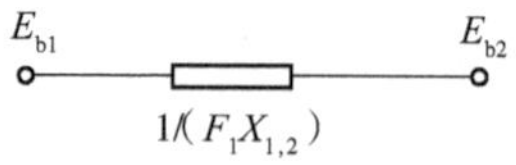

图 3-5　两个黑体表面间的辐射换热网络

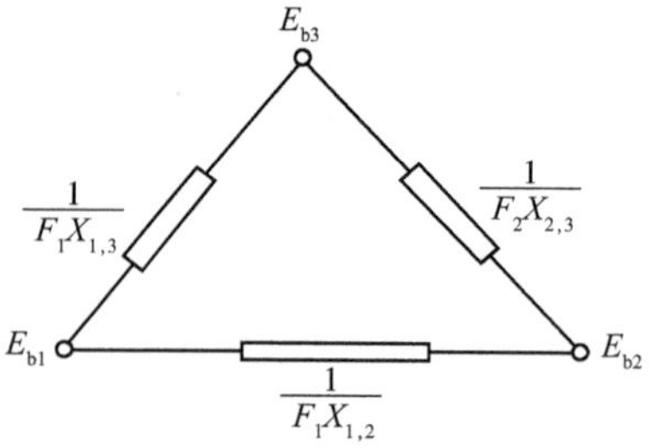

图 3-6　三个黑体表面间在封闭腔内的辐射换热网络

灰体表面间辐射换热的复杂性主要源于灰体表面间的多次反射。引用一种算总账的方法，即用有效辐射概念，可使灰体表面间的辐射换热的分析和计算简化。

图 3-7 所示为有效辐射概念图，其中外来的投射辐射 G_1（W/m²），被灰体吸收一部分 A_1G_1，被灰体反射一部分 R_1G_1，灰体表面的自身辐射热流密度为 E（W/m²），因而灰体表面实际辐射总热流密度包括 E 与 R_1G_1，令有效辐射力为 J_1，则有

$$J_1 = E + R_1G_1 = \varepsilon_1 E_{b1} + (1 - A_1)G_1 \quad (\mathrm{W/m^2}) \tag{3-12}$$

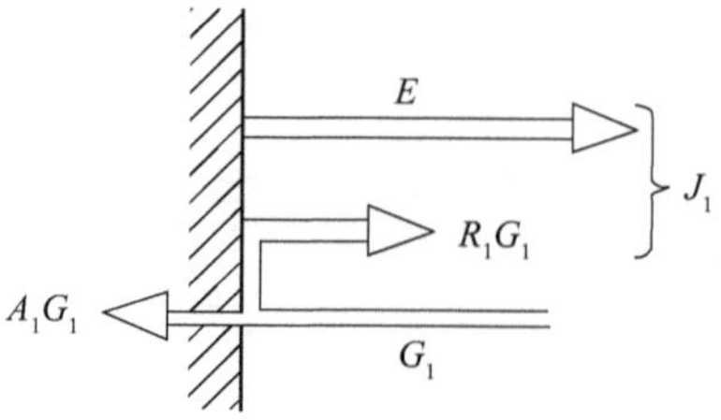

图 3-7　有效辐射概念图

在灰体表面外，能感受到的或用辐射计等仪表能测量到的就是有效辐射力 J_1。分别以 J_1、J_2、J_3 代替图 3-5 和图 3-6 中的 E_{b1}、E_{b2}、E_{b3}，即得到灰体表面间的辐射换热网络。

从灰体表面外部看，其能量收支差额应等于有效辐射力 J_1 与投射辐射 G_1 之差，即

$$\frac{Q_1}{F_1}=J_1-G_1 \tag{3-13}$$

从式（3-12）和式（3-13）消去 G_1，并注意到漫反射灰体表面 $A_1=\varepsilon_1$，则可得

$$Q_1=\frac{\varepsilon_1}{1-\varepsilon_1}F_1(E_{b1}-J_1)=\frac{E_{b1}-J_1}{(1-\varepsilon_1)/(\varepsilon_1F_1)} \tag{3-14}$$

式（3-14）的网络模拟如图 3-8 所示。在黑体辐射力 E_{b1} 与有效辐射力 J_1（相当于两个存在电位差的电位）之间，表面辐射热阻为 $(1-\varepsilon_1)/(\varepsilon_1F_1)$，简称表面热阻。可以看出，表面的黑度越大，则表面热阻越小，越接近黑体表面，因此辐射加热器表面要设法加大黑度 ε_1。

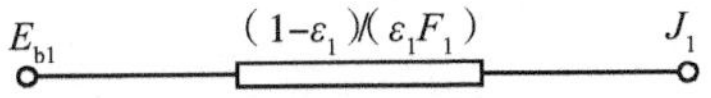

图 3-8　表面热阻的网络模拟

考虑存在表面热阻的两个灰体表面间完整的辐射换热网络如图 3-9 所示，其中 J_1、J_2 为两个节点之间存在的辐射空间热阻（参见图 3-5），而在 J_1 节点与 E_{b1} 节点之间和 J_2 节点与 E_{b2} 节点之间存在表面热阻，即灰体有效辐射之间的热阻与黑体之间的辐射热阻相同，都是空间热阻。三个以上的灰体表面间的辐射换热网络可依此类推。

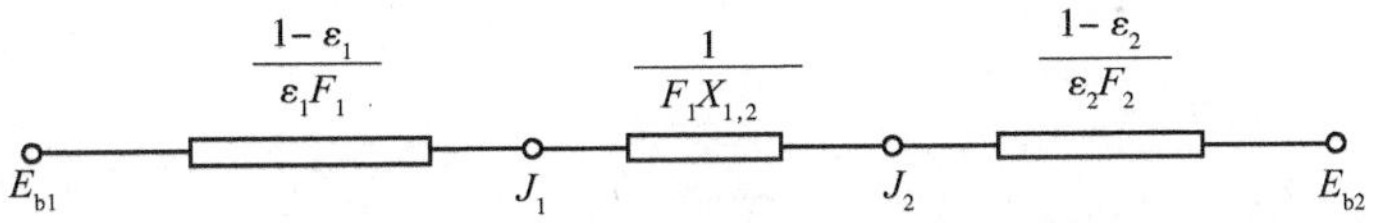

图 3-9　两个灰体表面间的辐射换热网络

两个灰体表面间的辐射换热计算，按图 3-9，应借鉴串联电路的计算方法，可得

$$Q_{1,2}=\frac{E_{b1}-E_{b2}}{\frac{1-\varepsilon_1}{\varepsilon_1F_1}+\frac{1}{F_1X_{1,2}}+\frac{1-\varepsilon_2}{\varepsilon_2F_2}}\quad(\text{W})$$

以 F_1 为计算面积时，则为

$$Q_{1,2}=\frac{5.67\times F_1\left[\left(\frac{T_1}{100}\right)^4-\left(\frac{T_2}{100}\right)^4\right]}{\left(\frac{1}{\varepsilon_1}-1\right)+\frac{1}{X_{1,2}}+\frac{F_1}{F_2}\left(\frac{1}{\varepsilon_2}-1\right)}$$

$$=5.67\times\varepsilon_sF_1\left[\left(\frac{T_1}{100}\right)^4-\left(\frac{T_2}{100}\right)^4\right]\quad(\text{W}) \tag{3-15}$$

其中

$$\varepsilon_s=\frac{1}{\left(\frac{1}{\varepsilon_1}-1\right)+\frac{1}{X_{1,2}}+\frac{F_1}{F_2}\left(\frac{1}{\varepsilon_2}-1\right)} \tag{3-16}$$

且 ε_s 称为任意位置的两个灰体表面间的系统黑度。

式(3-15)所表达的两个灰体表面间的辐射换热,在几种特定条件下可予以简化。

若 F_1=F_2,则 $X_{1,2}$=$X_{2,1}$=1,式(3-15)可简化为

$$Q_{1,2}=\frac{5.67\times F_1\left[\left(\frac{T_1}{100}\right)^4-\left(\frac{T_2}{100}\right)^4\right]}{\frac{1}{\varepsilon_1}+\frac{1}{\varepsilon_2}-1}\quad(\mathrm{W})\tag{3-17}$$

3.3 空腔与其内包壁面间的辐射换热

图 3-10 所示为空腔与其内包壁面物体间的辐射换热系统,其中物体 1 与物体 2 的表面温度、黑度及面积分别为 T_1、ε_1、F_1 和 T_2、ε_2、F_2。

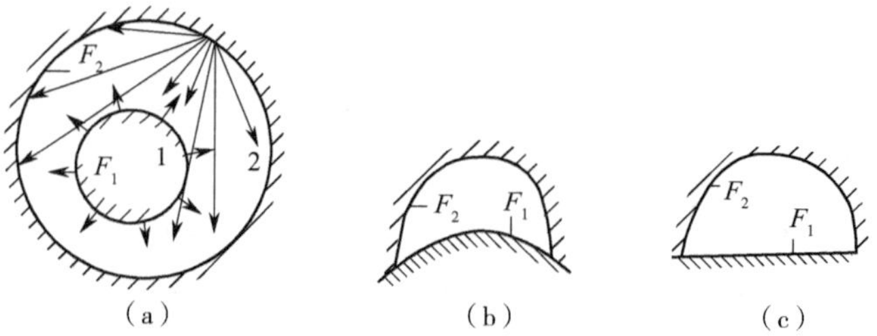

图 3-10　空腔与其内包壁面间的辐射换热系统

如图 3-10(b)所示,表面 1 为凸面,由于表面 1 完全被表面 2 包围,因此角系数 $X_{2,\ 1}$=1,有效辐射力 J_1 可全部到达表面 2,此时表面 1、2 间的辐射换热量为

$$Q_{1,2}=\frac{F_1(E_{b1}-E_{b2})}{\frac{1}{\varepsilon_1}+\frac{F_1}{F_2}\left(\frac{1}{\varepsilon_2}-1\right)}=5.67\times\varepsilon_s F_1\left[\left(\frac{T_1}{100}\right)^4-\left(\frac{T_2}{100}\right)^4\right]\quad(\mathrm{W})\tag{3-18}$$

此时,系统黑度为

$$\varepsilon_s=\frac{1}{\frac{1}{\varepsilon_1}+\frac{F_1}{F_2}\left(\frac{1}{\varepsilon_2}-1\right)}\tag{3-19}$$

若式(3-18)中比表面积 $F_1/F_2\to 0$,此时系统黑度 $\varepsilon_s=\varepsilon_1$。如车间或室内的辐射器采暖装置、房间内的高温管道或管道内的热电偶等辐射表面的辐射换热均属于这一情况,由 $F_1/F_2\to 0$,$\varepsilon_s=\varepsilon_1$,式(3-18)可以简化为

$$Q_{1,2}=\varepsilon_1 F_1(E_{b1}-E_{b2})=5.67\times\varepsilon_1 F_1\left[\left(\frac{T_1}{100}\right)^4-\left(\frac{T_2}{100}\right)^4\right]\quad(\mathrm{W})\tag{3-20}$$

对于这种特例,系统黑度 $\varepsilon_s=\varepsilon_1$,即在这种情况下,辐射表面的辐射换热计算不需知道包壳物体 2 的面积 F_2 及其黑度 ε_2。如果黑度 ε_1 值较大,在该条件下的系统黑度均大于其他两表面间灰体的系统黑度,因此在同样的 T_1、T_2 条件下,其换热量 $Q_{1,2}$ 亦属最大。

参考文献

[1]　唐建民，郑志军. 人体皮肤和黑体[J]. 大学物理，1990，9(5)：45-47.

[2]　褚治德. 红外辐射加热干燥理论与工程实践[M]. 北京：化学工业出版社，2019.

[3]　[美] J.P. 霍尔曼. 传热学[M]. 马庆芳，等译. 北京：人民教育出版社，1979.

[4]　成俊卿. 木材学[M]. 北京：中国林业出版社，1985.

[5]　[美]约翰· F. 肖. 木材传热传质过程[M]. 肖亦华，滕通濂，郭焰明，译. 北京：中国林业出版社，1989.

第 4 章
红外辐射传热的基本理论 4：红外辐射传质动力学

4.1 红外辐射传质动力学Ⅰ：影响传质速率的内在因素

传质动力学研究的是物料在干燥过程中脱水量与各种支配因素的关系。这些因素包括两方面：其一是物料本身特性，包括结构特性、生物特性、理化特性及热物理特性等，这些是内在因素；其二是供热条件，包括供热参数和供热方式，其中供热参数包括辐射加热温度、加热功率、干球及湿球温度、气流方向及速度等，供热方式包括恒条件供热和变条件供热、快速升温或慢速升温以及恒温时间、降温方式等，这些是外在因素。

综合内在因素和外在因素，探明不同物料内部的水分是如何扩散到它的表面，并如何从表面蒸发的，即研究水在物料内部迁移或扩散的过程中受到哪些阻力，这些阻力又与物料的结构以及吸取外界的能量有何关系，这就是湿物料的传热传质研究的主要内容。干燥动力学是在寻求物料干燥规律的基础上，确定优化的供热方案和干燥周期，为新工艺的设计和老设备的改造提供依据，以达到既节能又确保干燥质量的目的。

在干燥过程中，被干燥物料的性质，如结构、形状、大小、热稳定性和化学稳定性等，都是决定干燥工艺的重要因素，尤其是水与不同类物料相结合所产生的新的特性对于干燥作用的影响更大。水与固体物料结合方式不同，则除去物料中水分的难易程度也就不同，为了掌握脱水规律，首先要研究水与物料的结合方式。

4.1.1　湿物料与水的相互作用

自然界中的一切湿物料按它们与水的相互作用可分为毛细管多孔体、胶体和毛细管多孔胶体三类。

（1）毛细管多孔体，也称多孔介质，当其含有的水分变化时，尺寸很少改变，但随着水分的减少会变得松脆，有的可变成粉末，如焦炭、木炭、土壤、湿润的石英砂、砖以及某些建筑材料等。这类物体的毛细管力大大超过重力,因此完全由它们自己决定水分在物体内的分布。当重力和毛细管力相当时,那么这种物体称为多孔体。

(2)胶体,当其含有的水分变化时,尺寸和体积也随之变化。这类物体有两种:一是吸水时无限膨胀,以至于失去其几何尺寸,最后自动溶解,称为无限膨胀体,如阿拉伯树胶;二是只吸取一定量的水分,发生一定量的膨胀,几何形状基本保持不变,称为有限膨胀体,如明胶。这类物体有的微毛细管很小,尺度可与物料的分子相提并论,此时脱水较难。

(3)毛细管多孔胶体是具有上述两类物体特性的物体,即具有毛细管多孔体构造,其毛细管壁又具有胶体特性,它的微毛细管壁或细胞壁具有弹性,可吸水膨胀和脱水收缩,如木材、皮肤、谷物和食品等。这类物体的大毛细管中的水脱出容易,但微毛细管或细胞壁中的水脱出较困难。

水分与物料的结合,根据结合方式可分为化学结合、物理化学结合和物理机械结合三种形式。

(1)化学结合是水以化学力与固体相结合,水分存在于物料的分子中,如硫酸铜的结晶水,这种水的除去采用干燥法很困难,但菱镁矿球、钛矿球脱出结晶水已采用红外干燥法并获得成功。

(2)物理化学结合即吸附结合,是水分或溶剂与物料间由于氢键力或分子间力相结合,这种结合以物料与水的分子间的作用为基础,物料的内外活性面以分子引力吸取液体或气体。吸附液体的厚度可达几百个液体分子直径,但与物料结合得最强的是第一层液体分子,其他各层与物料结合较弱,一旦周围介质状况发生变化,除第一层液体分子外,其他各层易受到破坏。

(3)物理机械结合是以水分在物料毛细管里形成的表面张力相结合。由于水与大毛细管的结合很弱,它的存在与纯水相似,其特性是在任何温度下,物料表面水分的蒸气压等于纯水在此温度下的饱和蒸气压,水分的蒸发很容易。对于微毛细管,其内形成凹形弯月面,水与微毛细管壁有很强的结合力,其液面的饱和蒸气压低于同温度下的纯水的饱和蒸气压,因此物料内部水分的迁移过程即当周围空气湿度小于 100%时蒸气在此毛细管中凝结成液态而逐渐充满微毛细管并凝结。这种现象称为毛细管凝结现象。要通过大毛细管又要通过微毛细管,包括细胞腔内自由水的排出均是如此。消耗于物料内的水的结合能不只是表现在排出细胞壁的水或在平衡含水率以下,而是在整个排水过程中,水分迁移都有能量的消耗。

因此,应该把干燥过程看作能量和物质的综合迁移过程。由于物料的结构复杂,如有的是热敏性材料,有的是具有活性的生命材料(如种子等),所以传热传质过程(干燥过程)的机理是极为复杂的。

4.1.2　毛细管多孔胶体材料的吸收光谱

毛细管多孔胶体材料(包括木材、食品、果品,粉状、纤维状多孔材料,以及各种油漆、涂料等）对红外辐射光谱均具有反射、透射和吸收特性。

液体、胶体、毛细管多孔胶体和非晶固体与气体物质不同，它们不仅有振动光谱，还有转动光谱。由于分子振动能级改变时转动能级也随之改变，所以红外光谱也称振动与转动光谱。由于红外光谱能量被物料吸收，变为物料分子的振动能即热能，所以红外光谱效应又称为热效应。在辐射加热中，物料只能通过吸收辐射才能获得能量，那些被透过和反射的辐射对加热不起作用，因而吸收率是表征辐射能被物料利用多少的重要参数。

图 4-1 所示为苹果、苹果干、马铃薯、马铃薯干、马铃薯淀粉、茶叶、木材和瓷漆等的吸收光谱。由图可知：

（1）所有毛细管多孔胶体在波长 1 μm 左右的光谱吸收率基本为最低；

（2）在 $\lambda = 1.53$ μm，光谱吸收率 A_λ 值逐渐增大；

（3）在大于 3 μm 波长后，光谱吸收率 A_λ 均达到各自物料的吸收率最大值，其中茶叶与湿绿茶的 A_λ 为 0.7~0.8，而其他物料的 A_λ 为 0.85~0.9。

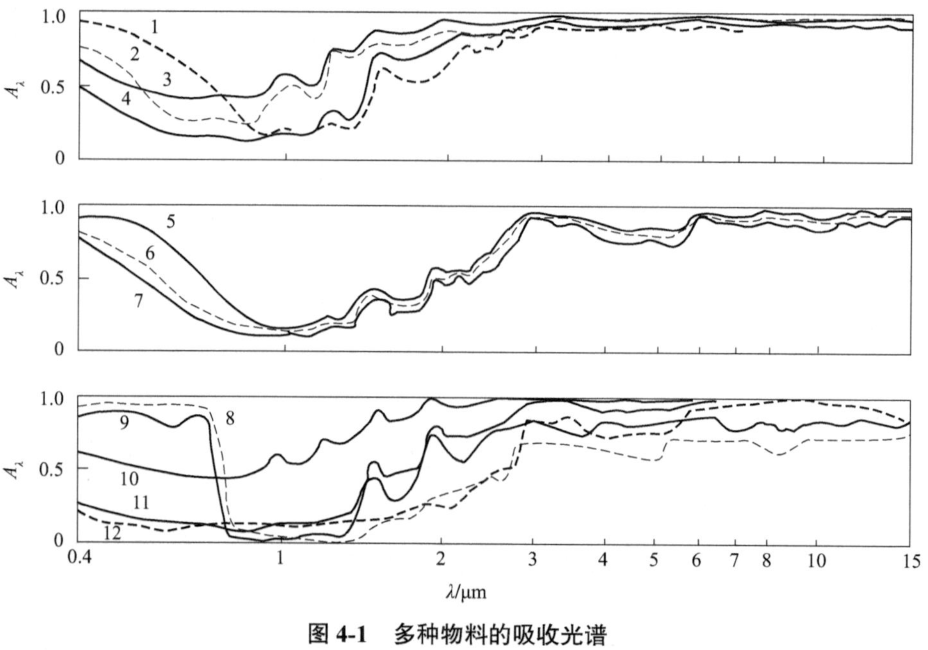

图 4-1　多种物料的吸收光谱

1—苹果干（10 mm）；2—苹果（100 mm，X=86.6%）；3—马铃薯（10 mm，X=74.5%）；4—马铃薯干（10 mm）；
5—桃花心木（0.46 mm）；6—山毛榉木（0.48 mm）；7—松木（0.46 mm）；8—茶叶（干）；9—湿绿茶；
10—马铃薯淀粉（X=76.5%）；11—马铃薯淀粉（X=11.8%）；12—$B_{Л}$-55 瓷漆

之所以有这样的吸收光谱，是与物料本身的特性及水分子的特性有关的。例如淀粉、木材及某些油漆材料的分子都含有—OH 和—CH_2 原子基团，所以在波长 2.92 μm（此为—OH 基的典型波长）及 3.42 μm（此为—CH_2 基的典型波长）附近出现吸收带。

水和物料中存在的水分对吸收光谱有很大的影响。液态水在波长 2.92 μm、4.74 μm、6.12 μm 和 15.80 μm 附近有基波振动，湿物料会在这些波长附近出现吸收带，反映物料中附着水分子的振动。

液体和固体中辐射的散射强度与绝对温度成比例,与物料的密度有关,一般随密度的增大而增强,此外还与液体表面张力有关,一般随表面张力的减小而增强,由于水的表面张力系数比其他液体大,因此水面对辐射的散射低于其他液体。当波长为 2~100 μm 的红外辐射与巨大粒子(如植物细胞和淀粉颗粒)作用时,会激发出复杂的振动,因此对一个粒子而言,其振动不是一个常量,粒子对辐射的散射是粒子的反射、折射和二次辐射的综合作用。

分子的散射现象或一般散射现象是在物质不均匀处(如具有密度梯度、湿度梯度、温度梯度、各向异性及结构不均处)产生的,因此物料中的不规则气孔和毛细管,以及毛细管液面的边界均会引起辐射散射和辐射方向的改变。

植物性材料的纹孔壁和细胞膜是由胶态粒子构成的,胶态粒子的尺寸与可见光和近红外区域内的辐射波长相等,这些粒子也就是该种物料的散射中心,会使辐射发生多次散射,即使厚度小于 1 μm,也会产生两次以上的多次散射,并吸收辐射能量。因此,物料的散射特性也和辐射传热密切相关。

综上所述,木材、茶叶、果品等毛细管多孔胶体在 3.0~15.0 μm 波段内,对辐射有极强的吸收,这是构成毛细管多孔胶体的组成物质的吸收辐射所致。

物料中含有水分,在光谱的 1.0~15.0 μm 波段内,水的反射率很低(1.6%~4.8%),特别是木材表层含有水分,更导致木材的反射率降低,在该光谱波段内,随着含水率的提高,T_λ 及 R_λ 值均减小,而 A_λ 值增大,即水分强烈吸收。

4.1.3　红外辐射的穿透性

丹克沃特为了刑侦方面的目的,特别是为了在不开封情况下辨认和阅读信封内的文件,研究利用红外照相的可能性。他将 100 W 的碳丝灯泡作为辐射源,在距被拍照对象 1 m 处进行拍摄,不仅得到了非常清晰的文件原文图像,而且得到了未开封的信封内具有复杂图形的钞票及商品支票的图像。

特雷和列卡姆特应用显微光度法对拍照的红外底片进行处理(比较底片曝光黑度),得出了红外辐射的穿透性与试材厚度的关系。当曝光 0.25 s 时,通过云杉、松木、杨木的辐射造成红外底片的黑度极高。红外辐射能够部分地穿透黄杨和山毛榉木材,当曝光 5 s 时黄杨和山毛榉的红外底片的黑度极高。

特里伯根据普拉特的研究,对其研究结果加以处理,得到了红外辐射对不同木材的穿透数据,见表 4-1。

表 4-1　红外辐射对不同木材的穿透性

木材	穿透深度/mm	木材	穿透深度/mm	木材	穿透深度/mm	木材	穿透深度/mm
落叶松木	5~7	松木	3~4	山毛榉木	3	樱木	1~2
冷杉木	6~7	杨木	4	灰赤杨木	1~3	胡桃木	0.5

续表

木材	穿透深度/mm	木材	穿透深度/mm	木材	穿透深度/mm	木材	穿透深度/mm
云杉木	6	槭木	4	黑桤木	5~6		
千金榆木	2~3	栎木	2	椴木	4~6		

列别捷夫给出了不同波长的红外辐射对 1.5 mm 厚松木试材的穿透性，波长 1.075~7.75 μm 对应的透过率为 4.6%~0.5%。

王德新对木材红外干燥炉内堆垛的外侧木板（能直接接收红外辐射的板），用 ϕ1 mm 的铠装温差电偶温度计测其表面及深度为 3 mm、6.5 mm 及 8.7 mm 处的温度。结果表明，3 mm、6.5 mm 深处的温度高于板表面温度，但 8.7 mm 深处的温度低于板表面温度。实验板材为松木板，该数据与表 4-1 中落叶松木的穿透深度 5~7 mm 相近。

关于红外辐射对木材的穿透深度，王德新做了大量实验，在波长 3.15 μm 附近，他对 8 种木材做了透过率 T_λ 的实验，结论如下：

（1）各种木材的红外辐射透过率非常低，而且彼此相差不大；

（2）辐射源温度由 210 ℃降到 120 ℃，即峰值波长从 6.0 μm 变到 7.4 μm 时，透过率基本不变，表明木材的吸收系数与波长的关系不甚明显。

上述实验结论和图 4-2 是一致的，而图 4-1 还给出了 0.4~3 μm 波段的吸收光谱。

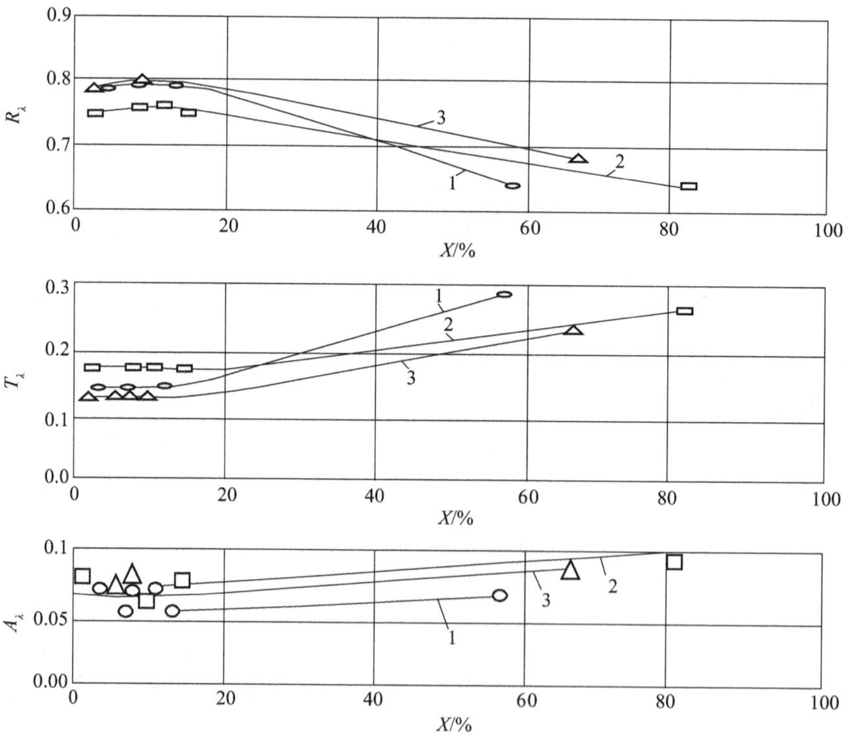

图 4-2　最终层厚为不同值时，不同木材试材的 R_λ、T_λ 及 A_λ（λ=1.1 mm）与木材含水率的关系

1—山毛榉木（0.6 mm）；2—松木（0.67 mm）；3—桦木（0.67 mm）

辐射能向湿物料内部的渗透决定了红外辐射传热传质的某些特点。不同人员研究了湿物料在红外波段内的穿透性，这些物料被分成三类：辐射能具有很大穿透性的物料（如玻璃、纸、毛织物等），穿透性很小的物料（如面包、马铃薯、砂子、木材等）和实际上不透红外线的物料（如黏土、硅藻砖等）。

虽然物料吸收的辐射能只占入射辐射能的很小一部分，但当辐射能很大时，物料仍会被强烈加热。使用红外辐射加热时，分析物料的温度场具有很大的意义。从被照射物料的温度场可以看出某一深度物料层的受热强度，了解物料内部的传热传质规律。

采用 220 V、500 W 的镜面灯作为辐射源，物料与上辐射源相距 70 mm，与下辐射源相距 135 mm，面包团烘烤在一个金属炉中进行，炉底的温度为 230 ℃。由图 4-3 可以看出，只有 2 mm 深层在 0~2.2 min 时的温度高于表面温度，其余部分的温度均低于表面温度；烘烤 3~5 min 后，5 mm 深层和 8 mm 深层出现恒温为 90 ℃，而对于 30 mm 深层，要烘烤 6~8 min 才有恒温段出现，约为 89 ℃；在烘烤 8 min 时，表面与 30 mm 深层之间的温差达到 100 ℃，温差很大。

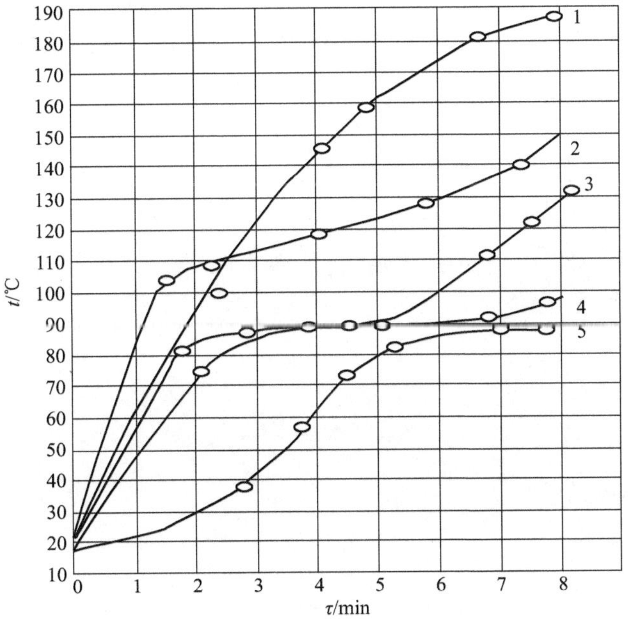

图 4-3　用红外辐射烘烤面包团温度曲线

1—样品表面；2—2 mm 深层；3—5 mm 深层；4—8 mm 深层；5—30 mm 深层

红外辐射穿透性问题十分复杂。在高温辐射条件下，干燥 22 mm 厚的松木板，干燥 40~70 min，在距板材表面 1 mm 深处出现温度高于表面温度的情况，最大温差约为 8 ℃；而在中温辐射条件下，干燥 10 mm 厚的桦木板时，没有出现内层温度高于表面温度的现象。在天津大学的研究者对多种木材以及 27 种中草药进行的实验中，当物料层厚度为 5~50 mm 时，很少发现物料层内层温度高于表层温度（除降速干燥段）。

陈士亮等用尺寸为 32 mm × 50 mm × 160 mm 的樟木块做实验，在木块上钻 5 个深度为 18 mm 的孔，并插入温度计以测量木块内的温度分布。将樟木块放在 150 ℃的干燥箱中加热，每隔 20 min 分别记下 5 支温度计的读数，所得结果均是表面温度高于内层温度；又对不同树种、不同形状、不同尺寸的木材进行实验，为了避免对流传热的影响，将各木块放入真空炉内加热，其结果均是表面温度高于内层温度。吴玮等用初含水率为 54.8%、终含水率为 15.2%的 26 mm 厚柞木板做实验，在温度为 75 ℃环境中测得 1.5~4 h 后木材中心层温度高于表层温度。

综上所述，要评定红外辐射对物料的穿透性能，还需要对供热条件、实验方法等做进一步的分析。此外，物料内部温度分布还受到其导热性能的影响，情况更加复杂。但大量实验可以观察到所有内层温度高于表层温度的情况，无论是木材还是面包团，都是在距表面 1 mm、2 mm、5 mm 处发生的，即均是在浅层起作用，对难干的厚物料的干燥不起关键性作用。对木材红外干燥而言，木材在干燥炉中直接受到辐照的表面相比整堆垛木材而言，其所占比例甚小，更不起关键性作用。因此，曾有人员对此作用提出过质疑。但有一点是十分关键的，即红外辐射源导致的对流和导热也应属于红外辐射的作用。正如阴面生长的植物，虽然没有直接受到太阳的辐照，但太阳辐射的作用仍存在，否则这些植物也难以生存。

4.1.4 毛细管对水分的束缚力

一切湿物料，无论是毛细管多孔体、胶体，还是毛细管多孔胶体，它们共同的特点是均有毛细管，从毛细管中脱出水分的难易程度均与毛细管直径有关。

图 4-4 所示为毛细管中液面的升降图，其中有两种液体，即润湿性液体和非润湿性液体，根据其作用力，可导出毛细管压力方程。

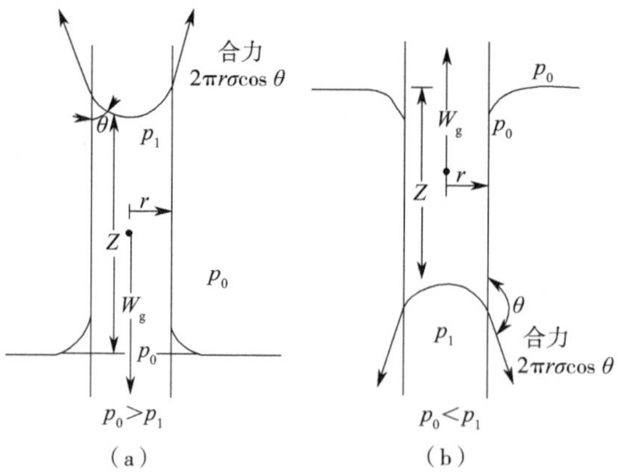

图 4-4　毛细管中液面的升降作用

（a）润湿性液体　（b）非润湿性液体

水与玻璃或木材相接触均属于图 4-4（a）所示情况，即液柱升高，此时表面张力向上的合力必然与压力差向下的合力相等，即

$$2\pi r\sigma\cos\theta=(p_0-p_1)r^2\pi$$

$$p_0-p_1=\frac{2\sigma\cos\theta}{r} \tag{4-1}$$

式中　θ——润湿角；

σ——分界面的表面张力；

r——毛细管半径；

p_0——大气压力；

p_1——分界面液相压力。

另外，表面张力向上的合力又必然与毛细管中液柱的质量相等，即

$$2\pi r\sigma\cos\theta=\rho Vg=r^2\pi\rho gZ$$

式中　ρ——液体密度；

V——液柱体积；

g——重力加速度；

Z——液柱高度。

由上式可得毛细管分界面表面张力方程为

$$\sigma=\frac{r\rho gZ}{2\cos\theta} \tag{4-2}$$

根据式（4-2），已知毛细管液面提升高度 Z，即可算出分界面的表面张力。对于毛细管中的润湿性液体，其润湿角小于 90°，其中水与玻璃接触时，其值近似为零。若将一根毛细管插入水银，水银属于非润湿性液体，即液柱下降，其润湿角约为 130°，由于 130° 角的余弦值为 −0.64，Z 值也是负值，则由式（4-2）可得分界面的表面张力为正值，即对于非润湿性液体，弯月面呈凹形，润湿角为 90°～180°，$p_1>p_0$；而对于润湿性液体，弯月面呈凸形，$p_0>p_1$。

为便于计算圆柱形毛细管内水-空气分界面上的毛细压差，式（4-1）可简化，令 $\theta=0°$，分界面的表面张力 $\sigma=7.3\times10^{-2}$ N/m，毛细管半径 r 以 m 为单位，由式（4-2）可见，若 $r=10^{-5}$ m（针叶树材管胞的典型尺寸），则 $p_0-p_1=14.6$ kPa；若 $r=10^{-6}$ m（大纹孔通道的典型尺寸），则 $p_0>p_1=146$ kPa，此时若 $p_0=101$ kPa，由

$$p_0-p_1=\frac{2\sigma}{r} \tag{4-3}$$

可得 $p_1=-45$ kPa，该负压力称为毛细张力，使液面沿毛细管上升。毛细张力随毛细管半径的缩小而急剧增加，即液面上升的高度也急剧增加，此即为图 4-4 中毛细管液面升高的原理，也是物料吸水的基本原理。微毛细管张力使毛细管表面的蒸气压低于相同温度下物料的饱和蒸气压，使物料内部的水分扩散和毛细管液面的蒸发都受到更大阻力，因此要使水分脱出就要消耗更多的能量。

4.1.5　平衡水分和自由水分

若将某物体与恒温恒湿的空气接触，物体中的水分将不断地被空气吸收，同时物体也吸

收空气中的水分，直到物体表面所产生的水蒸气压与空气中的水汽分压相等为止，此时物体中的水分与空气中的水分处于动平衡状态，即物体中的水分将不因与空气接触时间的延长而发生变化，此时物体中的水分称为该空气状态下的平衡水分，此时物体的含水率称为平衡含水率 X' 。平衡水分即在一定干燥条件下不能被除去的那一部分水分，它代表物料在该条件下可被干燥的极限。图 4-5 所示为某些物体在 25 ℃时的平衡含水率 X' 与空气相对湿度 φ 的关系。对于无孔且不溶于水的材料，如黄沙或陶土，其平衡含水率接近于零。

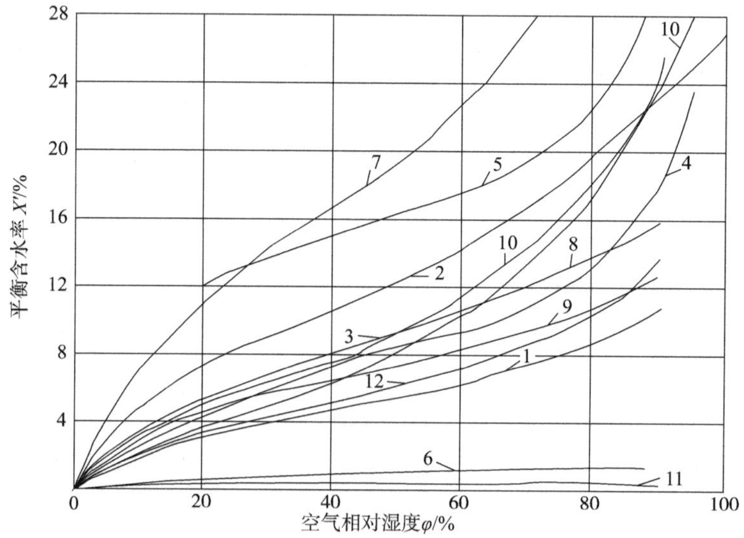

图 4-5　25 ℃时某些物料的平衡含水率与空气相对湿度的关系

1—新闻纸；2—羊毛；3—硝化纤维；4—丝；5—皮革；6—陶土；7—烟叶；8—肥皂；

9—牛皮胶；10—木材；11—玻璃绒；12—棉花

对于纤维或胶质的有机材料，如烟叶、皮革、木材等，其平衡含水率较高，并且随着空气相对湿度的不同而有较大的变化。由图 4-5 可以看出，当空气相对湿度为零时，任何物体的平衡含水率均为零。由此可见，只有当物体与相对湿度为零的空气接触时，才能得到绝对干燥的物料。由图 4-5 可知，平衡含水率因物料种类的不同而有很大差异，即便是同一物料，其平衡含水率也会因空气状态参数不同而不同，其中空气相对湿度是影响平衡含水率的重要因素，此外还与物料密度、物料温度等有关。物料的平衡含水率会随着温度的升高而减小，如棉花与相对湿度为 50%的空气接触，当空气温度由 37.8 ℃升高到 93.3 ℃时，平衡含水率由 7.3%降为 5.7%，约降低 22%。

自由水分是存在于细胞腔中或物料空隙中的液态水。自由水分可由实验测得的平衡含水率曲线求得。如丝中所含总水分为 30%，当温度为 25 ℃、空气相对湿度为 50%时，由图 4-5 可查得此时丝的平衡含水率为 8.5%，自由水分则为 30%−8.5%=21.5%，即每千克绝干的丝中含 0.215 kg 的自由水。

4.1.6　木材的纤维饱和点及平衡含水率

在显微镜下可以看到，木材的任何一部分几乎都是由很多蜂巢状的小腔室所组成，这些小腔室称作细胞。而木材的一切性质都与细胞壁有关，因此对细胞壁的微观结构有所了解，才能掌握木材的性质和变化规律。

图 4-6 所示为细胞壁的构造，根据其形成的阶段可分为初生壁和次生壁。在细胞分化生长过程中，从分裂到细胞增大，其最初形成的胞壁称为初生壁。在初生壁内侧，有附着生长而形成的胞壁，称为次生壁。两个相邻细胞之间的部分，即胞间层（ML）。胞间层与两边的初生壁（P）结合起来，可统称为复合胞间层。而图 4-6 中的中间 A 区为细胞腔，自由水就在细胞腔内，自由水仅受微弱的毛细管力，不存在氢键力，也称为大毛细管水，所有大毛细管系统只能向空气蒸发水分，而不能从空气中吸收水分。使细胞壁互相连通的各级微毛细管构成微毛细管系统，由于微毛细管半径小，水分在管内的表面张力大，使得微毛细管对水分的束缚力大，因此细胞壁中的水分难以脱出，被认为是借氢键力束缚在木材上，吸着的位置主要是纤维素、半纤维素、木素和其他组分上的羟基。

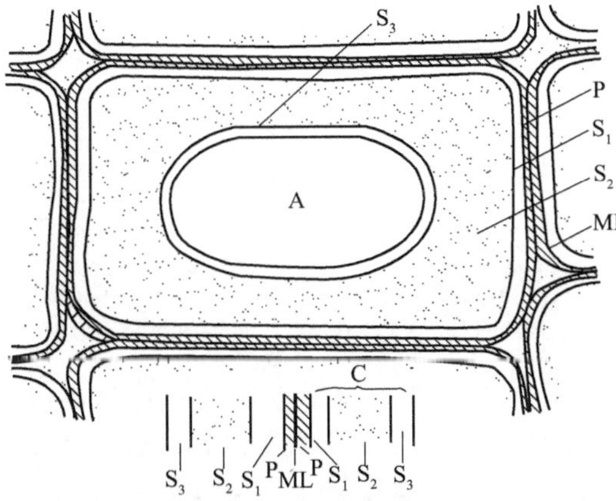

图 4-6　细胞壁的构造

A—细胞腔；P—初生壁；ML—胞间层；S_1—次生壁；S_2—次生壁中层；S_3—次生壁内层

木材的纤维饱和点定义为细胞壁为附着水所饱和而细胞腔内没有自由水时的含水率，也称吸湿极限。纤维饱和点随树种和温度不同而不同。当木材的含水率低于纤维饱和点时，细胞壁内的微毛细管系统能从湿空气中吸收水分，这种现象称为吸湿或吸收。水分从微毛细管系统排往空气的现象称为解吸。应该指出，解吸仅指附着水的排出，而干燥则指自由水和附着水两者的排出。因此，“解吸”和“干燥”是两个不同的概念。当解吸和吸湿达到稳定时，即达到解吸稳定含水率 $X_{解}$ 和吸湿稳定含水率 $X_{吸}$，对于一般木材有 $X_{解}-X_{吸}=2.5\%$，但对于薄小木料，有 $X_{解}=X_{吸}$，并等于平衡含水率 X'（$X_{衡}$），即

$$X_{解}=X_{吸}=X_{衡}$$

三种温度下木材的平衡含水率如图 4-7 所示。由图可见，在同一温度下，空气相对湿度

增大，则平衡含水率上升；在不同温度下，当空气相对湿度相同时，温度高，则平衡含水率低，即对干燥而言，空气相对湿度低和干燥温度高有利于木材的脱水。

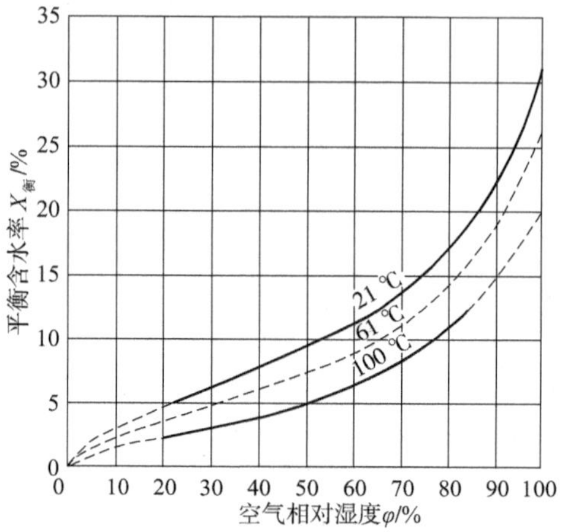

图 4-7　三种温度下木材的平衡含水率

综上所述，对平衡含水率的概念可归纳如下。

（1）物料的平衡含水率是物料在特定的空气状态下，并与之长时间接触所达到的物料和空气动平衡的含水率，可视为在该条件下的极限含水率。在工程干燥中，很难允许有长的接触时间，因此工程干燥中湿物料在相同空气状态下，其含水率高于平衡含水率。

（2）由图 4-7 可知，木材的平衡含水率是空气温度与空气相对湿度的函数，在同一空气相对湿度下，空气温度高，则平衡含水率低；在同一温度下，空气相对湿度高，则平衡含水率高。由此可见，在工程干燥中，干燥温度高而相对湿度低有利于物料脱水。

（3）不同温度下的平衡含水率的实验数据往往比较缺乏，通常只要是在不太宽的温度范围内，都把它视为常数。有关食品的平衡含水率可查阅相关文献。我国 53 个城市木材的年平均平衡含水率估计值见表 4-2，可见不同城市的木材平衡含水率不同。即使是同一城市，不同月份的木材平衡含水率也不同，如天津 4 月木材平衡含水率最低为 9.7%，而 8 月木材平衡含水率最高为 15.2%，12 个月的年平均平衡含水率为 12.1%。我国各城市的年平均平衡含水率差异较大，如武汉为 15.4%，而天津为 12.1%，以至于武汉的木材、家具、藤椅等运往天津，在天津使用过程中还要脱出 3.3%的水，从而造成家具因脱水而产生裂缝，藤椅因脱水而变松散。这里所指脱出的水，不是自由水（细胞腔中或物料空隙中的液态水），而是附着水（也称结合水、微毛细管水，是细胞壁中的水）。自由水的脱出不影响木材的干缩，而细胞壁中的附着水脱出时，木材要干缩。

表 4-2　我国 53 个城市木材年平均平衡含水率估计值　（单位：%）

城市	年平均平衡含水率	城市	年平均平衡含水率	城市	年平均平衡含水率	城市	年平均平衡含水率
哈尔滨	13.6	西宁	11.5	永安	16.3	广州	15.1
齐齐哈尔	12.9	西安	14.3	厦门	15.2	海口	17.3
佳木斯	13.7	北京	11.4	崇安	15.0	成都	16.0
牡丹江	13.9	天津	12.1	南平	16.1	雅安	15.7
克山	14.3	太原	11.7	郑州	12.4	重庆	15.9
长春	14.3	济南	11.7	洛阳	12.7	康定	13.9
四平	13.3	青岛	14.4	武汉	15.4	宜宾	16.3
沈阳	13.4	南京	14.9	宜昌	15.1	昌都	10.3
大连	13.0	徐州	13.9	长沙	16.5	昆明	13.5
乌兰浩特	11.2	上海	16.0	衡阳	16.9	贵阳	15.4
包头	10.7	芜湖	15.8	南昌	16.0	拉萨	8.6
乌鲁木齐	12.1	杭州	16.5	九江	15.8		
银川	11.8	温州	17.3	南宁	15.4		
兰州	11.3	福州	15.6	桂林	14.4		

4.1.7　典型毛细管多孔胶体结构特点

木材，无论是针叶材还是阔叶材，均是典型的毛细管多孔胶体。图 4-8 所示为一种典型的阔叶材微观结构。其中，TT 表示横切面，RR 表示径切面，TG 表示弦切面；P 为导管或管孔，导管分子由梯状穿孔板 SC 隔开；木纤维 F 细胞腔小而壁厚；木纤维和导管细胞壁中的纹孔 K 为细胞壁中液体流动的通路；WR 表示木射线，AR 表示年轮，S 表示早材（春材），SM 表示晚材（秋材），ML 为胞间层。

1980 年，Panshin 和 Zeeuw 提出了一种典型的散孔阔叶材的体积组成：导管 55%；木纤维管胞 26%；轴向薄壁组织 1%；木射线 18%。他们还提出了美国白松针叶材的体积组成：轴向管胞 93%；轴向树脂道 1%；木射线 6%。1970 年，Petty 以染色法测定西特喀杉，发现管胞里平均有 250 个孔道，这些孔道就是纹孔膜塞缘里的小孔，这与电子显微摄影测定的结果一致。

图 4-8 已画出细胞腔和细胞壁的结构。在细胞腔中存留自由水，其余的水分存在于细胞壁及纹孔膜等组织中，纹孔是相邻细胞间的水分和养料通道。木材干燥和防腐、防火浸注以及制浆等工艺都与纹孔的渗透有关，纹孔是木材细胞壁上的重要特征。细胞腔和细胞壁构成了针叶材的管胞和阔叶材的导管。图 4-9 所示为构成针叶材细胞壁的各元素间的相互关系，其中箭头 A 指出管胞是由三层细胞壁及中空的细胞腔所组成，而管胞上、下两端的各种圆孔即为各种纹孔。1969 年，Howard 和 Manwiller 从管胞的径切面提取出三种纹孔：管

胞间具缘纹孔、通向木射线管胞的具缘纹孔、通向木射线薄壁组织的松属纹孔。

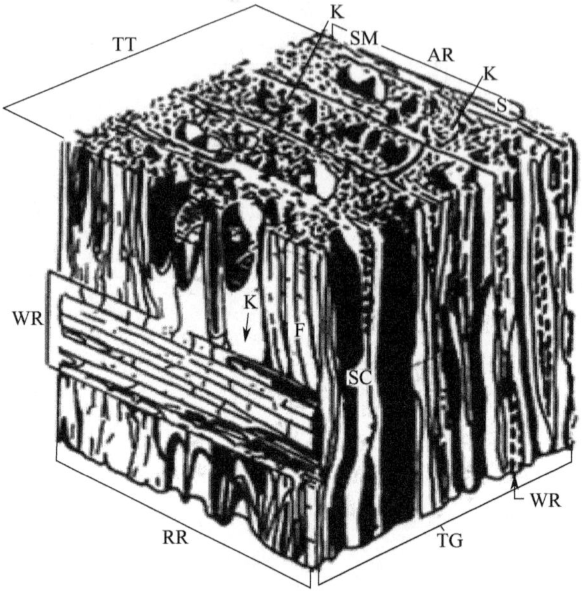

图 4-8　一种典型的阔叶材微观构造

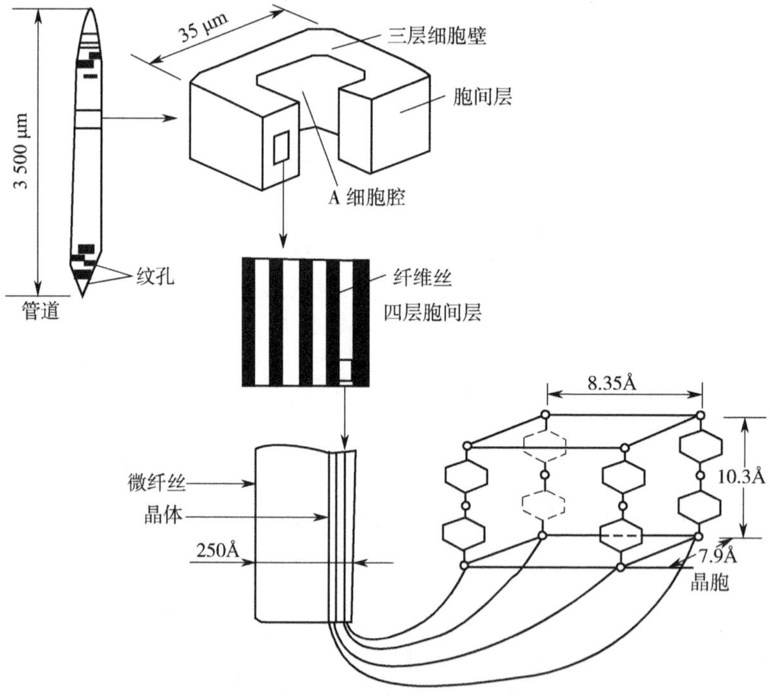

图 4-9　构成针叶材细胞壁的各元素间的相互关系

树通过小须根尖端的活细胞从土壤中吸取水分，再经侧根送到主根，由主根送到树干。可以认为，树是一个复杂的密切协调的生物化学机器，它不需任何有机物，而是完全利用无机物作为养料通过生物化学反应（如光合作用）去合成它所赖以生存和生长的各种复杂物体。水是光合作用的原料,参与碳水化合物的形成,并参与呼吸作用促使许多酶反应,树体内有机物质的转化过程也需要水分子的参与。组织细胞的分化生长过程使树的细胞数量增多,并长大成材。因此,要脱出木材中的水分,就要充分了解水分与木材细胞是如何结合的。

自由水就是在细胞腔内或木材空隙中的液态水,木材容纳自由水仅依靠微弱的毛细管力,不存在氢键力,自由水的脱出不会引起木材的干缩,但会引起木材质量的改变,即干燥缺陷。而容纳在细胞壁、纹孔等处的水为附着水或结合水,这种水很难脱出,但脱出后可引起木材尺寸的改变。

4.1.8 水和物料的结合能与单位脱水量的能耗

所有湿物料均具有毛细管特性。对于大毛细管,其水分的蒸发所消耗的能量与相同温度下纯水饱和蒸汽的蒸发潜热相同;但对于微毛细管,其表面蒸气压低于相同温度下纯水饱和蒸气压,脱出 1 kg 水要消耗更多的能量。列宾杰尔利用基本热力学关系得出了水和物料的结合能特性,由于水和物料的结合降低了水表面上方的蒸气压,因此相应地减少了自由能,恒温下的结合能 L 为

$$L=RT\ln\frac{P_{饱}}{P_x}=RT\ln\varphi \tag{4-4}$$

式中 R——气体常数;

T——空气绝对温度;

$P_{饱}$——游离水或水平面水的饱和蒸气压;

P_x——湿物料上方平衡水蒸气分压,或毛细管表面蒸气压;

φ——空气相对湿度,$\varphi=P_x/P_{饱}$。

水和物料结合得越强,P_x 值越小;相反,对于游离水,P_x 与 $P_{饱}$ 相等,$\varphi=1$,则结合能 $L=0$,即 $L=RT\ln 1=0$,结合能 L 即为潜热的增值 $\Delta\gamma$,考虑物料与水之间的结合能的影响因素,则物料的潜热 γ_x 为

$$\gamma_x=\gamma+\Delta\gamma \tag{4-5}$$

式中 γ_x——物料的蒸发潜热(kJ/kg);

$\Delta\gamma$——物料的结合能(kJ/kg);

γ——游离水的蒸发潜热(kJ/kg)。

通心粉面团中水的结合能数据见表 4-3。可以看出,在计算干燥通心粉面团所消耗的热量时,当水分达到 10.3%时,蒸发潜热应增加 4.1%。

表 4-3 通心粉面团中水结合能数据

X/%	$\Delta\gamma$ / (kJ/kg)	$\frac{\gamma_x}{\gamma}=\frac{\gamma+\Delta\gamma}{\gamma}$	X/%	$\Delta\gamma$/(kJ/kg)	$\frac{\gamma_x}{\gamma}=\frac{\gamma+\Delta\gamma}{\gamma}$
3.8	3 640	1.155	11.7	787	1.033
5.4	2 478	1.105	13.7	583	1.025

续表

X/%	$\Delta\gamma$ / (kJ/kg)	$\frac{\gamma_x}{\gamma}=\frac{\gamma+\Delta\gamma}{\gamma}$	X/%	$\Delta\gamma$/(kJ/kg)	$\frac{\gamma_x}{\gamma}=\frac{\gamma+\Delta\gamma}{\gamma}$
7.0	1 851	1.080	16.0	329	1.012
8.6	1 411	1.068	20.0	163	1.007
10.3	1 007	1.041			

注:X 为吸湿平衡值,不同温度下 X 与 φ 值之间的关系可查吸湿平衡曲线。

在工程中计算物料的脱水传热时常以焓差计算,考虑水与物料的结合能,即由于毛细管的作用使物料表面的水蒸气分压低于相同温度下的饱和蒸气压,因而需消耗更多的能量使物料中的水分蒸发,以焓差计算时,其焓差应加结合能,即潜热的增值 $\Delta\gamma$,则有

$$\Delta I_x=\Delta I+\Delta\gamma \tag{4-6}$$

式中 ΔI_x——考虑物料的结合能,蒸发每千克水所提供的能量(kJ/kg);

ΔI——由干饱和蒸气压表查得的焓差(kJ/kg);

$\Delta\gamma$——水与物料的结合能(kJ/kg)。

空气相对湿度值由开尔文定律得出,即

$$\varphi=\frac{P_x}{P_0}=\exp\left(-\frac{2\sigma\rho_{蒸}}{P_0\rho_{液}r}\right) \tag{4-7}$$

式中 P_x——毛细管曲面上的饱和蒸气压;

P_0——平面上的饱和(干饱和)蒸气压;

σ——表面张力;

$\rho_{蒸}$——毛细管上方的蒸气密度;

$\rho_{液}$——毛细管中液体的密度;

r——毛细管半径。

表 4-4 给出了空气相对湿度 φ 与毛细管半径 r 之间的关系(全润湿条件下)。由表可以看出,当 r=1.075 × 10^{-5} cm 时,$\varphi\approx1$,即弯月面上的饱和蒸气压实际上等于水为平面时的饱和蒸气压。这是把毛细管区分为微毛细管(r<10^{-5} cm)和大毛细管(r>10^{-5} cm)的基础。由式(4-4),$L=-RT\ln\varphi=RT\ln\frac{1}{\varphi}$,当 φ=0.25 时,$L=RT\ln 4$=3.47 × 10^3 J,而当 φ=0.999 时,$RT\ln 1=0$,因此根据物料的微毛细管半径可确定空气相对湿度 φ,即可以算出湿物料的结合能 L。针叶树管胞弦向直径为 10~80 μm,阔叶树导管的管孔直径为 20~300 μm。只有半径为 0.1 μm 以下才为微毛细管,因此这些管胞与导管(均属细胞腔尺寸)中存在的是自由水。管胞或导管中流动的水分要穿过纹孔才能进入近邻的细胞,而纹孔的最大半径只有 0.002~0.3 μm,因此木材内部水分的迁移过程既要通过大毛细管又要通过微毛细管,包括细胞腔内自由水的排出也是如此。消耗于木材内的水的结合能不只表现在排出细胞壁的水或达到平衡含水率以下,而是在整个排水过程和水分迁移过程中都有能量的消耗。因此,应该把干燥过程看作能量和物质的综合迁移。由于物料的结构复杂,所以传热传质过程(干燥过程)的机理较其

他传质过程要复杂得多。

表 4-4　全润湿条件下空气相对湿度与毛细管半径的关系

φ/%	r/10^{-7} cm	φ/%	r/10^{-7} cm	φ/%	r/10^{-7} cm
0.05	0.36	0.50	1.56	0.95	21.9
0.10	0.46	0.55	1.80	0.96	26.3
0.15	0.57	0.60	2.11	0.97	35.3
0.20	0.67	0.65	2.50	0.98	53.3
0.25	0.78	0.70	3.01	0.99	107.5
0.30	0.89	0.75	3.73	0.999	1 077.0
0.35	1.02	0.80	4.83	0.999 9	10 770.0
0.40	1.17	0.85	6.61	1.000 0	
0.45	1.34	0.90	10.25		

4.2 红外辐射传质动力学 Ⅱ：影响传质速率的外在因素

4.2.1 国内外干燥理论综述

传统的干燥理论均是在恒定条件（恒温、恒速、恒湿）下以大量的空气或能量干燥少量的物料得出的。如我国提出的具有代表性的“恒定条件的干燥速率”，新近的文献提出的，如对苹果、大豆、黄杨木板的干燥实验，对胡萝卜的温度场分布实验以及对咖啡豆的红外辐射干燥实验等，均是在恒定条件下进行的干燥动力学实验研究。

恒定干燥条件下的实验方法减少了变量参数，简化了影响因素，对认识和分析某一参数对干燥的影响十分有益。但这种实验方法很难提供优化的传热传质过程及优化的干燥实验参数，因此所给出的实验数据很难为工程实践提供依据。由于工程上的干燥通常都是在变化制度下进行的，因此有文献提出将这种实验研究变成生产条件需要“特殊的校正”。但这种“校正”是很困难的，因为任何的干燥实验数据都是工艺参数的函数，在当今对物料的干燥机理认识得还不很充分的情况下，以恒定的干燥实验数据推算到变动的干燥条件，其可靠性、准确性均很难保证。

有文献指出，用干燥方法从物料中除去水分的难易程度因物料结构不同而异，即使对于同一种物料，所含水分的性质也不尽相同，所以干燥机理较其他传质过程的机理要复杂得多。可见，“校正”难度有多么大。

金克普得斯对干燥实验研究提出了十分有益的建议，他指出，在分批干燥实验中必须遵守一定的规则，以便在大规模生产条件下获得可用的数据；样品的质量不应太小，必须放在与大规模生产中所用的相似的盘子或架子上；干燥表面与非干燥表面的比值及床厚应该相似，空气的速度、湿度、温度和流向应该相同且保持不变，以模拟在恒定条件下的干燥。这里存在以下两个问题：

（1）间歇式分批干燥是否全是在恒定条件下进行的；

（2）分批干燥的实验数据能否为大规模的连续生产提供有益的数据。

应注意到，间歇式工业生产为了达到优质、节能、高效的目的，绝大多数不再是在恒定条件下干燥。另外，变化条件下的干燥实验可以为大规模的连续生产提供可靠的设计参数。即无论是间歇式变化条件的生产干燥，还是连续式大规模的生产干燥，模拟实验系统均可为其提供极为有益的设计参数，这已被天津某家具厂的木材红外干燥炉、烤漆烘道及菱镁矿球干燥烘道、钛矿球干燥烘道及出口竹漆器烘道等的设计和生产所证实。在实验室模拟胶合板单板在变化条件下的实验为工业生产干燥机提供了可靠的设计数据，相关单板干燥机已获国家专利。

天津大学的研究者对木板及中草药进行了大量恒定条件下的实验研究，其中对 27 种中草药进行了红外辐射和热风对流干燥的实验研究，其结果是当恒温供热温度高时，干燥周期短，但有效成分损失严重；当恒温供热温度低时，干燥周期长，但有效成分损失小。对木板的干燥实验表明，即使是不太高的供热温度，当升温速率高时，干燥周期长，木板开裂，这就使我们不得不对干燥工艺学进行深入研究，以优化物料的传热传质为目标，以确保干燥质量为前提，探索有效的实验方法。

诺贝尔物理学奖获得者丁肇中曾指出，科学的进展是理论和实验相互促进的结果，只有通过实践推翻原有的理论才能获得新的东西。新的实验方法是根据物料的传热传质特点，即物料内在特性和供热条件（外在因素）之间的优化组合而确定的。通过对木材、中草药、谷物、蔬菜种子的固定床和振动流化床 10 万多个数据的采集和处理，终于找到了既节能又能确保干燥质量的变温干燥理论。

供热条件包括供热参数和供热方式。供热参数包括辐射加热温度、加热功率、干球及湿球温度、气体方向及速度等；供热方式包括恒条件供热和变条件供热，快速升温和慢速升温以及恒温时间、降温方式等。

综合内在因素和外在因素，探明不同物料内部的水分如何扩散到它的表面，并如何从表面蒸发，即研究水分在物料内部迁移或扩散过程中受到哪些阻力，这些阻力又与物料的结构、光谱以及吸收外界的能量有何关系，也就是研究湿物料的传热传质特性。总之，干燥可分为表面汽化控制和内部扩散控制。

干燥动力学在寻求物料干燥规律的基础上，确定优化的干燥方法和干燥周期，为新工艺的设计及老设备的改造提供依据，以达到既节能又确保干燥质量的目的。

4.2.2 非稳态红外传质动力学方程

干燥动力学研究的是物料在干燥过程中脱水量与各种支配因素的关系。这一问题在国内外的高校教材中论述的均不多，但张洪元等编著的《化学工业过程及设备》一书详述了影响干燥速率的因素，分析透彻，但没有数学方程的表达。金兹布尔格在《食品干燥原理与技术基础》一书的热辐射干燥机的计算部分，主要考虑辐射和对流对干燥的影响。Mujumdar对振动流化床中的热导率进行了大量的研究，结果表明在非通风床中，振动流化床与固定床相比，热导率提高 3 倍。在工程中有很多类似的既有辐射又有对流及导热的换热，并兼有振动的换热，干燥速率方程为

$$\frac{\mathrm{d}M}{G_0\mathrm{d}\tau}=\frac{1+X}{\delta\rho_{\mathrm{w}}(\gamma_{\mathrm{w}}+\Delta\gamma)}\left\{\varepsilon_{\mathrm{s}}C_0\left[\left(\frac{T_{\mathrm{ri}}}{100}\right)^4-\left(\frac{T_{\mathrm{si}}}{100}\right)^4\right]+h_{\mathrm{c}}(t_{\mathrm{di}}-t_{\mathrm{si}})+\frac{h_{\mathrm{t}}}{\delta}(t_{\mathrm{li}}-t)+H^2\omega^2\delta\rho_{\mathrm{w}}+C_0\left[\varepsilon_{\mathrm{g}}\left(\frac{T_{\mathrm{gi}}}{100}\right)^4-\left(\frac{T_{\mathrm{si}}}{100}\right)^4\right]\right\}-\left(\frac{C_0+XC_{\mathrm{w}}}{\gamma_{\mathrm{w}}+\Delta\gamma}\right)\frac{\mathrm{d}t}{\mathrm{d}\tau} \tag{4-8}$$

式中　$\mathrm{d}M/\mathrm{d}\tau$——干燥速率；

G_0——物料的绝干质量（kg）；

$\mathrm{d}M$——脱去的水分量（kg）；

$\mathrm{d}M/G_0\mathrm{d}\tau$——单位物料绝干质量所汽化的水分增量随对应采样时间的变化率；

X——干基含水率（%）；

δ——料层厚度（m）；

ρ_{w}——湿物料密度（$\mathrm{kg/m^3}$）；

γ_{w}——物料表面温度的水的汽化潜热（J/kg）；

ε_{s}——系统黑度；

C_0——黑体辐射系数[$\mathrm{W/(m^2\cdot K^4)}$]；

T_{ri}——辐射器瞬时表面温度（K）；

T_{si}——物料瞬时表面温度（K）；

h_{t}——物料的热导率[W/（m·℃）]；

t_{di}——空气瞬时干球温度（℃）；

t_{si}——物料瞬时表面温度（℃）；

h_{c}——对流换热系数（$\mathrm{W/m^2}$）；

t_{li}——螺旋槽的温度（℃）；

t——螺旋槽和物料的平均表面温度（℃）；

H——振幅（m）；

ω——角速度（rad/s）；

ε_{g}——湿蒸气吸收率；

C_{w}——水分的比热容[J/（kg·℃）]；

τ——时间（s）；

T_{gi}——湿蒸气温度（K）；

T_{si}——物料瞬时表面温度（K）。

当很难确定被干物料表面 F 时，即可用该式计算与分析。其中各有关参数加下注脚 i 与 ω 表示非稳态的变化过程。

按式（4-8），影响干燥速率的因素分析如下：

（1）干燥速率是多因素的函数，与辐射加热器的表面温度、物料表面温度有关，并与它们之间的位置有关，它也是干球温度的函数；

（2）干燥速率与物料的初含水率成正比，与物料的厚度成反比；

（3）对难干物料，升温速率至关重要，过高的升温速率会使干燥动力学方程式（4-8）最后一项负值增大，导致总干燥速率下降；

（4）降温速率对难干物料的干燥也有重要意义，降温使式（4-8）最后一项为正值，有利于脱水；

（5）对木材和中草药干燥而言，汽化潜热 γ_w 变化 1.02 倍，比热容 C_w 变化 1.6 倍，木板密度变化 1.4 倍，干球温度变化 3.5 倍，辐射加热器表面温度变化 6 倍，可见影响干燥速率的主要因素不是物性参数而是供热条件，即供给能量和供热方式。

在升速段，物料深层获得能量，有利于水的扩散，即传热后方得传质，表面与中间层的温差越小越好，越小说明深层物料获得热能，为物料内部自由水分的扩散和附着水的汽化提供了能量。即干燥学科发展到第四阶段，要考虑能量和物质的综合迁移。

干燥速率方程之所以重要，还在于通过改变干燥静力学参数的计算和分析实验验证得到优化的干燥速率，从而可指导工程实践。用干燥速率这一参数对比物料干燥的难易程度时，除要求干燥静力学参数一致外，还要求物料的初含水率和料层厚度也一致，否则不可比，或通过计算修正后方可对比。

4.2.3 料层厚度对干燥速率的影响

式（4-8）表明，料层厚度 δ 与干燥速率成反比。有的文献从固体内的水分扩散理论提出干燥速率与料层厚度的平方成反比。如何验证这两种理论是认识基本干燥规律的主要问题之一。

当物性参数、振动强度及风速均不变化，而只改变料层厚度时，得出的干燥速率 R 即成为料层厚度 δ 的单值函数，但 $R=f(1/\delta)$ 和 $R=f(1/\delta^2)$ 哪一种理论更贴近实践，可从实验对比资料判定。图 4-10 所示为在一定气速和进气温度的条件下，不同振动参数和不同料层厚度时的干燥速率曲线。表 4-4 是当 $H\omega^2/g=2.3$ 时，按图 4-10 处理的结果。

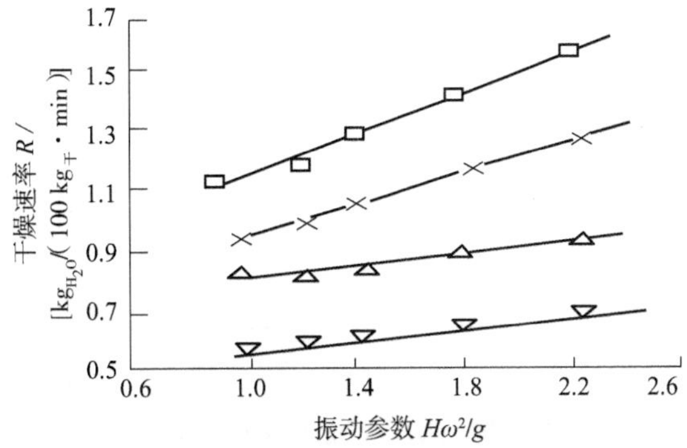

图 4-10　不同料层厚度及振动参数对 R 的影响

料层厚度：□—17 mm；×—28 mm；△—42 mm；▽—54 mm

表 4-5　相同振动参数及供热条件下料层厚度对干燥速率的影响（振动参数 $H\omega^2/g$=2.3）

料层厚度 δ/mm	料层厚度比 A	料层厚度平方比 B	干燥速率 R	干燥速率比 C	相对误差 D	相对误差 E	误差倍数 E/D
17			1.51				
	1.6	2.7		1.24	29	118	4.1
28			1.20				
	1.5	2.3		1.33	12	69	5.8
42			0.90				
	1.3	1.7		1.4	7.1	18	2.5
54			0.64				

由表 4-5 可以看出，按 $R=f(1/\delta)$处理，其相对误差 E 是 D 的 2.5~5.8 倍，这一对比分析方法对不同厚度的中草药（当归、白术）在固定床红外辐射干燥中有所证实，干燥速率与料层厚度成反比较之与料层厚度的平方成反比更切合实际。

4.2.4　物料初含水率对干燥速率的影响

由式（4-8）可知，干燥速率与物料初含水率成正比，即对同一种物料，在相同的供热条件和振动参数下，物料初含水率不同，其干燥速率也不同。评价一种物料是难干还是易干，恒速段的干燥速率是一个重要参数，忽视了这一点，对物料干燥特征的认识会得出错误的结论。图 4-11 所示为在其他条件相同的情况下，硫酸铵平均含水率分别为 72.7%和 54.65%时，改变气速得到的实验结果，当气速固定在 0.17 m/s、0.36 m/s 时，由物料初含水率不同而引起的干燥速率的变化见表 4-6。

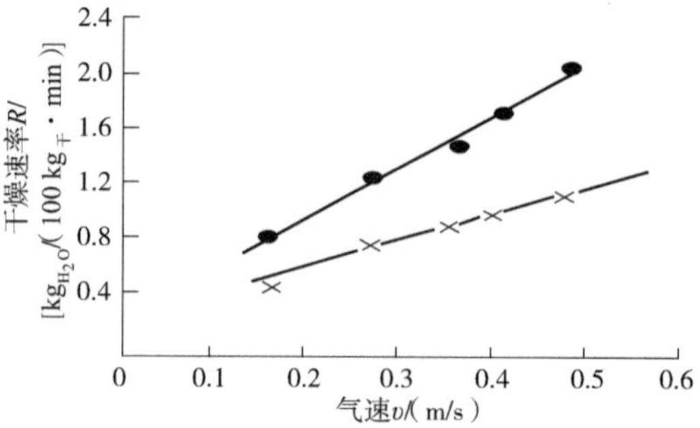

图 4-11　物料初含水率对干燥速率的影响

	初含水率/%	w/(r/min)	H/mm
×	53.4~55.9	460	28
●	71.8~73.6	582	28

表 4-6　物料初含水率对干燥速率的影响

气速/(m/s)	初含水率/%	初含水率比 K_1	干燥速率 R	干燥速率比 K_2	相对误差
0.17	72.7 54.65	1.33	0.80 0.56	1.43	6.9
0.36	72.7 54.65	1.33	1.44 0.91	1.58	15

由表 4-6 可见，初含水率对干燥速率有重要影响。因此，我们用中草药的热风和红外辐射干燥数据进行实验时，为对 27 种中草药的难干和易干程度有全面的评价，应尽量使物料的初含水率一致，实在达不到时，要通过计算进行修正。

4.2.5　物料的含水率

1. 干基含水率

干基含水率是在干燥过程中，绝干物料的质量没有变化时的含水率，通常用湿物料中的水分质量与绝干物料的质量比表示，以 X 表示，即

$$X = \frac{G_s - G_0}{G_0} \times 100\% \tag{4-9}$$

式中　$G_s - G_0$——湿物料中水分的质量；

G_0——绝干物料的质量；

G_s——湿物料的质量。

2. 湿基含水率

湿基含水率为水分的质量占其湿物料质量的百分数，以 W 表示，即

$$W = \frac{G_s - G_0}{G_s} \times 100\% \tag{4-10}$$

3. 干基含水率 X 与湿基含水率 W 的关系

$$\begin{cases} W = \dfrac{X}{1+X} \\ X = \dfrac{W}{1-W} \end{cases} \tag{4-11}$$

复习题

1. 红外辐射传质动力学Ⅰ:影响红外传质速率的内在因素都包括什么?
2. 红外辐射传质动力学Ⅱ:影响红外传质速率的外在因素都包括什么?
3. 为什么要阐述这么多木材结构?
4. 为什么要阐述木材的平衡含水率?南、北方木材的平衡含水率相同吗?
5. 为什么干燥速率(式(4-8),也称传质速率)重要?

参考文献

[1]　成俊卿. 木材学[M]. 北京:中国林业出版社,1985.

[2]　[美] J.P. 霍尔曼. 传热学[M]. 马庆芳,等译. 北京:人民教育出版社,1979.

[3]　[美]约翰· F. 肖. 木材传热传质过程[M]. 肖亦华,滕通濂,郭焰明,译. 北京:中国林业出版社,1989.

[4]　褚治德. 红外辐射加热干燥理论与工程实践[M]. 北京:化学工业出版社,2019.

[5]　焦士龙,褚治德,孟宪玲,等. 微波、红外及蒸汽法干燥木材的综合实验研究[J]. 红外技术,2002,24(1):54-59.

[6]　孟宪玲,褚治德,杨俊红. 干燥温度对水稻颗粒爆腰率的影响[J]. 天津大学学报(自然科学与工程技术版),2002,35(4):433-436.

第 5 章
红外辐射涂膜烘道设计应用进展

5.1 红外辐射桥式烘道与开放式烘道简介

图 5-1 所示为桥式烘道简图，其中图（a）为烘道纵剖面，上、下斜坡段倾角一般为 30°，烘道直线段底面应高出进口与出口 h（h=100~200 mm），斜坡段一般不装加热器，由于温度较低，底层和两侧可不设保温层。在斜坡段下面用 ϕ10 mm 的圆钢焊成阶梯，斜坡段两侧用 ϕ20 mm 左右的钢管焊出扶手，以便维修人员出入。烘道一般由骨架、护板和保温材料组成。其中，骨架应具有足够的刚度，一般由角钢或槽钢等焊接而成；护板一般由 1~2 mm 厚的钢板焊接在骨架上形成；以上两者中间填充岩棉保温板，性能好且价格低，保温层厚度一般在 80~150 mm，烘道外表面温度不应超过 50 ℃。考虑到安装与热膨胀，烘道一般制成 2 m 一节，两节之间衬垫 2~3 mm 厚的橡胶石棉板，并用螺栓连接。烘道设计通风系统的目的是降低炉内溶剂蒸气的浓度，并维持在允许爆炸浓度的一半以下，排放这些易燃有毒气体，并加快水和溶剂在漆膜内的扩散，有利于漆膜固化。除在烘道两端设排气孔外，还应在水和溶剂去除量最多的烘道部位再设一排气孔，否则蒸发的易燃有毒气体不仅排不出还会泄漏到车间，甚至引起爆炸。图 5-1（b）所示为烘道横截面图，（c）所示为炉体结构。

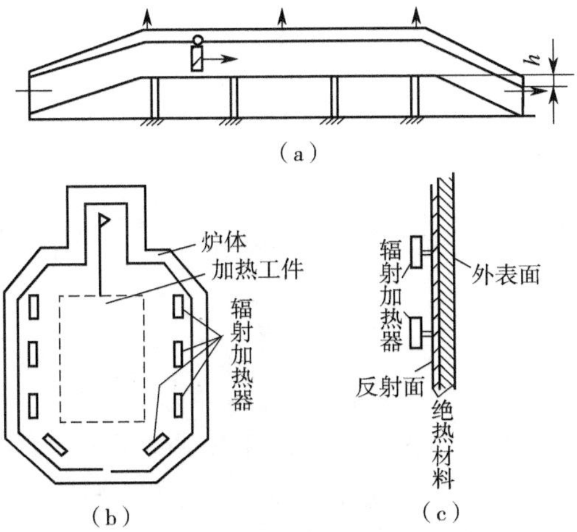

图 5-1　桥式烘道简图

(a)烘道纵剖面　(b)烘道横截面　(c)炉体结构

桥式烘道较其他形式的烘道具有更多的优越性。首先，桥式烘道设计有空气幕，虽然使用效果可能达不到预期。其次，桥式烘道两端油烟逸出较少，有利于保持车间环境干净卫生；如不采用空气幕风机，噪声也较少。再次，桥式烘道可充分利用车间的空气，整个烘道的水平部分在空中，它的下面可布置电器柜、工具箱等物品。最后，桥式烘道的两端上、下斜坡段较长，可作为工件的预热与冷却段。桥式烘道的缺点是会导致车间高度增高，两端上、下斜坡段较长，增加了设备的初投资。

5.2 红外辐射涂膜烘道设计

烘道（也称烘干室、干燥炉、隧道窑）的设计方法有多种，一般可归纳为经验法，设计计算法和实验法等三种。

5.2.1　经验法

经验法是根据被加热工件的尺寸和生产率要求，确定烘道尺寸，并在烘道内壁布置辐射加热器，设备制造完成后，根据实际所需功率，重新调整布置辐射加热器。此法完全凭借经验，误差和功率损失大，且加热效率不高。经验法主要有以下 3 种。

（1）容积估算法：

$$N = K\sqrt[3]{V^2}$$

式中　N——烘道安装功率（kW）；

K——利用系数，一般取 15~20；

V——烘道容积（m^3）。

(2)容积系数法:

$$N=fV$$

式中 f——容积系数,一般取 3~5 kW/m³,若温度低、件小,取小值;若温度高、件大,取大值。

(3)经验比较法:根据自己或他人已设计成功的生产线的经验与参数,进行比较估算后确定安装功率。

5.2.2 设计计算法

设计计算法指根据被加热工件的尺寸和性能,按生产工艺要求进行烘道设计,首先进行结构选型,再进行功率计算、组件选择、功率布置和结构设计等。

5.2.3 实验法

首先,在模拟实验装置中进行模拟实验,在此之前要对选用的涂漆进行透射光谱或吸收光谱测试,得到涂漆的吸收率与波长的关系,按已知的吸收率峰值及维恩位移定律,反求辐射加热器的表面温度 T。然后,根据温度 T 选用辐射加热器,但吸收光谱的峰值不止一个,对应中温加热与高温加热,因而有中温烘道设计与高温烘道设计之分。

在模拟实验中最好进行中温与高温实验方案对比,在高温实验中最好采用高温定向辐射法进行实验,取得实验数据后,绘制烘道的优化工艺温度曲线,这一曲线对于新设计与老企业改造均十分重要,是进行设计与改进的依据。辐射加热器的表面温度、辐射加热器与工件的距离、相对关系、干球温度、物料表面温度以及物料的绝干程度等要有全面的测试资料,对升温、恒温、降温的不同干燥阶段均应选出优化的工艺参数,以指导工程实践。在工程实践中验证并取得进一步改进的数据,从而形成一个优化的设计方案。最后根据上述实验数据进行全烘道设计与计算。

天津大学褚治德等已为浙江嵊县某工艺竹编厂、北京某汽车钢圈厂及天津某玻璃纤维厂等进行过有关出口竹漆器、汽车钢圈丙烯酸罩光漆等的实验研究,为烘道设计提供了有益的数据。

辐射烘道的设计,尽管从辐射本身考虑得十分周密,按均匀辐射场分配加热器,但由于烘道中有对流换热因素,造成烘道上部温度高、下部温度低,因此上部配置辐射加热器功率要小,而下部配置辐射加热器功率要大些,上、中、下 3 个区域可参考 1∶1.5∶2 或其他合适比例配置,但最终还需经总调试确定。

5.3 红外定向辐射开放式烘道简介

图 5-2 所示为高温定向辐射开放式烘道简图,这种烘道是我国经消化、吸收 20 世纪 80 年代由国外引进的先进自动化生产烘道研制而成的。它突破了目前普遍采用的中、低温辐

射烘道工艺，将高温定向辐射加热器的加热表面与被干物料平行放置，采用吸风循环半开放式结构，造价低廉，维修方便，是世界上先进的烘干设备之一，已应用于蓄电池极板表面层的快速烘干以及烟草、烤漆瓷砖烤釉烘干等领域。该红外定向辐射开放式烘道是由保定帆亚红外设备有限公司设计与制造的，在国内外应用前景良好。

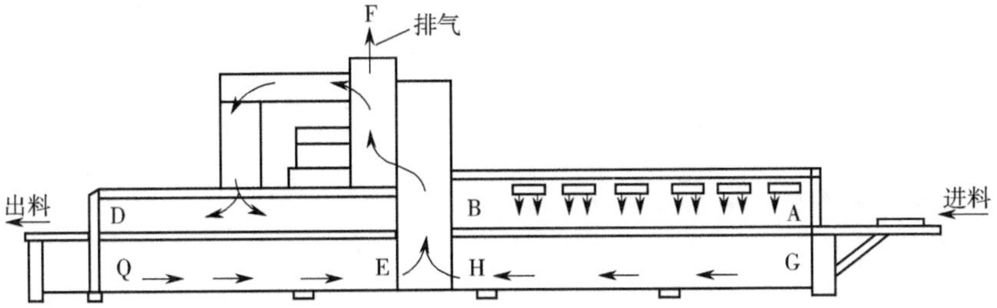

图 5-2　高温定向辐射开放式烘道简图

5.4 红外定向辐射开放式烘道特点

红外定向辐射开放式烘道具有以下特点。

1. 高温定向强辐射

如图 5-2 所示，蓄电池极板从进料口进入，首先经由高温定向辐射垂直辐照极板表面，使极板表面水分迅速蒸发，AB 区为强辐射干燥区，BD 区进一步利用余热进行干燥，在 AB 区有 75%的湿气从 F 排出，另外 25%的气体由循环风机送风，完成余热利用，但 AB 区绝不可采用强制吹风循环，否则将破坏该区的高温干球温度场，必将得不偿失。

1992 年，P.Dontigng 在国际电工学术会议上发表了“用红外辐射区对胶合板的单板进行预干”的相关文章，其采用在红外辐射区同时吹入热风的方法，这是因为所用的长波辐射电热器表面温度低，其干球温度低于 100 ℃，如进行高温定向辐射，此处的干球温度可达 300 ℃，若吹入 100 ℃的热风势必会破坏高温干球温度场。因此，对高温定向辐射的物料干燥，吹入热风要慎重考虑。

2. 系统黑度高

由于辐射加热器表面与被干物料之间是垂直辐照且距离较近，因此角系数与系统黑度值均较大。系统黑度的计算 $\varepsilon_{s_1}=0.45$、$\varepsilon_{s_2}=0.196$ 已证实这一问题。而当辐射加热器表面温度 $t_1=733$ ℃与 $t_2=500$ ℃时，按 $\varepsilon_{s_1}=0.45$ 与 $\varepsilon_{s_2}=0.196$ 计算，高温定向近辐射的辐射换热量约是中温定向远辐射的 7.0 倍（3 520/504），可见高温定向近辐射能给予被干物料更多的能量。

3. 余热利用合理

高温区吸风排湿，降温区充分利用余热。

4. 物料水平输送

该烘道避免了因对流换热而带来的在高度方向上的温度差，且结构紧凑，全机质量轻。

5. 烘道参数

总功率为 90 kW，外形尺寸为 6 m × 1.2 m × 0.8 m，总质量为 500 kg，工艺温度为 110~125 ℃且温度可调，每个辐射加热器功率为 7.5 kW（共 12 个）。该烘道解决了多年来蓄电池极板快速固化的难题。涂膜干燥属薄物料干燥，这类物料的种类繁多，如金属制品的烤漆粉末涂料、木器与竹器的烤漆、陶瓷与陶砖的瓷釉、纺织印染制品、建筑业的玻璃纤维毡、林产加工业的胶合板单板以及电焊条涂层等，其干燥机理及设计指导思想均属同一类型，在生产中应用很多。

5.5 红外辐射烤漆与对流干燥的比较

油漆的成分中大都含有羟基和羧基，其固有振荡频率的波长大都在 2.8~3.0 μm，因此当红外辐射源的发射波长与油漆的强吸收波段对应时，则该辐射能直接作用化学键，形成谐振状态和引起键的断裂，以达到快速干燥与固化的目的。有关的理论基础见本书 2.2 节“分子的振动机理：红外吸收光谱的产生”。

20 世纪 30 年代，美国福特汽车公司即利用辐射灯进行烤漆。由于这种方法比传统的对流干燥法具有很大的优越性，因而在国际上发展迅速。红外辐射烤漆与对流干燥的效果对比见表 5-1。

表 5-1　红外辐射烤漆与对流干燥的效果对比

使用行业	国别或公司	加热干燥对象		红外辐射烤漆时间/h	对流干燥	
					时间/h	备注
汽车	美国福特汽车公司	汽车本身的瓷漆	第 1 层	7	30	
			第 2 层	14	80	
	苏联高尔基汽车厂	汽车本身的瓷漆		22	44~46	
		摩托车车架的瓷漆		6~7	45~50	
	德国普罗米修斯公司	摩托车车架的瓷漆		7	60	
机械制造	德国普罗米修斯公司	机床本身的灰漆		10~30	240~720	气温 50~60 ℃
		电机车体的清漆		150	840	
		涂漆的金属丝		0.75~1.0	8~10	
	德国自行车行业	自行车车架油漆		7	60	
	日本电动机行业	电动机外壳涂层，复印机外壳漆膜		10~15	1 440	自然干燥
				3	20	
	苏联莫斯科电车修理厂	电车油漆		105	1 680	
航空	德国普罗米修斯公司	飞机机身		70	720	
		飞机油漆部件		4	50	

续表

使用行业	国别或公司	加热干燥对象	红外辐射烤漆时间/h	对流干燥	
				时间/h	备注
轻工	美国	皮革染色（三度）	10~15	1 440	
	日本	瓷盆	15	1 440	自然干燥
		照相机零件环氧涂层	3~6	30	

近几年来，美国、澳大利亚及我国在高温定向辐射烤漆领域有了新的进展。据锦州红外技术应用研究所提供的信息，宝钢钢板涂层原加热烘道长度为 47 m（日本设计、美国设备），现改为 3 m；新型钢瓶粉末涂装烘道长度为 1.7 m，其产量与原 27 m 的烘道相当。

长春第一汽车制造厂面包车车身烤漆，原产量为 4 万台，利用高温定向红外技术进行改造，烘道长度 39 m 不变，仅增加 50%的功率，实现了产量翻一番，并且解决了车身底部烘烤质量不佳问题，节省了改造资金 1 800 万元，改造投资仅为 85 万元。

我国汽车、拖拉机、电冰箱、洗衣机、自行车等产品的烤漆烘道甚多，且装机功率大，如能得到合理改造，利用高新技术烤漆，每年节省的电能将是巨量的。

复习题

1. 红外辐射桥式烘道与开放式烘道有何特点？
2. 红外辐射烤漆与对流干燥相比有哪些突出特点？

参考文献

[1]　周建初，屠平亮，陈建康，等. 高效节能红外炉的应用与改进[J]. 金属热处理，1995（7）：27-29.

[2]　糜正瑜，褚治德，等. 红外辐射加热干燥原理与应用[M]. 北京：机械工业出版社，1996.

[3]　焦士龙，褚治德，孟宪玲，等. 微波、红外及蒸汽法干燥木材的综合实验研究[J]. 红外技术，2002，24（1）：54-59.

[4]　孟宪玲，褚治德，杨俊红. 干燥温度对水稻颗粒爆腰率的影响[J]. 天津大学学报（自然科学与工程技术版），2002，35（4）：433-436.

[5]　毛健雄，毛健全，赵树民. 煤的清洁燃烧[M]. 北京：科学出版社，1998.

第 6 章 红外辐射薄层物料干燥与红外电辐射加热器

6.1 涂膜简介

涂膜(料)的出现已有几千年的历史,传统的涂膜只具备装饰与材料保护两大功能。随着近代科学的发展,涂膜具有了改善原物料特性的功能,即涂膜的第三功能,改善的特性具体包括涂膜的耐热、烧蚀、导电、高温绝热、阻尼、防污、防核辐射、伪装、光谱选择吸收及生物功能等。

宇宙飞船重返大气层时,表面温度高达 2 000 ℃,在这种苛刻的条件下,任何金属材料均会很快熔化、烧毁,现用合成树脂和无机材料配置的隔热烧蚀涂料的特种功能及特种材料涂料见表 6-1。

如按涂覆的基材类型区分,涂料大致可分为涂覆在金属底基、混凝土及石料底基、塑料底基、木材底基及玻璃地基，见表 6-2。

表 6-1　特种功能及特种材料涂料

特种功能	电功能	导电涂料、绝缘涂料、电场缓和涂料、电子划线涂料、防静电涂料、印刷电路涂料、集成电路涂料、电波吸收涂料
	磁功能	磁性涂料
	光功能	发光涂料、荧光涂料、蓄光涂料、液晶显示涂料、伪装涂料、选波吸收涂料、道路标志涂料、红外线辐射涂料
	声波功能	阻尼涂料
	机械-物理功能	厚膜涂料、润滑涂料、防滑涂料、膨胀涂料、应变涂料、非黏附型涂料、防结露涂料、防冰雪涂料、防碎裂涂料、表面硬化涂料、原子灰
	热功能	耐热涂料、防火涂料、示温涂料、热反射涂料、热吸收涂料、耐低温涂料、航天器热控涂料、烧蚀涂料
	生物功能	防污涂料、防霉涂料、杀虫涂料、水产营养涂料、心血管支架涂药
	放射功能	放射防污涂料、放射线涂料、耐射线涂料
	防腐蚀功能	防锈涂料、重防腐涂料、耐酸碱涂料、耐药品涂料、耐沸水涂料
特种材料	金属盐类	航天器涂料、选波吸收涂料、红外线涂料
	金属氧化类	防污涂料
	玻璃陶瓷类	耐热涂料、自净化涂料、防高温涂料、隔热涂料、防腐涂料、绝缘涂料
	无机-有机复合膜	丙烯酸乳液-水玻璃-锌复合涂料

表 6-2　按涂覆的基材类型区分涂料

金属底基用	润滑涂料、膨胀涂料、防粘涂料、防冰雪涂料、绝缘涂料、阻尼涂料、电子划线涂料、耐石击涂料、选波吸收涂料、应变涂料、耐热涂料、自净化涂料、示温涂料、热反射涂料、原子灰、防污涂料、重防腐涂料、电泳涂料、粉末涂料、复层涂料、伪装涂料、红外辐射涂料、航天器热控涂料、烧蚀涂料、金属光泽涂料、胺固化涂料、陶瓷涂料、结晶涂料、裂纹涂料、锤纹涂料
混凝土及石料底基用	水产营养涂料、放射污染涂料、防粘涂料、防结露涂料、高弹性涂料、发热涂料、道路标志涂料、厚膜涂料、无机涂料、碎落状涂料、多彩涂料
塑料底基用	塑料镜片用涂料、表面固化涂料、塑料电镀用涂料、防静电涂料、塑料用涂料、磁性涂料、放射线涂料、涂膜保护剂、胺固化涂料、射线涂料、珠光涂料
木材底基用	防火涂料、防霉涂料、杀虫涂料、胺固化涂料
玻璃底基用	发光涂料、荧光涂料、蓄光涂料、涂膜保护剂、防破碎涂料

6.2 涂料分类及涂膜生成机理简介

最早的涂料是采用天然树脂粗加工而成的，后来产生了以树脂为主的精加工涂料，即所谓的油漆。随着近代化学的发展和石油化工业的兴起，出现了合成树脂及合成橡胶型的有机涂料，如酚醛树脂类、沥青类、醇酸树脂类、氨基树脂类、纤维素类、乙烯树脂类、聚酯类、环氧树脂类、聚氨酯类、元素有机树脂类、橡胶类等涂料。但是，有机化合物制成的涂料，其最大的缺点是耐温性差，难以适应现代工业、科研所要求的高温条件，因而出现了采用无机材料或玻璃陶瓷材料等制成的涂料或有机-无机物复合涂料，这类涂料也属于特种涂料。

涂料涂在被加工件的表面上，必须在相当长的时间内保持稳定，即涂料形成的涂膜不再发生化学反应。涂料是由液态（或粉末状）变成无定形的固态涂膜，这种成膜的过程也就是涂膜的干燥过程。涂料主要依靠溶剂挥发、熔融、缩合、聚合等物理或化学作用而成膜，其成膜机理随涂料的组分和结构而异。根据涂膜的生成过程及成膜机理，可将涂料分为以下几种类型。

6.2.1 挥发性涂料

挥发性涂料的成膜机理是溶解或分散在溶剂中的大分子物质涂敷在被涂物表面，因溶剂挥发而由液态向固态过渡，从而得到具有一定完整结构的涂膜。在成膜过程中，该类涂料不发生化学变化，用以改性的次要成膜物质虽然有交联反应，但对于干燥速率无显著影响。这类涂料所形成的涂膜都可自干，且表干极快，其干燥速率取决于溶剂挥发速度，所以这类涂膜多采用自然干燥法。这类涂料包括硝基漆、过氯乙烯漆、虫胶漆和装饰漆等。

6.2.2 氧化聚合型涂料

氧化聚合型涂料大部分是油或油改性涂料。这类涂料在干燥过程中虽有溶剂的挥发，但主要依靠高分子之间的氧化聚合作用而固化成膜。这种成膜是高分子与空气中的氧发生化学反应而交联的结果。这类涂料的氧化反应机理至今尚未弄清，其干燥过程可归纳出以下结果：

（1）在干燥过程中油脂吸收氧气，如含有适当催干剂的亚麻油，在干燥期间吸收氧气可达本身质量的 12%；

（2）含共轭双键的脂肪酸油脂干燥速率快，如桐油含有共轭双键，在不含催干剂时干燥只需 48~72 h（在 25 ℃），而亚麻油（含非共轭双键）在 25 ℃时干燥需要 12 h；

（3）加催干剂可显著提高干燥效率，如上述亚麻油加催干剂（金属皂）在 25 ℃时只需 2.25 h 即可干燥，而桐油加催干剂在 25 ℃时只需 1.25 h 即可干燥。

与挥发性涂料一样，氧化聚合型涂料都可自干，但干燥速率较前者慢得多，如油改性酚醛涂料表干需 6 h，全干需 18 h；且自干时相对湿度小于 70%，温度较高时可加速干燥。

氧化聚合型涂料的烘干漆膜脆性小、抗老化性能强、使用寿命长，烘干温度不超过 100 ℃，若温度过高，漆膜容易起皱。烘干氧化聚合型涂料时要注意新鲜空气的补给，以使之充分氧化。

6.2.3　热聚合型涂料

热聚合型涂料要在烘干温度高于 100 ℃时溶剂才能挥发，并失去流动性，然后涂料中成膜物质分子中的官能团发生交联固化，形成连续完整的高分子层，如氨基醇酸烘漆、沥青清漆、有机硅磁漆等均属这类涂料。这类涂料的特点是不加热就不能形成漆膜，所以也称烘干聚合漆料。

下面以氨基醇酸烘漆为例，说明这类涂料的成膜机理。氨基树脂在涂料工业中作为醇酸树脂的固化剂，氨基树脂中的醚键与醇酸树脂中的羟基在加热条件下交联固化成膜。树脂类涂料种类繁多，见表 6-3。

表 6-3　树脂类涂料种类

天然树脂及油类	皱纹涂料、结晶涂料、防污涂料、示温涂料
酚醛树脂类	印刷电路涂料、复层涂料
沥青类	阻尼涂料、防污涂料
醇酸树脂类	荧光涂料、蓄光涂料、防结冰涂料、应变涂料、热反射涂料、水产营养涂料、锤纹涂料、复层涂料
氨基树脂类	防静电涂料、表面硬化涂料、复层涂料、示温涂料
硝化纤维类	防结冰涂料、裂纹涂料、多彩涂料、示温涂料
纤维素类	导电涂料、防静电涂料、液晶显示涂料
乙烯基树脂类	发热涂料、磁性涂料、发光涂料、路标涂料、膨胀涂料、防霉涂料、防碎裂涂料、锤纹涂料、多彩涂料、金属光泽涂料、桔纹涂料
丙烯酸酯类	荧光涂料、阻尼涂料、膨胀涂料、示温涂料、防污涂料、防霉涂料、防射线涂料、塑料涂料、可剥离涂料、光固化涂料、粉末涂料、复层涂料
聚酯类	磁性涂料、原子灰、防粘涂料、热吸收涂料、粉末涂料、复层涂料、厚膜涂料
环氧树脂类	导电涂料、绝缘涂料、液晶显示涂料、防粘涂料、低温涂料、防腐蚀涂料、耐沸水涂料、粉末涂料、金属光泽涂料、复层涂料
聚氨酯类	润滑涂料、防粘涂料、防碎裂涂料、低温涂料、耐沸水涂料、塑料涂料、可剥离涂料、电泳涂料、金属光泽涂料、复层涂料、伪装涂料、防污涂料
元素有机树脂类	导电涂料、绝缘涂料、电场缓和涂料、航天器热控涂料、防静电涂料、选波吸收涂料、高弹性涂料、耐热涂料、防污涂料、防腐蚀涂料、耐酸碱涂料、塑料镜片涂料
杂环树脂类	高温涂料、绝缘涂料、航天器热控涂料

每种树脂类涂料都有一定的烘烤温度，不可随意增减，否则会导致高分子裂解、颜料分解变色。如烘干温度太低，则交联反应太慢甚至根本不反应。如氨基涂料的烘干温度为 120~140 ℃，若超过 150 ℃长时间烘烤，会使涂膜变色发脆、耐久性降低；若烘干温度低于 120 ℃，则涂膜不能完全固化，且性能降低。这里所说的长时间烘烤不可超温，如红外辐射短时间烘烤虽超温但已固化，对烘干质量影响如何还有待实验研究。

6.2.4 固化剂固化型涂料

固化剂固化型涂料依靠固化剂中的活性元素或活性基团与成膜物质中的官能团发生化学反应，经交联而固化成连续完整的高分子薄膜。这类涂料可分为常温固化型与加温固化型两类，而加温固化型又可分为低温（80~100 ℃）烘烤型与高温（110~180 ℃或更高）烘烤型。

下面以环氧树脂涂料为例，说明这类涂料的固化成膜机理。环氧树脂是具有多官能团的线性分子，即两端带有环氧基的多元醇，它本身的结构决定了多种胺类、酸酐及某些具有活性基团的树脂类能使其交联固化。其可分为胺类固化型、酸酐类固化型、树脂类固化型等三种。

胺类固化型涂料的特点是胺类中的氨基和环氧基反应易进行，而脂肪胺类可在室温或低温固化（但芳香族胺类固化所需温度较高，约为 140 ℃），反应中放热较多，固化产物易开裂，耐热性和电性能差。这类涂料的固化剂多为液体，易挥发，毒性和腐蚀性较大。

酸酐类固化型涂料的特点是酸酐和环氧树脂反应比较复杂，既可和羟基反应，也可和环氧基反应。常用的酸酐类固化剂是顺酐及苯酐。使用酸酐类固化剂的优点是产品机械强度高，耐热性好，有较好的电性能及耐化学腐蚀性能，且毒性小，使用寿命长；缺点是这类固化剂在常温下为固体，使用时需熔化才能与环氧树脂混合，不太方便，还需加温至 120~220 ℃才能固化，且带有强烈的刺激性。

树脂类固化型涂料的特点是某些具有活性基团的树脂也能和环氧分子中的活性官能团反应，使环氧树脂固化，同时还能弥补环氧树脂的不足，起到改性作用，因此在涂料工业中应用多。其中有环氧酚醛漆、环氧-脲醛漆、环氧聚酰胺漆与有机硅-环氧聚酰胺漆等，且前两种均需在高温（180~200 ℃）下才能固化，而后两者仅需常温固化。

固化剂固化型涂料在未涂装前，一般是将环氧树脂涂料与固化剂分装在两个容器内，使用时按比例混合调匀，且在限定的时间内用完。

以上是液态涂料及其成膜机理与特点。可见，对不同涂料与涂膜，其烘干温度与时间取决于被烘干涂料的类型与被烘干物的热容量、材质、表面状况及供热方式。

粉末涂料是由固体树脂燃料、填料、固化剂（热固型粉末涂料有固化剂，热塑性粉末涂料无固化剂）、流平剂等混合物加工而成的，它不含溶剂，一次喷涂即可达到油漆烘烤 2~3 次才能达到的涂膜厚度。由于其没有溶剂挥发污染、施工中落散的粉末易回收，所以对环境保护及提高涂料的利用率有显著作用。粉末涂料采用静电喷涂时，涂膜均匀、附着力好、硬度高、耐磨性好、抗腐蚀性强、绝缘性好，适用于涂饰涂膜较厚的中小型零件，其烘干技术与烘干油漆基本一致。

6.3 国内外红外辐射金属薄层烤漆进展

起初曾认为油漆涂层的干燥机制与湿物料脱水的传热传质过程相似，与化学变化无关，纯属热过程。然而，研究表明，油漆层内除存在由热辐射能转化为热能的纯物理过程外，在油漆涂层膜，尤其是热固性的漆膜中，化学反应起着极为重要的作用。

油漆涂层固化工艺过程可分为两个阶段，即扩散阶段与固化阶段。

扩散阶段是热辐射透入涂层阶段，主要包括工件与油漆的预热升温，以及挥发组分的扩散移出。

固化阶段也称动力学阶段，主要是辐射作用化学键的固化阶段，这一阶段要求有较高的温度。在此阶段所发生的化学反应的速度制约干燥的进程，而化学反应的速度根据化学动力学的规律，温度每升高 10 ℃，化学反应速度可提高 1~3 倍，因此这一阶段最好采用 3 μm 波段的高温辐射。

天津大学褚治德等在北京某汽车钢圈厂用高温定向辐射器烘烤丙烯酸罩光漆，辐射加热器的表面温度在 700 ℃以上，距钢圈 100 mm，辐照 3 min 的干燥效果与工厂所用中温辐射 30 min 的干燥效果一致。因此，当前美国、澳大利亚等国将汽车钢圈的烘道改为半开放式高温定向辐射烘道，干燥周期为 10 min，大大缩短了干燥过程，节省了大量能量。

6.4 汽车钢圈丙烯酸罩光漆红外辐射烘烤

图 6-1 所示为丙烯酸罩光漆的吸收光谱，纵坐标为透过率，横坐标为波数（波数定义为波长的倒数）。当透过率为 100%时吸收率为零，因此图 6-1 中透过率最小的峰值处吸收率最大。

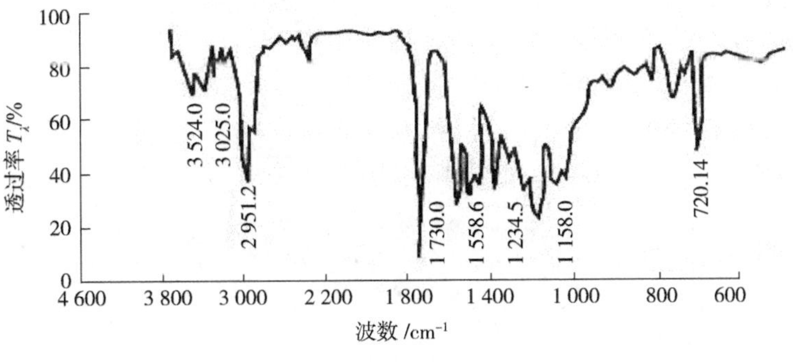

图 6-1　丙烯酸罩光漆的吸收光谱

世界上所有物质，不论是气体、液体，还是固体，当受到红外辐射照射时，都能引起辐射能量不同程度的衰减，如果以透射的红外辐射强度对波数（或波长）作图，则将记录一条表示各个吸收带位置的吸收曲线，即为红外吸收光谱。不同物质均有不同的吸收光谱。

由维恩位移定律可知，对应于最大单色辐射力的波长 λ_m 与绝对温度 T 之间有如下关系：$\lambda_m T = 2\ 897.6\ \mu m \cdot K$ 。表 6-4 给出了丙烯酸罩光漆的波数、波长、绝对温度 T 与摄氏温度 t 的关系。由表 6-4 及图 6-1 可见，丙烯酸罩光漆在 600~750 ℃有强烈吸收峰，有利于漆面溶剂的蒸发与油漆固化。我国烘道在设计中，以往常选用 λ=3.4~5.7 μm，因而大都采用中温烤漆，化学反应速度慢，固化时间长，虽然比蒸汽干燥法节能，但干燥周期长，且能耗大。

表 6-4　丙烯酸罩光漆的波长、温度特性

峰值波数/cm^{-1}	峰值波长 λ_m/μm	电磁波长的温度	
		绝对温度 T/K	摄氏温度 t/℃
3 524	2.84	1 023.9	750.9
3 025	3.30	878	605
2 951.2	3.39	855	582
1 730	5.78	501	228
1 568.6	6.42	451	178
1 237.9	8.08	358.6	85.6
1 234.5	8.10	357.7	84.7

利用表面温度为 773 ℃的石英板式高温辐射加热器、HPD2000 型数字表面温度计（日本）与 KPM-LG 型湿度计（德国），对北京某汽车钢圈厂的丙烯酸罩光漆进行烘干和测量，其中表面距离为 100 mm 与 60 mm，烘干时间为 2 min、1.5 min 与 1 min；同时测量了该厂烘道内丙烯酸罩光漆的温度。汽车钢圈简图如图 6-2 所示，实验资料见表 6-5。

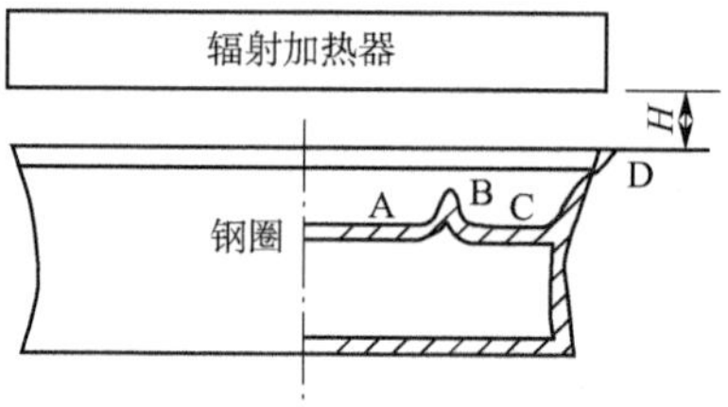

图 6-2　汽车钢圈简图

表 6-5　汽车钢圈丙烯酸罩光漆烘烤实验资料

实验编号	辐射加热器与烤件距离/mm	烘干时间/min	烤件烤前温度/℃	烤后漆面温度/℃				漆面湿度/%		
				A	B	C	D	A	B	C
1	100	2	16	140	140	113	151	6.0	6.5	6.8
2	100	2	16	139	141	113	151	6.0	6.5	6.8
3	工厂	30	16					6.0	6.5	7.0
4	60	1	18	74	91	79	98		>40	
5	60	1.5	18	119	104	98	118	6.7	7.5	9.5
6	60	1.5	18	110	119		114	6.9	6.7	8.5

由表 6-5 可以看出：

（1）实验 3 是工厂用电阻带辐射加热器，装机功率为 256 kW，干燥周期为 30 min，烘道长度为 30 m，烤后漆面湿度为 6.0%~7.0%；

（2）实验 1、2 是距离 H 均为 100 mm，干燥周期均为 2 min，干后表面温度为 113~151 ℃，漆面湿度为 6.0%~6.8%，干燥效果好；

（3）实验 4 是距离 H 为 60 mm，干燥周期为 1 min，干后表面温度为 74~98 ℃，未达到漆的聚合温度，干后漆面粘手，漆面湿度>40%；

（4）实验 5、6 是距离 H 均为 60 mm，干燥周期为 1.5 min，干后表面温度为 79~119 ℃，未达到漆的聚合温度，漆面湿度为 6.7%~8.5%，未干。

巴甫洛夫的大量研究工作表明，只有漆膜温度在 140 ℃以上时，才可使干燥过程加快。漆膜温度在 140~150 ℃时，2 min 已干好；而漆膜温度为 74~98 ℃时，干燥欠佳。证实了巴甫洛夫的结论。

6.5 汽车大梁烤漆

南京某汽车有限公司将原来远红外低温电阻带式汽车大梁烤漆烘道改为 600~700 ℃的石英板定向辐射加热器烘道，装机容量从 288 kW 降为 216 kW，而产量却提高了 15%，干燥周期由 30 min 缩短为 25 min，热效率从 10.02%增为 20.8%，改造费仅用 0.75 年就可回收。

6.6 吉普车车身面漆烘烤

北京某汽车摩托车联合制造公司的吉普车车身面漆的烘烤，在该公司科学技术成果鉴定证书中明确指出：金属漆的喷涂、烘干要求高，技术难度大，因此邀请天津大学褚治德教授、诸凯教授及研究人员，采用四方牌 YN 系列石英板加热器制成模拟烘道，调整辐射加热器位置、距离与角度，测试温度场，通过模拟测试得到了可靠数据，据此进行改造方案设计，并进行研究与论证以及精心设计与施工、调试，该烘道热效率为 35.5%。该方案被列入北京市 1988 年重大科技成果推广计划。此工程实验表明，不用热风只用红外辐射也可烤好汽车外壳的面漆。

6.7 辐射加热器与被烤工件的辐射换热和计算

辐射加热器与被烤工件之间的辐射换热按下式计算：

$$Q_{1,2}=\frac{F_1C_0\left[\left(\frac{T_1}{100}\right)^4-\left(\frac{T_2}{100}\right)^4\right]}{\left(\frac{1}{\varepsilon_1}-1\right)+\frac{1}{X_{1,2}}+\frac{F_1}{F_2}\left(\frac{1}{\varepsilon_2}-1\right)} \tag{6-1}$$

式中 $Q_{1,2}$——辐射加热器与被烤工件的辐射换热量（W）；

F_1，F_2——辐射加热器与被烤工件的表面积（m^2）；

C_0——黑体常数，其值为 5.67 W/($m^2 \cdot K^4$)；

T_1，T_2——辐射加热器表面与被烤工件表面的温度（K）；

ε_1，ε_2——辐射加热器表面与烤漆表面的黑度，可取 $\varepsilon_1 = 0.95$，$\varepsilon_2 = 0.66$（取 113 ℃与 151 ℃的平均吸收率，见表 6-5 及图 6-1，波数为 1 333~1 464 cm^{-1}）；

$X_{1,2}$——辐射加热器表面与烤漆表面之间的角系数；

ε_s——系统黑度，且有

$$\varepsilon_s = \frac{1}{\left(\frac{1}{\varepsilon_1} - 1\right) + \frac{1}{X_{1,2}} + \frac{F_1}{F_2}\left(\frac{1}{\varepsilon_2} - 1\right)} \tag{6-2}$$

由式（6-1）可见，求出角系数 $X_{1,2}$，式（6-2）即可解。由于两物体间是垂直定向辐射，取距离 H=0.1 m 与 0.3 m，令 $F_1 = F_2 = 0.138\,5\ m^2$，并简化为两个互相平行且正对的矩形平面，则求得 $H_1 = 0.1$ m 时，$X_{1,2} = 0.6$，$\varepsilon_{s1} = 0.45$；$H_2 = 0.3$ m 时，$X_{1,2} = 0.22$，$\varepsilon_{s2} = 0.196$。

当辐射加热器表面温度为 733 ℃，烤漆表面温度为（140+140+113+151）/4=136 ℃，$H_1 = 0.1$ m 时，$Q_{1,2} = 3\,520$ W；当辐射加热器表面温度为 500 ℃，烤漆表面温度为 136 ℃，$H_2 = 0.3$ m 时，$Q_{1,2} = 504$ W，则两种辐射换热量之比约为 7.0（3 520/504）。这两种辐射换热基本上可以代表工程上高温定向辐射烤漆与中温定向辐射烤漆的资料。可见高温定向辐射烤漆仅从辐射换热量角度来看就优于中温定向辐射烤漆 6 倍之多，这对于汽车钢圈等有较大厚度的工件的换热是非常必要的。

由此可见，对于薄层涂膜的干燥，只要涂膜与被干工件的温度允许，而工件又需要较大的辐射换热量，则完全可以按照红外光谱的分子吸收振动理论，根据涂膜的吸收光谱，以短波段的高温辐射选取辐射加热器的供热温度，使涂膜发生共振吸收，并以高温定向近距离辐射，使涂膜溶剂快速蒸发并使涂膜快速固化，可达到既节能又优质高产的目的。

6.8 兰胎竹漆器红外辐射烘烤

浙江嵊县竹编已有 2 000 多年历史，素以造型优美、编制精巧、使用与欣赏兼备而驰名中外，有“中外竹编第一家”之誉。兰胎竹漆器是中国古老的传统工艺，光洁润亮，耐沸水泡，宛如瓷器，又比瓷器牢固轻巧，但在冬季天然干燥每件长达 48 h。兰胎漆是由特制配方的醇类漆及腰果漆等组成，底材为竹制，超过 70 ℃竹器会产生变形。因此，研究兰胎竹漆器的干燥速率及兰胎漆的红外吸收光谱成为首要任务。

6.8.1 兰胎漆的红外吸收光谱

实验表明，兰胎漆的红外吸收光谱与各类漆的红外吸收光谱基本一致，现只给出黑色醇

酸调和漆的吸收光谱，如图 6-3 所示。由图可知，在波长为 3.4 μm、5.7 μm、6.8 μm、7.8 μm、8.8 μm、9.3 μm 附近透过率较小，即有较大的红外吸收率。按维恩位移定律，$\lambda_m T = 2\ 897.8\ \mu m \cdot K$，则与以上吸收峰对应的温度值分别为 579 ℃、235 ℃、153 ℃、99 ℃、56 ℃、39 ℃。

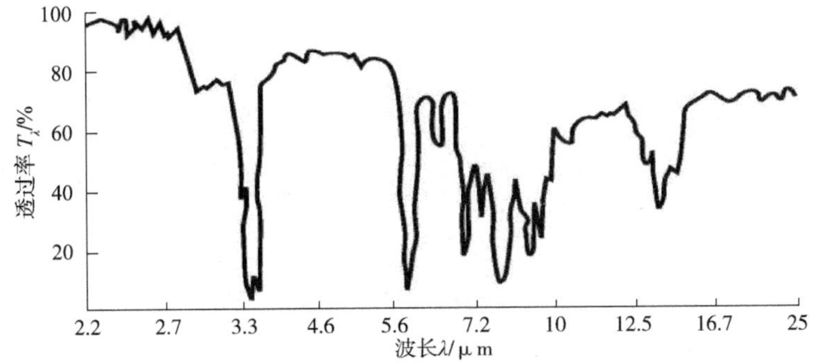

图 6-3　黑色醇酸调和漆的红外吸收光谱

6.8.2　兰胎竹漆器的干燥速率实验

1. 实验装置与测试仪表

兰胎竹漆器的干燥速率实验是在红外干燥炉中进行的，炉温由 DWT-702 型精密控温仪控制，兰胎漆溶剂的出气量由 RC161 型精密电子秤（德国）称量，其分辨力为 0.1 g，干球与漆器的温度由 HP3054A 数据采集系统（美国）测出。

2. 辐射板实验参数的选择

兰胎竹漆器要求在不高于 70 ℃的低温条件下烘烤。由兰胎漆的红外吸收光谱可知，其在 5.7~8 μm 有 3 个吸收峰，对应温度为 235 ℃至 98.5 ℃，因此选用降压供电的方式。降压辐射板表面温度既与兰胎竹漆器吸收有关，又增大辐射面积，并有利于炉内温度均匀控制，减少散热损失，延长辐射加热器的寿命。

3. 干燥速率实验

每个兰胎竹漆器按生产工艺要求，涂 5 次色漆（红漆、紫漆）和黑漆，以及 1 次清漆。6 次干燥过程的原始资料，即总脱气量及终量见表 6-6。可见，6 次干燥过程溶剂脱出量随时间的变化规律基本一致，其中第 2 次干燥过程的实验资料见表 6-7。

表 6-6　6 次干燥过程溶剂脱气量数据

干燥过程	1	2	3	4	5	6
漆器初重/g	133.3	140.6	149.3	157.5	163.9	167.4
加漆量/g	14.2	15.6	14	11.6	6.4	8.5
脱气量/g	6.9	6.9	5.8	5.2	2.9	4.2
终量/g	140.6	149.3	157.5	163.9	167.4	171.7

续表

干燥过程	1	2	3	4	5	6
总烘干时间/min	653	30	30	40	30	23

表 6-7　第 2 次干燥过程的实验资料

时间 τ/min	0	5	10	15	20	25	30	35
炉温 t_0/℃	57.7	60.9	58.9	61.1	59.9	59.7	59.7	59.7
漆器温度 t/℃	49.9	52.1	52.5	54.5	55.2	56.2	56.8	56.9
漆器量/g	156.2	152.9	150.9	150.2	149.7	149.4	149.3	149.0
脱气量 dM/g	0	3.3	2.0	0.7	0.5	0.3	0.1	0

根据以上资料，按每千克干物料每分钟脱出的溶剂变化量计算干燥速率，即

$$R = \frac{dM}{M_{as}d\tau} \tag{6-3}$$

式中　R——干燥速率[g/(kg·min)]；

dM——脱出的溶剂变化量(g)；

M_{as}——绝干物料质量(kg)；

$d\tau$——时间变化量(min)，即采样时间。

式(11-3)中的 dM(脱气量)已在表 6-6 中列出，其为各实验时刻每 5 min 采样的平均值。

由表 6-7 数据，干燥速率 R 可按式(6-3)求出，如 0~5 min 取样时间内的干燥速率为

$$R_{0\sim5} = \frac{3.3}{0.149 \times 5} = 4.43\ \text{g}/(\text{kg}_{干} \cdot \text{min})$$

由于其是取样时间 0~5 min 的平均干燥速率，所以在绘制 $R_{0\sim5}$ 时，横坐标应取 2.5 min，纵坐标应取 4.43 g/(kg$_{干}$·min)，余者类推，第 2 次干燥过程实验计算的干燥速率见表 6-8，其干燥速率、漆器温度及炉温曲线如图 6-4 所示。

表 6-8　第 2 次干燥过程实验计算的干燥速率

时间 τ/min	0	5	10	15	20	25	30
脱气量 dM/g	0	3.3	2.0	0.7	0.5	0.3	0.1
干燥速率 R / [g/(kg$_{干}$ · min)]		4.43	2.68	0.94	0.67	0.41	0.13

从油漆的固化机理可知，油漆的干燥主要有两个过程，即溶剂挥发和树脂聚合。兰胎漆中有汽油二甲苯、亚麻油等易挥发溶剂，也有酚醛类调和漆。由图 6-4 可知，干燥速率曲线分升速 AB 与降速 BC 两个干燥阶段。其中，2.5 min 时已达到最大干燥速率，12.5 min 时已有 80%以上的溶剂挥发，在降速阶段要完成树脂中各基团键链的交联聚合过程，由于溶剂挥发可在低温下进行，而油漆固化需较高温度，但竹漆器要求温度不能高于 70 ℃，因此竹漆

器是逐渐升温的，整个干燥过程炉温（干球）不超过 65 ℃，经 30 min 已干好，完全满足兰胎竹漆器的烘烤要求。

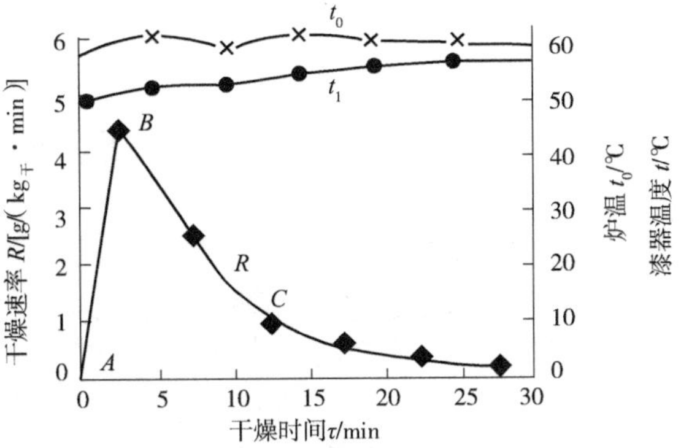

图 6-4　兰胎竹漆器干燥速率、漆器温度及炉温曲线

6.8.3　实验分析

（1）由图 6-4 可知，最大干燥速率出现在 2.5 min，因此烘道的排气孔位置应设在兰胎竹漆器进入烘道 2.5~5 min 处。若排气孔设置靠前，热量损失大，影响溶剂脱出，干燥效果差。若排气孔设置靠后，挥发溶剂排不出，在炉内形成气雾，吸收辐射能，浪费能源；另外，气雾落回漆膜表面，使漆器失去光泽；更有甚者溶剂浓度过高，有爆炸危险，要保持在爆炸浓度的 1/2 以下才属安全。

（2）兰胎竹漆器每次涂漆后，干燥脱气量一般占上漆总质量的 41%~45%。

（3）烘干过程中，前 10 min 的排出溶剂量约为总排气量的 80%，后期干燥主要是完成兰胎漆的固化。

6.8.4　实验结论

（1）干燥速率曲线是烤漆烘道设计排气孔及孔径的主要依据。

（2）原兰胎竹漆器冬季干燥周期为 48 h，采用红外辐射干燥后，缩短为 30 min，仅为原干燥周期的 1/96，而且提高了漆面质量。

（3）由红外吸收光谱可知，虽然兰胎漆可采用 579 ℃的高温辐射加热器，但因竹器本身会因高温变形严重，因而选用表面温度为 235 ℃的辐射加热器，不仅达到了兰胎漆共振吸收与快速固化的目的，而且节约了能源，提高了生产率。

6.9　自行车挡泥板红外辐射烘烤

烘道的调试最好采用 BYK-STOR 型炉温记录仪（德国），该仪器的最大优点是能随工件一起进入烤漆烘道，测量整个干燥过程中不同烘道位置的干球温度和工件不同部位的温度。该仪器分 L 型与 S 型，均有 6 个记录系统，L 型可以测量的温度范围是 0~300 ℃；S 型可以测量的温度范围有 0~100 ℃、0~200 ℃、和 0~300 ℃，其内部装有过温保护装置，超过上述温度范围，仪器不会损坏，但没有温度参数记录。

下面以上海某自行车厂使用多年的烘道测试为例进行说明。其中采用 BYK-STOR 型炉温记录仪对自行车挡泥板、车架烘道进行炉内温度跟踪测试。测试的烘道基本情况见表 6-9，工件最高烘烤温度与烘烤时间见表 6-10，图 6-5 所示为自行车挡泥板为彩色面漆时挡泥板与空气的温度曲线。

表 6-9　自行车挡泥板与车架在烘道内的烤漆数据

产品		烘道形式	涂装油漆	工艺温度	加热零件	废气排放
挡泥板	墨绿漆	直通式	氨基墨绿面漆	180 ℃	SHQ	自然排放
	彩色漆		氨基透明红漆		灯状	
车架	罩光漆		氨基清漆		板状	微抽风

表 6-10　自行车挡泥板与车架最高烘烤温度和烘烤时间

产品		最高烘烤温度/℃	烘烤时间/min	曲线状态
挡泥板	墨绿漆	160	5	正态分布
	彩色漆	165	6	曲线混乱
车架	罩光漆	177	10	曲线较混乱

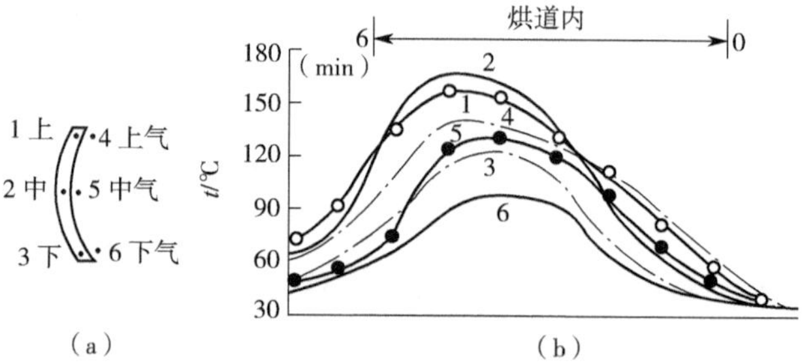

图 6-5　彩色面漆挡泥板烘道的温度曲线

（a）挡泥板测试点　（b）挡泥板与空气温度曲线

1—工件上；2—工件中；3—工件下；4—空气上；5—空气中；6—空气下

由图 6-5 可知，挡泥板中间部位（中）2 最高温度（165 ℃）与最低部位（下）3 之间的最大温差为 51 ℃，空气上点（上气）4 最高温度（96 ℃）与下点（下气）6 之间的最大温差为 44 ℃，则工件与空气中点（中气）5 间的最大温差为 165−96=69 ℃。对于墨绿漆的挡泥板与罩光漆的车架，其工件最大温差、空气最大温差及工件与空气间的最大温差见表 6-11。

表 6-11　彩色自行车挡泥板与车架最大温差

产品		测温点	工件最大温差 $\Delta t_{工}$/℃	空气最大温差 $\Delta t_{气}$/℃	工件与空气间最大温差 $\Delta t_{工气}$/℃
挡泥板	墨绿漆	3 点	52	24	56
	彩色漆	3 点	51	44	69
车架	罩光漆	5 点 1 点	37	—	21（工件与空气测点接近）

从表 6-10、表 6-11 与图 6-5 可以得出以下结论。

（1）工件温度高于空气温度。对于墨绿漆，温差 $\Delta t_{工气}$=56 ℃，该值为工件中间 2 点温度最高值 160 ℃和下端 6 点空气温度最低值 104 ℃之差，而空气最高温度为上部 4 点温度 t_4=127 ℃，最小温差为 160−127=33 ℃，即中间 2 点与上端 4 点的温差。如考虑同一位置工件与空气温度则为 t_1=158 ℃，t_4=127 ℃，Δt=158−127=31 ℃。可见，中间与上端工件温度均高于上端空气温度，这是辐射烘道的特点。

（2）中部辐射加热器布置过多，3 组测试数据表明，全是工件中部位置的温度高于下部，且温差值较大，墨绿漆挡泥板为 52 ℃，彩色漆挡泥板为 51 ℃，车架也是中部位置的温度高于下部温度，温差为 37 ℃。即直接辐射工件中间的辐射加热器应减少，工件下部的辐射加热器应增加，这样会得到均匀的温度场，对工件的烘烤有益。组织这样规模的测试很不容易，因此对已取得的测试资料要深入分析，进一步调试，以取得优质节能的效果。

6.10 天然气燃气烘道

6.10.1　中国天然气能源简介

中国天然气市场被认为是俄罗斯天然气出口的重点方向之一。俄罗斯通往中国的第一条天然气管道“西伯利亚力量”已开通，直供东北并向南转运。“西伯利亚力量 2 号”管道有望成为通过蒙古国向中国西部输送天然气的新途径。此外，俄罗斯还向我国出口液化天然气，主要满足中国沿海地区的需要。这使中国的清洁能源得到了保障，俄罗斯也减轻了欧盟对其施加的压力。随着俄罗斯大量的天然气供应中国，直接燃气将被普遍使用，不仅是家庭民用，也包括工业生产，如中国一汽的 30 多条烘道均由电供热改为燃气供热。

燃气直接供热，去掉了燃气发电环节，可提高热效率，本书第 12 章的三环转筒干燥机，进口燃气温度可高达 850 ℃，热效率高达 65%~75%，这是普通翻板式干燥机的 5（70/14）倍，网带式干燥机的 6.4（70/11）倍。

另外，根据 1948 年苏联国立动力出版社出版的鲁利耶教授所著《干燥作业》一书第三章“直接烟道气干燥”所述，这不是简单的对流干燥，其比对流干燥的情况要复杂得多。与大多数的固体不同，在很多情况下，气体对辐射而言都是透明的，其发射和吸收辐射通常是在一个特定的窄波段内进行的，如 N_2、O_2 以及具有非极性对称分子结构的其他气体，在低温时基本上是辐射透明的，但天然气燃烧产生的 CO_2、H_2O 以及各种碳氢化合物的气体，其辐射量则是相当可观的。

6.10.2 燃气烘道

目前，国内外合资汽车及国产汽车一般为混流生产，为满足各种车型的统一使用，烘道一般采用天然气热源对流加热，但其不是简单对流。

以某车企为例，对其燃气烘道具体情况介绍如下。

涂装烘道基本单条生产线设计产能为每小时 30 台，天然气用量约为 120 m^3/h，烘干炉系统包含烘干炉和焚烧炉两部分。

烘干炉分为升温段、保温段和强冷段。升温段进口、强冷段出口处设置风幕，风幕由新风风机提供，用于避免烘干废气外泄及补充系统新风。升温段和保温段采用循环风系统加热，且升温段和保温段循环风系统单独设置循环风机。升温段和保温段均利用烟气余热与循环风进行换热，以提供热源。升温段和保温段之间设置排风，由废气风机将废气抽吸至焚烧炉。

焚烧炉采用直燃式焚烧系统使烘干废气与天然气混合进行燃烧。焚烧炉排放燃烧废气进行四级余热回收，第一级燃烧废气与进入焚烧炉的烘干废气进行换热，提高烘干废气温度，减少焚烧炉天然气用量；第二级燃烧废气与烘干炉升温段循环风进行换热，用于提供烘干炉升温段热源；第三级燃烧废气与烘干炉保温段循环风进行换热，用于提供烘干炉保温段热源；第四级燃烧废气与烘干炉新风进行换热，提高进入系统的新风温度，减少热量损失。

气封结构可保证在烘干炉正常运转过程中炉体的密封性，起到隔绝外界温度同时防止热量散失的作用。

烘干炉、保温箱内壁板采用 1.5 mm 厚的渗铝板，外壁板采用 1.2 mm 厚的镀锌板。在内、外壁板之间使用绝热材料隔热，即采用 150 mm 厚的岩棉进行保温隔热，保温效果良好，炉体外壁温度小于 40 ℃。烟气风管加保温层，内层采用 100 mm 厚的硅酸铝纤维，外层采用 200 mm 厚的岩棉保温层，最后用 0.8 mm 厚的镀锌板包覆，表面温度不高于环境温度 15 ℃。

现在主流车企均使用上述烘道对车进行烘干工艺，有部分企业正在尝试更加节能的烘道，即随着车体形状的变化，对车体进行加热，避免过多对无效空间进行热交换，进而达到节约能量的目的，但是此项技术正在研究实验中。

6.11 天然气燃烧废气构成生存威胁

天然气的燃烧会产生 CO_2，天然气的主要成分是甲烷（CH_4），其燃烧化学式为

$$CH_4 + 2O_2 \rightarrow CO_2 + 2H_2O + [发热]$$

德国《世界报》网站 2023 年 10 月 30 日曾以题目《1.5 ℃目标或将比预期更早破碎》发

表报道。法新社2021年的一份报告称,北极变暖的速度是地球整体变暖速度的3倍。

多国科学家联名警告:地球"体检"多项指标亮红灯。2023年10月24日,法新社报道多位知名科学家在一份评估报告中警告称,气候对地球上的生命构成了"生存威胁",2023年一系列高温纪录和极端天气的袭击比预期更为猛烈,地球上的生命正承受巨大的压力。

科学家表示,人类在遏制温室气体排放方面"几乎没有进展",主要温室气体排放达到创纪录水平,石化燃料补贴飙升。在加拿大,史无前例的野火释放的二氧化碳比该国2021年温室气体排放总量还多,而这些野火在一定程度上与气候变化有关。

2023年,全球各地遭遇热浪和干旱,而严重的洪水袭击了美国和印度等地,气候这样迅速的变化对温度、降雨、大气湿度、风暴、植物生长和海平面都会有明显影响,而这些变化又会影响农业、水资源、森林、人类的生存和经济发展。受气候变暖影响,我国冬季与夏季的东北和西北地区降水可能增加,而中部地区如渤海沿岸、河北、河南等地则可能呈变干趋势,其中河套地区变干的可能性最大,长江和黄河的三角洲地带会因海平面上升受到影响,这就会影响粮食、蔬菜的生长和人类的身心健康。

6.12 二氧化碳变废为宝:变成固态燃料

西班牙《先锋报》网站2023年11月1日曾以题目《将改变气候的二氧化碳转化为燃料的新方法》发表报道。

由美国麻省理工学院的教授李巨及博士生张震等和哈佛大学的博士生奚大伟共同研发的一种有效的方法,可以将二氧化碳转化为液相或固相的甲酸盐,再经过相对转化过程后,就可以得到固体甲酸盐粉末,最后可将其用于燃料电池发电。目前,这一新系统已在实验室规模成功进行了测试,但研究人员希望将其扩展到居民家庭甚至工业或电网规模的应用。这样生产出的高浓度的甲酸钠或甲酸钾溶液可以通过太阳能干燥,生成高度稳定的固体粉末,可放在普通钢罐中储存数年甚至数十年。

6.13 红外电辐射加热器

红外辐射加热元件加上定向辐射等装置称作红外电辐射加热器。它可将电能或热能(煤气、蒸汽、燃气等)转变成红外辐射能,实现高效加热与干燥。

从供热方式来看,红外电辐射加热器有直热式和旁热式两种。直热式是指红外辐射加热元件既是发热元件又是热辐射体,如电阻带、碳硅棒等均属此种红外电辐射加热器。直热式红外电辐射加热器升温快、质量轻,多用于快速或大面积供热。旁热式是指由外部供热给辐射体而产生红外辐射,其能源可来自电、煤气、蒸汽、燃气等。旁热式红外电辐射加热器升温慢、体积大,但由于其生产工艺成熟、使用方便,且可借助各种能源,做成各种形状,寿命长,故得到广泛应用。

6.13.1 碳化硅红外辐射加热器

碳化硅可分为天然和人造两种，为六角晶体，色泽有黑色和绿色两种，具有很高的硬度，熔点为 2 600 ℃（分解升华），热导率随温度的增加而减小，从室温的 489.8 W/(m · K) 到 500 ℃时的 50.2 W/(m · K)，降低了一个数量级，热膨胀系数相当于镍铬丝 1/3 左右。该加热器表面温度在 600 ℃以下时，热响应较慢，升温时间长，但热稳定性好，碳化硅板的单色发射率（光谱发射率、黑度）如图 6-6 所示，当 $\lambda = 5\sim10$ μm 时，$\varepsilon_\lambda = 0.85\sim0.90$。

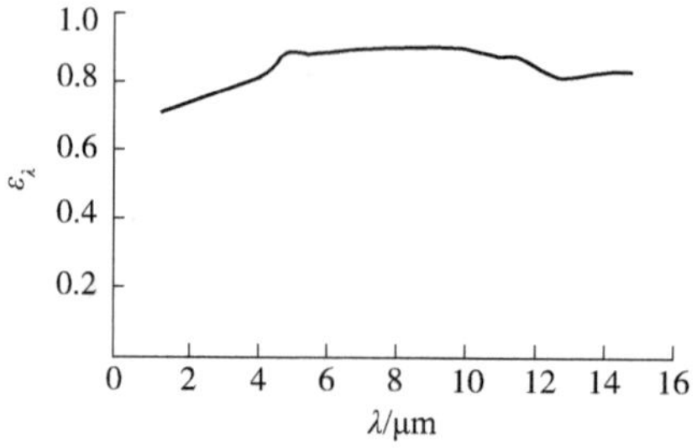

图 6-6　碳化硅板的黑度

碳化硅可制成间热式加热器，也可制成直热式加热器（碳化硅棒），还可制成埋入式碳化硅元件，其厚度减小，可改善热响应速度，提高电-辐射热的转换效率，将使用温度提高到 800 ℃左右，因而得到广泛应用，具体可制成板式、管式及筒式等各种形状的碳化硅红外辐射加热器。与石英辐射管、灯状辐射器相比，其热响应速度慢，可用于毛细管多孔胶体材料的干燥，如木板、地板块、谷物干燥等，即适用于物料升温速率较低的工作场合。

6.13.2 乳白石英红外辐射加热器

乳白石英红外辐射加热器是一种具有选择性的红外加热元件。它是由电热丝供热，由乳白石英管作为热辐射发射介质。乳白石英是在熔融石英玻璃中充入 0.03~0.08 mm 的微小气泡再冷凝固化而成，乳白程度的好坏取决于石英材质中微小气泡的多少，气泡越多，乳白程度越好，气泡的数量平均为 2 000~8 000 个/cm²，但气泡过多会导致管材表面光滑度不好、材质强度下降、气密性能差。经工艺改进，采用连熔工艺加氢气（为保护性气体），可使羟基含量增高，因而在波长 2.7 μm 处亦能产生强辐射带。改进后的乳白石英板红外辐射加热器的发射光谱如图 6-7 所示，改进后的乳白石英管红外辐射加热器的发射光谱如图 6-8 所示。由于短波段发射光谱 ε_λ 的改善，改进后的乳白石英板或石英管式辐射加热器的表面温度已达 700~850 ℃，而未改进的石英辐射器表面温度一般小于 600 ℃。乳白石英红外辐射加热器的电-辐射热转换效率高达 60%，且热惯性小、升降温快，特别适用于快速加热工件，现已成功应用于烤漆、粉末涂装、印染、食品、医药、化工等行业。

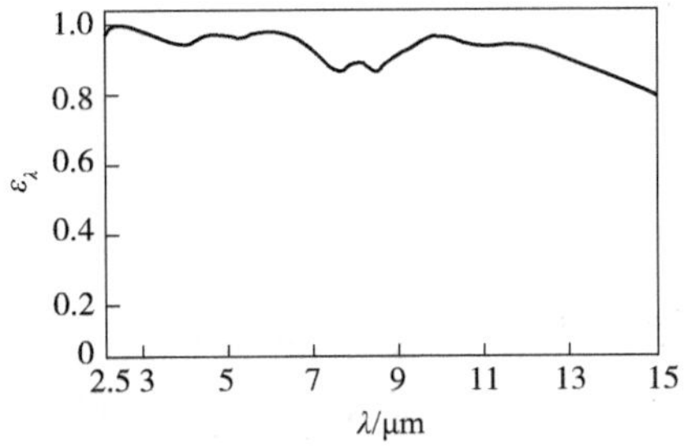

图 6-7　改进后的乳白石英板红外辐射加热器发射光谱

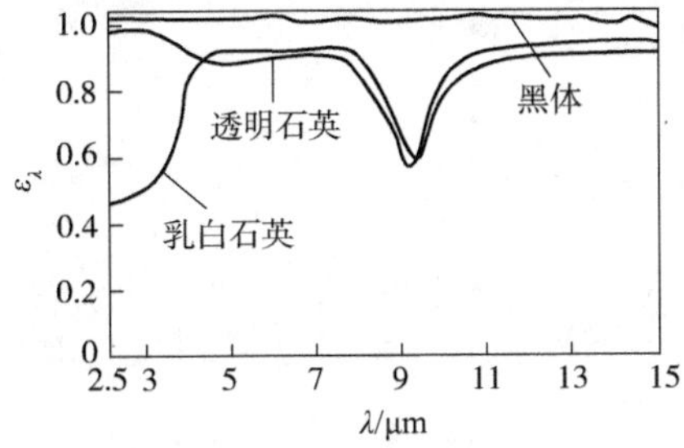

图 6-8　改进后的乳白石英管红外辐射加热器发射光谱

6.13.3　石英管式红外辐射加热器

乳白石英红外辐射加热器有管式、板式、灯式、浸没式等不同结构形式。其中，板式和灯式均为定向辐射式；如需定向辐射，当采用管式时应加反射罩；浸没式的接电装置在同一端，便于插入液体中加热，但不可将其用于空气加热，因为空气散热慢，其将被烧毁。平板状红外辐射加热器结构如图 6-9 所示，石英管式红外辐射加热器结构如图 6-10 所示。

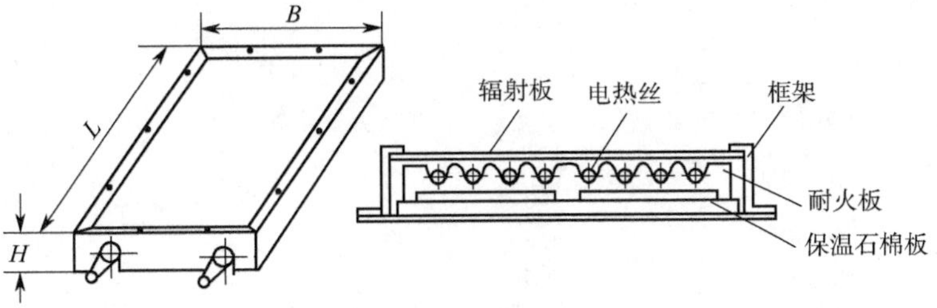

图 6-9　平板状红外辐射加热器结构

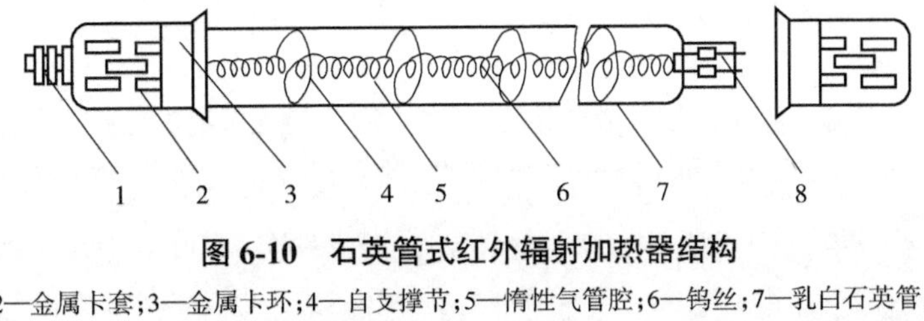

图 6-10　石英管式红外辐射加热器结构

1—接线柱；2—金属卡套；3—金属卡环；4—自支撑节；5—惰性气管腔；6—钨丝；7—乳白石英管；8—密闭封口

6.13.4 高温定向红外辐射加热射器

高温定向红外辐射加热器是极为实用的红外辐射加热器，它的表面温度为 900~1 000 ℃，专为烤漆或烤单板干燥设计。石英板高温定向红外辐射加热器外观如图 6-11 所示。其尺寸为 300 mm × 30 mm × 100 mm，上表面为石英板，下面为电炉丝，再下面有 5 mm 厚绝热层，其下面是保温层。其在南京、长春、北京、天津、湖北各烤漆烘道得到广泛应用，其发射器体积小、热放率高、应用方便。

图 6-11　石英板高温定向红外辐射加热器外观

6.13.5 镀金石英红外辐射加热器

在国际上，辐射管不加辐射罩是不准使用的。在辐射加热器的内背面镀金，可以增强反射力，灯丝表面温度范围为 900~2 200 ℃，即中波 900 ℃、碳中波 1 200 ℃、快中波 1 600 ℃、短波 2 200 ℃，且寿命长、加热快、加热效率高。镀金石英红外辐射加热器和相同功率下无镀层辐射加热器的光谱曲线如图 6-12 所示。

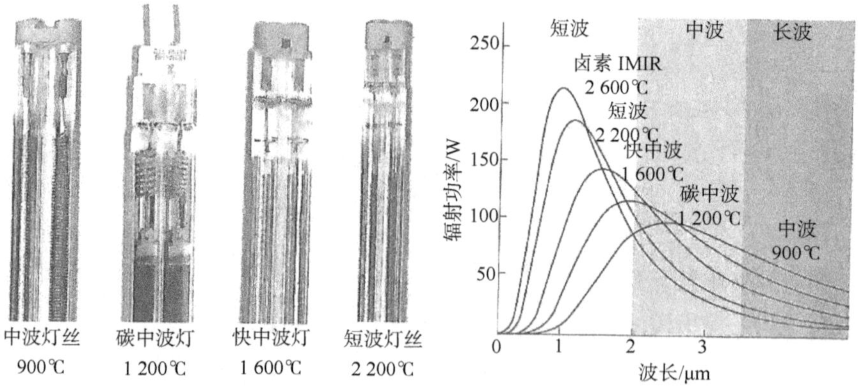

图 6-12　镀金石英红外辐射加热器及相同功率下无镀层辐射加热器的光谱曲线

(a)镀金石英红外辐射加热器　(b)相同功率下无镀层辐射加热器的光谱曲线

该产品已应用于手机屏的烘干、树脂水晶钻烘干、导光板烘干、纸加工烘干、地热膜导电碳浆烘干、药品干燥、金属涂层烘干，以及塑料行业、食品行业、锂电池极片行业、太阳能光伏行业的烘干等。

6.13.6　陶瓷红外辐射加热器

埋入式陶瓷红外辐射加热器，采用特种玻璃陶瓷基体与高发射率表面釉层经一次高温烧结而成，在 400~600 ℃时，最大单色辐射率可达 0.92；升温至 800 ℃，保温 10 min 取出，直接投入室温水中急冷，反复 12 次，试片无裂纹；强度好，平均强度为 9.807 MPa，承受 2*g* 加速度不开裂；经测定没有 α 放射线与 β 放射线产生，在烘箱内中上部温度为 120 ℃，细菌培养基表面温度为 70~75 ℃，在烘箱内照射 30~45 min，大肠杆菌、乙型副伤寒杆菌、炭疽杆菌等 6 种菌类，在重复 3~5 次实验后均被全部杀死；耐酸碱，使用寿命可达 2 万小时以上。

我国台湾地区生产的陶瓷红外辐射加热器种类齐全，有 A 型陶瓷板式、B 型组合陶瓷管式、C 型单支陶瓷管式及 D 型辐射灯式，其表面温度一般为 600 ℃。

日本某公司充分利用陶瓷耐火纤维的特性研制了一种新型埋入式陶瓷红外辐射加热器，可通过改变注模型腔，不用烧结而是用真空成型制成各种形状，经干燥处理即可成为正式产品。

利用这种加热器制成箱式实验炉，质量轻、升温快，12 min 可升到 1 100 ℃，可避免碳化硅管式红外辐射加热器由于外接引线而带来的散热损失，而且可节电 30%。

6.13.7　灯形红外辐射加热器

灯形红外辐射加热器是继短波红外灯、石英灯之后发展起来的辐射加热器，其与短波红外灯的区别在于能透过 3 μm 以上的中长波红外辐射。它由金属氧化物和碳化物等制成，其有三种结构，如图 6-13 所示。

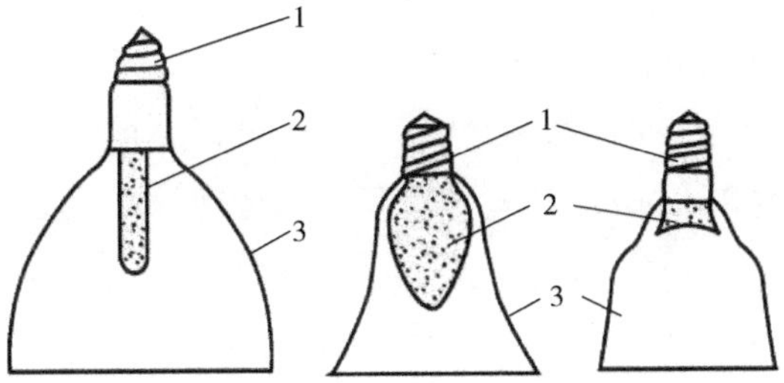

图 6-13　灯形红外辐射加热器

(a)棒状辐射体　(b)梨状辐射体　(c)弯月形辐射体

1—灯头；2—辐射体；3—反射罩

辐射体是灯形红外辐射加热器的核心，它由电热丝和陶瓷复合物制成，表面烧结高发射率的红外涂料。反射罩由不锈钢或抛光铝制成，抛光铝表面在大气中会很快氧化而失去光泽，因此必须进行光亮阳极氧化处理，并控制氧化膜的厚度为 3 μm。

天津大学的研究者用 AGA-780 型热像仪测试带有抛光铝与不锈钢反射罩的灯形红外

辐射加热器，反射罩反射出的表面温度为 500~600 ℃，具有升温快、温度高、质量轻、辐射能量集中等优点。

灯形红外辐射加热器经实践验证存在以下 3 个问题：

（1）中心部位是低温区，一般为 400 ℃左右；

（2）辐射体的涂层易脱落，改为微晶玻璃大有好转，既不脱落还可清洗；

（3）辐射体安装不正时，严重影响反射温度场，在热像图中可明显看出燃气。

6.13.8 特种电热膜

1. 红外电热膜概述

红外电热膜是一层用金属（合金）制成的电加热红外辐射体，其被上下两层抗老化、耐高温、阻燃、高绝缘强度的塑料薄膜密封起来，使其不与空气接触，可在水中工作，总厚度为 0.03~0.3 mm。接通 220 V 电源后（亦可设计成其他电源，如安全电压 36 V），辐射体被加热，可辐射出对人体有理疗作用的红外线，广泛应用于理疗、工农业加热、军事、宇航领域，与恒温器联合使用可组成高生活品位的智能化采暖系统，因此是目前采暖设备的换代产品，亦可作为补充采暖手段。

2. 红外电热膜特点

（1）水密性好，浸泡在 5%的盐水中 24 h 后仍可正常工作。

（2）防潮、防腐蚀。

（3）抗老化，寿命长，性能稳定。

（4）绝缘性能好，可承受 3 750 V 耐压实验，使用安全。

（5）柔软、不怕折，可用于各种形状的场合。

（6）设计灵活，可根据应用的需要，设计制造出不同尺寸、不同形状、不同电压、不同功率、不同表面温度的红外电热膜。

（7）绝缘薄膜本身就是阻燃的，若再涂以阻燃剂，可以满足各级别的消防要求。

（8）红外辐射波长为 8~12 μm，对人体无害，且有理疗作用，有益健康。发射率可达 0.87。

（9）电热转换效率可接近 100%。

（10）最高承受温度可达 80 ℃（PET 基材）和 260 ℃（PI 基材）。

（11）具有正温度系数，随温度升高，其电阻值增加，发热功率下降，降低出现过热的危险。

3. 特种红外电热膜

如前所述，红外电热膜除可应用于采暖（含天棚安装膜和地热膜）外，在红外理疗、工农业加热、军事和宇航领域亦有极其广泛的用途。

红外理疗仪的核心部件——红外线源，就可以用红外电热膜加工、配套生产。中药袋的加热配合红外理疗也可应用红外电热膜。根据厂家设计生产的不同用途的理疗仪，可设计适当的峰值波长和表面温度，以及任意形状、任意外形尺寸的红线源。某厂生产的红外理疗仪配套的红外电热膜如图 6-14 所示。

型号：HD-364M
电源电压：220 V
外形尺寸：320 mm × 890 mm
表面温升：Δt=65 ℃

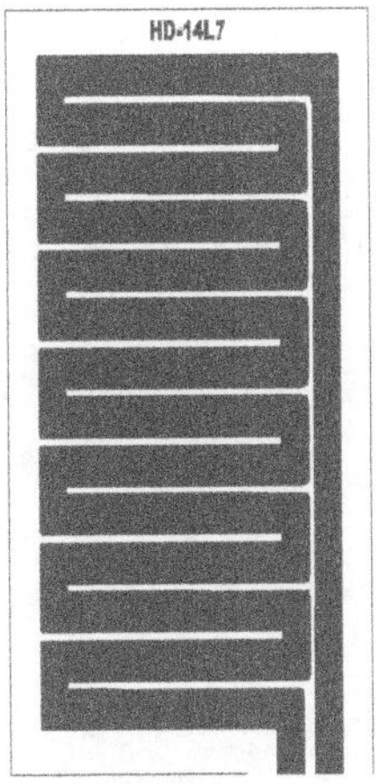

型号：HD-14L_7
电源电压：3 V
外形尺寸：120 mm × 170 mm
表面温升：Δt=28 ℃

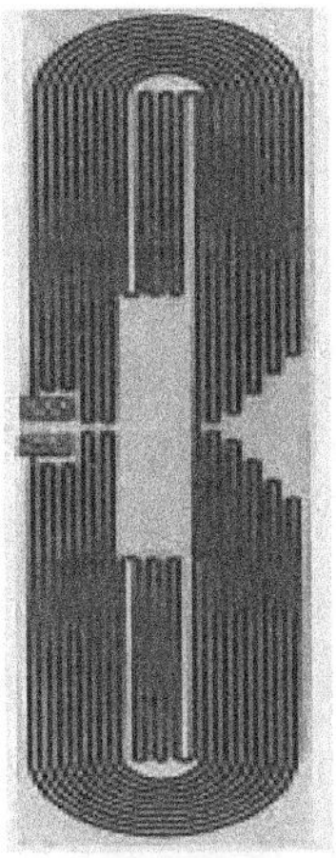

型号：HD-36L
电源电压：36 V
外形尺寸：60 mm × 275 mm
表面温升：Δt=105 ℃

图 6-14　某厂生产的红外理疗仪配套的红外电热膜

美容设备的水加热、热水机中的水加热、生产中熔化石蜡都可采用红外电热膜，其特点是电热膜的表面温度低（100 ℃左右），与被加热液体接触面积大，热量传递快，升温快，散热损失小，因此可节省能量 30%~40%。管道加热需要窄而长的电热膜缠绕在管道上，利用载流条加厚片专利技术，可生产出很长的电热膜缠绕管道。低温时，石油管道中石油的流动性差，水管中的水要结冰，甚至冻裂管道，都可用红外电热膜加热保温。红外电热膜表面温度低，无明火，是防爆加热的理想材料。此外，红外电热膜还可用于衣服定型电热装置、电热膜晾衣架等。

复习题

1. 红外辐射桥式烘道与开放式烘道各有何特点？
2. 红外辐射烤漆与对流干漆相比有哪些突出特点？
3. 丙烯酸罩光漆的吸收光谱有哪些特点？
4. 吉普车车身面漆烘烤有哪些特点？
5. 天然气燃气烘道有哪些优缺点？
6. 天然气燃烧废气如何构成生存威胁 ？
7. 二氧化碳如何变成固态燃料？
8. 定向红外辐射加热器有哪些优点？

参考文献

[1] 顾惠军，褚治德，诸凯，等. 红外烤漆机理及轮毂模拟烤漆实验研究[J]. 工程热物理学报，1999，20(6): 725-729.

[2] 王建民. 远红外加热在自行车涂装工艺上的应用[J]. 红外技术，1993，15(1):31-33.

[3] 夏桂娟，江菊元. 兰胎漆器红外烘干实验研究[J]. 应用红外与光电子学，1990(10): 7-10.

[4] 焦士龙，褚治德，杨俊红，等. 汽车钢圈丙烯酸罩光漆的干燥实验研究与理论分析[J]. 红外技术，2001，23(4): 36-39，46.

[5] 杨俊红，焦士龙，郭锦棠，等. 菜豆种子薄层干燥物料内部水分扩散系数的确定[J]. 工程热物理学报，2001，22(2):211-214.

[6] 焦士龙，褚治德，孟宪玲，等. 红外辐射与热风振动流化稻谷干燥实验研究[J]. 上海理工大学学报，2001，23(3):271-273 .

[7] 孟宪玲，褚治德，杨俊红. 干燥温度对水稻颗粒爆腰率的影响[J]. 天津大学学报(自然科学与工程技术版)，2002，35(4):433-436.

第 7 章 红外辐射加热热敏基材粉末涂层快速固化机理研究与应用

7.1 红外辐射加热热敏基材粉末涂层快速固化机理研究

7.1.1 引言

1. 热敏基材广义定义

热敏基材的广义定义为热敏材料主要基于材料内部的物理化学变化，导致材料的某些性能，如电导率、磁性、光学性质或形状等随机发生变化。例如木制品含水率变化，全干木制品可定义为绝缘体；对于半干体，其含水率为 6%~8%时可认为是半导体，含水率>12%时可认为是导体。

2. 采用高分子粉末对木制品涂装存在的问题

木制品含水率<5%时，木制品容易开裂；含水率>12%，粉末涂层交联固化温度为 130~140 ℃时，木制品由于水分外溢，会造成涂层起泡。

现代科技应用红外辐射加热智能化控制以及红外辐射传热与木制品的粉末涂层的传质原理，可以获得良好的快速固化品质。

3. 红外辐射传热与传质基本原理

红外辐射加热利用红外辐射能量与热敏基材或高分子有机涂层存在“热转移”，当传热能量与涂层匹配到传质时，红外辐射能量与涂层固化能量匹配，会使木制品部分物质（如水或溶剂）外溢，以达到脱水干燥或高分子粉末涂层快速固化的目的。

下面主要讨论热敏基材表面粉末涂装红外辐射快速固化的机理，由于热敏基材特有的物化性质，采用红外辐射加热粉末涂层有一定的技术难度，热敏基材的含水率、表面电阻、材料密度、复合涂层的附着力、涂装环境、红外辐射传热传质等影响因素，给热敏基材粉末涂装带来不确定的影响，表面涂层产品合格率通常在 30%~60%。综合上述，各种影响因素对热敏基材、复合涂层、红外辐射传热与传质三者进行讨论，以实现智能化工艺控制，达到产品涂层合格率为 98%~100%，粉末涂层低相对分子质量（<5 000）经红外辐射能量转换为粉末涂层成品，形成满足高相对分子质量（≥10 000）的高分子量聚合物。

7.1.2 红外辐射传热工程学基础

1. 人造板基材红外光谱技术分析

通过傅里叶变换红外光谱仪测试人造板基材的红外光谱（图 7-1），发现人造板基材红外光谱表征为人造板分子伸缩振动光谱中倍频吸收峰和组频吸收峰的吸收光谱，主要反映了分子中含氢基团 X—H（X 表示 O、N、S、单键 C、双键 C、三键 C 等）的结构信息。人造板的主要组成成分是纤维素、半纤维素、木质素，所以其结构中含有大量羟基（—OH）、碳氢键等含氢基团，常见的如脲醛树脂（UF）、酚醛树脂（PF）、三聚氰胺甲醛树脂（MUF）、多苯基多亚甲基多异氰酸酯（PAPI）等胶合后也存在羟基、氮氢键（N—H）等含氢基团（X—H）。图 7-1 中，高密度纤维板（HDF）和中密度纤维板（MDF）伸缩振动吸收峰基本一致，均在 3 008.41 cm^{-1}，转换成红外吸收波长为 3.3 μm，人造板中含有气态水红外吸收峰，通常在 3 500~3 950 cm^{-1}，转换成红外吸收波长为 2.5~2.86 μm，这说明人造板基材的红外吸收波长为 2.5~3.3 μm。

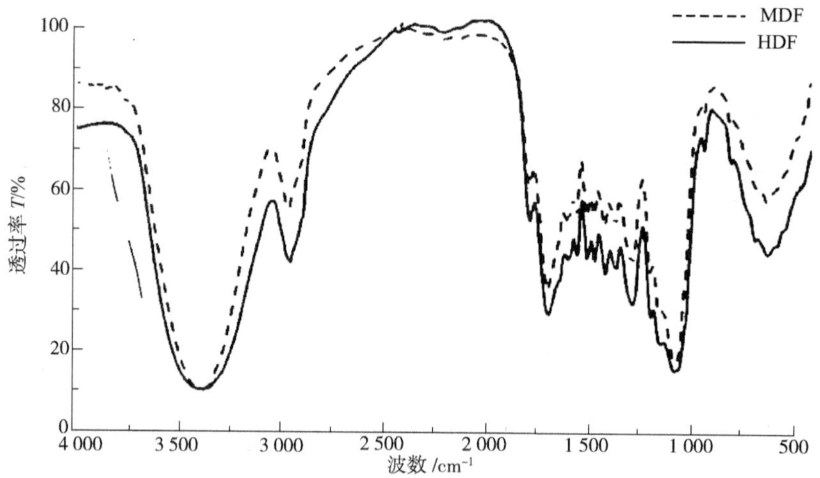

图 7-1 人造板基材的红外光谱

2. 粉末涂料红外吸收特性

1）环氧树脂的分子结构

环氧树脂的分子结构如图 7-2 所示。参加反应的环氧基团的三元环结构使各原子轨道不能正面充分重叠，而是以弯曲键相互连接，分子中存在一种张力使其不稳定，该官能团在红外光谱区有强吸收峰，即对红外辐射能量有强吸收能力，由环氧树脂的红外吸收光谱图可知。通常涂装粉末成品均为预聚物，相对分子质量一般为 3 000~4 000，涂层完全固化均后可达

10 000 以上，从而可以认为涂层转化成为高聚物。

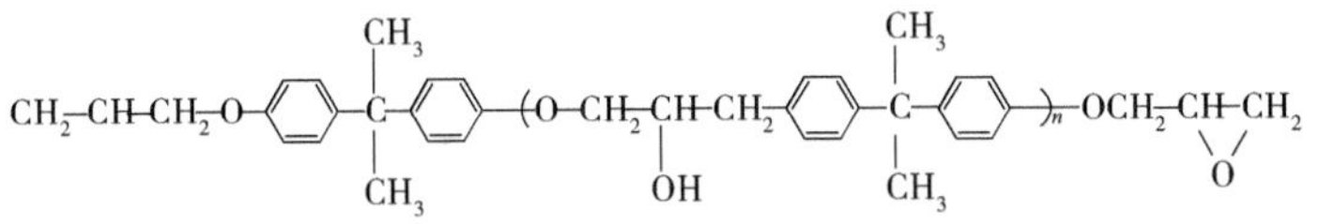

图 7-2　环氧树脂分子结构

2) 环氧树脂粉末红外吸收特性

环氧树脂的红外吸收光谱如图 7-3 所示，可知 3 030~3 080 cm^{-1}、1 575~1 625 cm^{-1}、1 525 ~ 1 590 cm^{-1}、1 475~1 525 cm^{-1} 是苯环的吸收带，1 240~1 260 cm^{-1} 是环氧基的特征吸收带，1 160~1 175 cm^{-1} 是碳链的吸收带，860~880 cm^{-1} 是苯环核置换吸收带。

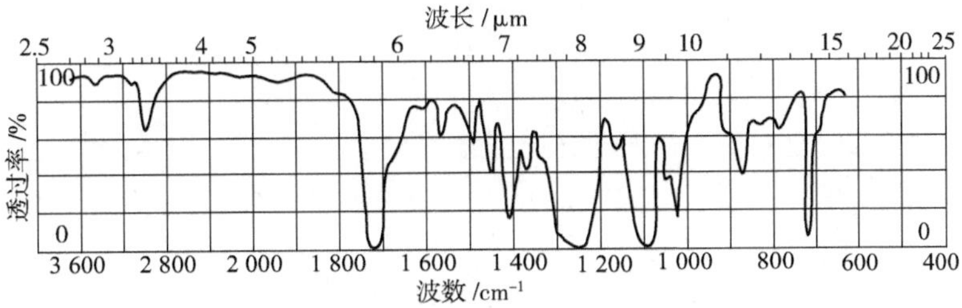

图 7-3　环氧树脂粉末的红外吸收光谱

3) 聚酯树脂粉末红外吸收特性

聚酯树脂参加反应的官能团为—COOH，由于 O—H 键极性极大，易断裂，较活泼，该官能团在红外光谱区有强吸收峰，即对红外光能量有强吸收能力。聚酯树脂的红外吸收光谱如图 7-4 所示。

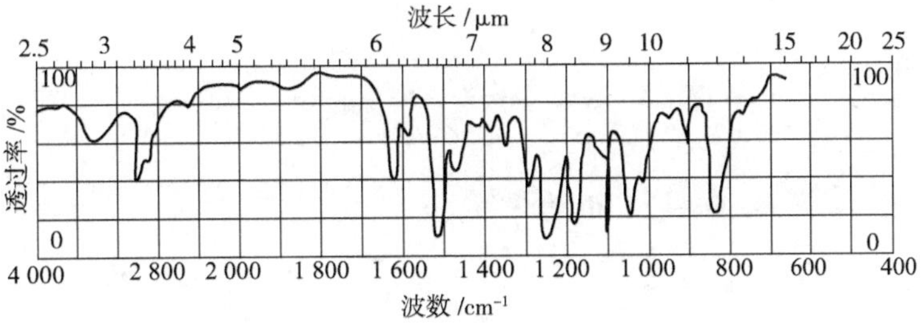

图 7-4　聚酯树脂粉末的红外吸收光谱

4) 环氧-聚酯混合粉末红外吸收特性

环氧-聚酯混合粉末的红外吸收光谱如图 7-5 所示，可见 3 433 cm^{-1} 是羟基伸缩振动吸收峰，2 968 cm^{-1}、2 877 cm^{-1} 是甲基伸缩振动吸收峰，1 723 cm^{-1} 是酯基 C=O 键伸缩振动吸收峰，1 407 cm^{-1}、1 374 cm^{-1} 是相邻两个甲基弯曲振动吸收峰。

环氧-聚酯混合粉末的差示扫描量热（DSC）曲线如图 7-6 所示，可以对粉末涂料应用于生产、储存、高分子材料性能测试等各个环节与热性能有关的测试数据进行分析。

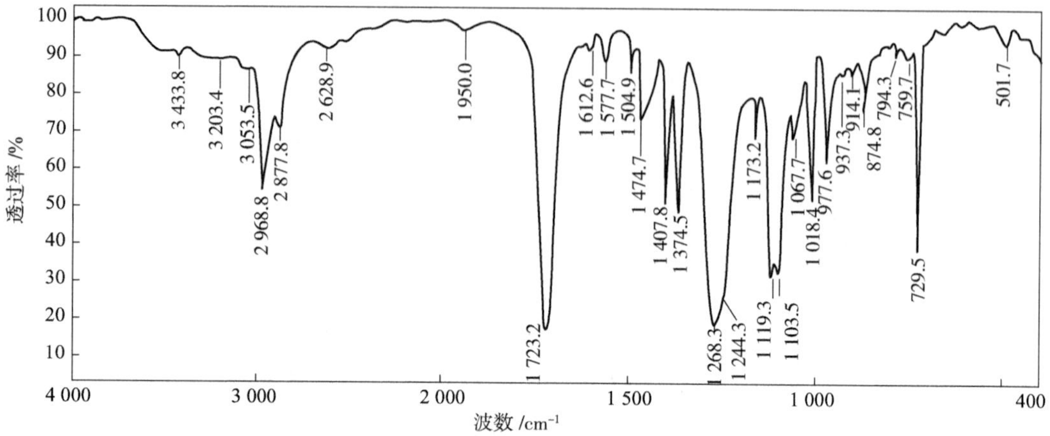

图 7-5 环氧-聚酯混合粉末的红外吸收光谱

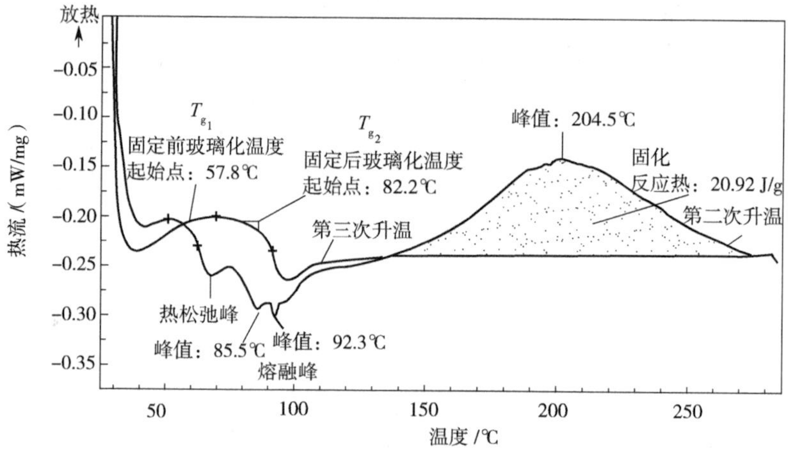

图 7-6 环氧-聚酯混合粉末的 DSC 曲线

7.1.3 热敏基材与粉末涂料红外光谱学

1. 热固性涂层固化原理

热固性涂层固化通常采用热风对流传热，工件的传导通过加热体热能传导至被加热件进行换热以获取热量，热效率通常为 30%~40%。随着温度的升高，红外热辐射是根据物体吸收波长、红外辐射源能量与吸收波长能量相匹配以产生共振达到粉末涂层快速交联固化的目的。随着分子振动加剧，逐步克服相互间的引力，增加分子间的间距，以致粉末进入熔融状态，当传热热能足够大时，使熔融作用形成中间体，再继续升温，分子运动继续加剧，达到活化状态，发生有效碰撞，分子间发生官能团交联反应，固化反应开始，这时固化温度大约为 140 ℃，若继续加热，分子运动继续加剧，有效碰撞增加，可以适当加速固化反应，但温度不能太高，否则将导致树脂分子裂解甚至碳化，所以这个温度大约控制在 180 ℃。MDF 热风传递 180 ℃粉末固化交联需要工件温度达到 140~180 ℃，交联固化需 30~40 min。

2. 涂层红外辐射固化原理分析

根据环氧-聚酯粉末的分子结构特点，其中各基团尤其是苯环，在红外光谱区 400~4 000 cm^{-1} 都有较强的吸收峰，当该波数段内的红外辐射波长与吸收波长相等时，各基团将吸收红外辐射能并转化为振动能，使整个分子发生共振，分子的共振使分子内能迅速聚集，特别是环氧树脂分子中的环氧官能团和聚酯树脂中的羧基和羟基，对红外吸收较强，所以 O—H 键迅速断裂，并产生交联反应，加速粉末固化。同时，若采用固化剂咪唑，对红外光谱也有吸收，红外辐射使 C ≡ C，C—N 及 N—H 旧键断裂，加速中间体的形成，促进固化反应速度。上述涂层工件温度达到 140~180 ℃仅需 1~2 min，交联固化需 3~5 min。

3. 红外波长与能量匹配机理分析

从光化学能量匹配原理可知：

$$E = 1.196 \times 10^5/\lambda \tag{7-1}$$

式中　E——分子键能（kJ/mol）；

λ——波长（μm）。

已知任何物质从结构观点分析，不论是气态、液态、固态都是由原子组成的，而这些原子依靠化学键结合成分子。所以，我们要探讨热运动与物质结构的关系，主要是研究热能如何影响原子与分子的运动，而热是能量存在的一种形式。由光谱学分析可知，物质的分子在吸收光子后，可使光子的能量完全转变成分子的振动、转动能量，当物质吸收了红外辐射能后，也可使分子的振动、转动能量发生变化，且振动能量约为转动能量的 100 倍。不过，转动光谱有一种加宽振动-转动带的作用，能扩大平衡中心的振幅，加剧其内部的振动，由于电子运动和分子的振动是处于极高的速度下的，这种运动不断地使原子发生碰撞。这种运动状况的变化，犹如高速运转的物体加快了摩擦生热而使物体发热升温。所以，红外辐射加热可比热风加热快很多倍。

从能量守恒定律分析，红外辐射的总能量应当等于反射、吸收和透射能量的总和。红外辐射加热原理中所述的红外加热的能量转化，$\alpha+\tau+\rho=1$。由于木制品基本上不存在自由电子，由束缚性电子与分子组成，电子与分子间具有一定的自然振动频率。粉末涂层是高分子材料，当红外辐射能量入射到表面上时，由于没有自由电子的屏蔽作用，红外辐射能量很少被反射，可轻易穿过涂层表面，有些会激起共振而被吸收变为热量，原则上辐射波长与涂层的吸收波长匹配得越好，吸收就越快，可加速涂层固化。根据木制品导热性差，控制中波波长不会穿透 HDF，可达到红外辐射能量等于涂层吸收能量。

从环氧-聚酯粉末涂料的红外吸收光谱可知，波数为 400~4 000 cm^{-1}，对应红外吸收波长为 2.5~25 μm，因此在木制品粉末涂装过程，控制红外辐射波长为 2.5~25 μm 就可达到能量匹配的目的。将红外辐射源温度控制在 400~700 ℃，就可满足环氧-聚酯粉末在 MDF 表面粉末涂层快速固化的技术要求。

图 7-7 所示为高分子粉末涂料的 DSC 曲线，粉末涂料发生结晶、熔融、固化（或交联、氧

化、封闭等化学吸热或放热反应),仪器可以测试出此类反应发生的温度区域和反应的热焓。差示扫描量热(DSC)分析是粉末涂料涂装过程加热固化的热参数分析,包括各个环节中与热性能有关的数据测试。

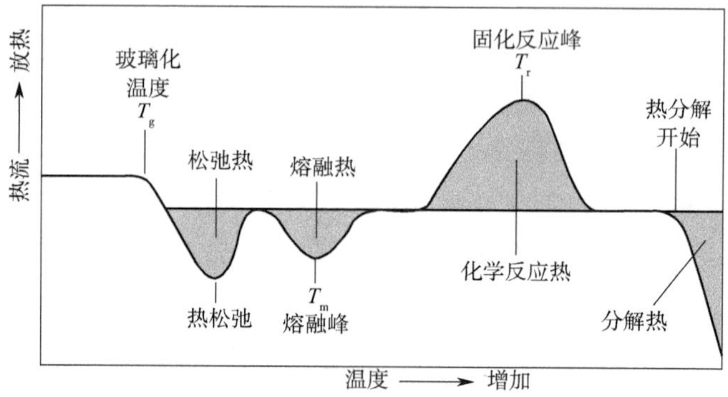

图 7-7　高分子粉末涂料的 DSC 曲线

在粉末涂料的制备中,将树脂、固化剂、颜料等混合后在加工过程中需经过加热熔融挤压出料,从熔融温度快速冷却到低于玻璃化(50~60 ℃)的室温,然后粉末化,这一种热固型粉末的预聚物通常带有明显的热应力,称为"热历史"。热历史在 DSC 测试时会表现出来。粉末涂料的玻璃化温度一般在 50~60 ℃,材料从玻璃态达到高弹态,此时粉末涂料制造过程中的"热历史"得到释放,在玻璃化温度后会出现一个明显的吸收峰(热松弛峰),这反映材料在生产过程中热历史的吸热峰是不可逆的。

7.1.4　差示扫描量热(DSC)技术分析

环氧-聚酯粉末涂料固化前后,玻璃化温度测试和固化热测试的 DSC 曲线如图 7-6 所示。图 7-8 所示为环氧-聚酯粉末涂料的第二、三次升温 DSC 曲线。

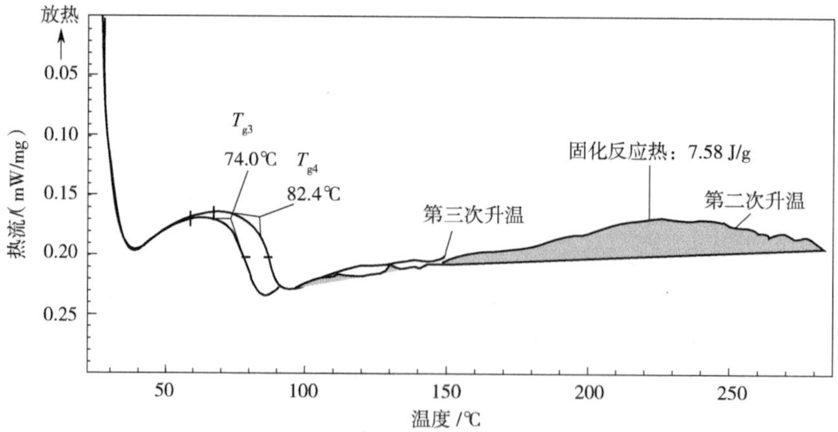

图 7-8　环氧-聚酯粉末涂料的第二、三次升温 DSC 曲线

第二次升温 DSC 曲线：测得玻璃化起始温度为 74.0 ℃（T_{g3}），在固化温度区样品中未固化部分出现了固化反应峰，固化反应热 ΔH_1 为 7.58 J/g。

第三次升温 DSC 曲线：因试样固化完全，测得玻璃化温度起始点为 82.4 ℃（T_{g4}），高于第二次升温测试结果。

由环氧-聚酯粉末涂层的测试数据，可以获得表征本样品固化程度的数据：

$$\Delta T_g=T_{g4}-T_{g3}=82.4\ ℃-74.0\ ℃=8.4\ ℃$$

转化百分率：

$$C=(\Delta H-\Delta H_1)/\Delta H=(20.92-7.58)/20.92=63.77\%$$

环氧-聚酯粉末所用多羧基型聚酯树脂是由多元醇和多元酸缩聚成的树脂，端基为多羧基。多羧基树脂有不同的品种，与环氧树脂的配比（质量比）常见的有聚酯树脂：环氧树脂=80：20、70：30、60：40、50：50 等。

7.1.5　热敏基材粉末涂层红外快速固化技术原理

根据热敏基材粉末红外吸收光谱，应用红外辐射加热维恩位移定律（假设黑体）进行设计：

$$\lambda_{max}=b/T \qquad (7\text{-}2)$$

式中　λ_{max}——峰值波长（μm）；

b——维恩位移常数，一般取 b=2 898 μm·K；

T——开尔文温度（K）。

例 7-1　设红外辐射加热源温度为 T，若红外辐射加热波长 λ_1=2.9~3.8 μm，则可以用维恩位移定律设计辐射源温度：

$$T_1=2\,898/\lambda_1=2\,898/2.9=999.3\ \text{K，即 }726.16\ ℃$$

$$T_2=2\,898/\lambda_1=2\,898/3.8=726.63\ \text{K，即 }489.48\ ℃$$

则热敏基材 MDF 的粉末涂层红外辐射源温度设计范围为 489.48~726.16 ℃。

例 7-2　在例 7-1 的基础上，设 λ_2=8.9 μm，则有

$$T_3=2\,898/\lambda_2=2\,898/8.9=325.62\ \text{K，即 }52.47\ ℃$$

在实际生产中，波长 $\lambda=8.9$ μm 一般不采纳；可以通过以上红外吸收光谱与差示扫描量热（DSC）曲线，并结合红外辐射加热基本原理，通过实验方法确定 MDF 的粉末涂料快速固化技术路线，利用红外光谱对红外辐射源进行设计。

7.1.6　粉末涂层红外吸收与红外辐射加热实验方法

粉末涂层红外吸收与红外辐射加热实验装置如图 7-9 所示。

图 7-9 粉末涂层红外吸收与红外辐射加热实验装置

1. 红外辐射源恒功率与恒温涂层表面温度关系实验评估

（1）白高光粉型号 JM1150，白高光，光泽 88°，厚度 70~80 μm，固化温度 190 ℃，固化时间 15 min（冷轧钢板 08F）。

（2）HY-1 型实验喷粉机与红外辐射加热自控装置。

（3）红外监控传感器 OS136-1-MA/0-400F（204.4 ℃）。

（4）间距 200 mm，红外传感器监控 MDF 表面温度 180 ℃，恒功率 100 W。

2. 关联机理的研究

功率面积 S_1=0.15 × 0.10=0.015 m²，间距 200 mm，辐射功率 3 kW。MDF 与 08F（冷轧钢板）之间粉末涂装后的样板比较如图 7-10 所示。

图 7-10 MDF 与 08 F（冷轧钢板）之间粉末涂装后的样板比较

表 7-1 中实验数据表明恒温控制时辐射源功率是随涂层表面温度变化而变化的。

表 7.1 红外监控涂层温度及辐射源功率的变化关系

涂层表面温度/℃	时间	辐射源功率（3 kW 百分比）	MDF 背后温度/℃
180/178	1 min35 s	100%（恒功率）	35
188	2 min5 s	99%（恒功率）	36
185/180	3 min33 s	62.5%（恒温控制）	46

续表

涂层表面温度/℃	时间	辐射源功率（3 kW 百分比）	MDF 背后温度/℃
185/180	3 min58 s	69%(恒温控制)	51
182/180	4 min31 s	93.8%(恒温控制)	54
184/180	4 min38 s	97.9%(恒温控制)	56
184/180	5 min	32.4%(恒温控制)	59

08F 冷轧钢板涂层分析，1 min 后正反面温度等于 MDF 1~5 min 后温度，正反面温差在 120 ℃左右。

3. 关联技术分析

1）涂层红外吸收与红外辐射源之间的关系机理研究

功率面积 S_1=0.15 × 0.10=0.015 m²，间距 200 mm，辐射功率 3 kW。涂层固化温度与红外辐射源温度的关系曲线如图 7-11 所示。

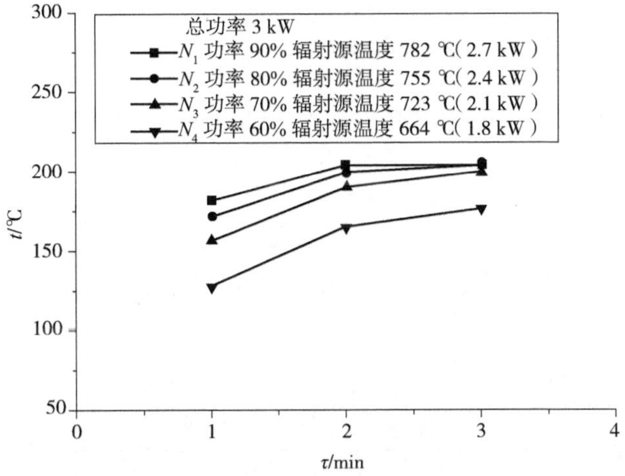

图 7-11　涂层固化温度与红外辐射源温度的关系曲线

2）结果讨论

红外加热功率分布和加热器面积：

（1）S_1=0.5 × 0.2=0.1 m²，3 kW/0.1 m²=30 kW/m²；

（2）S_2=0.15 × 0.10=0.015 m²，30 kW/m² × 0.015 m²=0.45 kW。

MDF 基材和粉末涂层与红外辐射源的关系见表 7-2。

表 7-2　MDF 基材和粉末涂层与红外辐射源的关系（实测数据）

序号	时间	辐射源功率 N	辐射源温度/℃	涂层表面温度/℃	MDF 界面温度/℃	基材温度/℃
1	1 min	90%（N_1）	778~782	182	72	92
	2 min			204	86	109
	3 min			204	101	125
2	1 min	80%（N_2）	715~755	172	128	93
	2 min			199	135	115
	3 min			204	145	128
3	1 min	70%（N_3）	714~723	157	72	91
	2 min			190	86	96
	3 min			200	101	106
4	1 min	60%（N_4）	642~664	127	103	70
	2 min			165	127	89
	3 min			176	165	93

7.1.7　国际红外辐射加热技术与标准

根据 IEC 60050-841：2004《国际电工词汇 第 841 部分：工业电热》定义长波（远红外）、中波、短波红外辐射，见表 7-3。

表 7-3　红外波段定义

红外波段	波长/μm	波数/cm^{-1}	温度/℃
长波（远）	大于 4	小于 2 500	小于 451.4
中波（中）	2~4	5 000~2 500	451.4~1 175.8
短波（近）	小于 2	大于 5 000	大于 1 175.8

表 7-4 给出了 MDF 粉末涂装快速固化应用中波与长波，在涂层辐射加热时，辐射源与波长的比例分配。

表 7-4　辐射源与波长的比例分配

辐射源温度/℃	≤2 μm	2~4 μm	≥4 μm
600	2.2%	37.2%	60.6%
900（标准中波）	13.0%	46.4%	40.6%
1 200	26.1%	46.9%	27.0%
1 600	43.2%	40.1%	16.7%

7.1.8　粉末涂层红外吸收波长与红外辐射源波长能量匹配技术分析

热固性粉末涂层红外吸收波长与辐射源关联技术分析，从环氧-聚酯混合粉末（高光）红外吸收特性分析图 7-8，其中有机物振动吸收峰波数最大为 3 433 cm^{-1}（2.91 μm），最小为 729.5 cm^{-1}（13.7 μm）。

由红外辐射加热维恩位移定律分析计算，进行辐射源设计，$\lambda=b/T$，摄氏温度 $t=T-273.15$。

辐射源温度设计应从热敏基材与粉末涂层红外吸收波长及红外辐射源的热效率进行匹配，通常粉末涂层的红外吸收波长 λ=2.5~6.5 μm，则有

$$t_{max}=2\ 898/2.5-273.15=1\ 159.2-273.15=886\ ℃$$

$$t_{min}=2\ 898/6.5-273.15=445.85-273.15=173\ ℃$$

则 MDF 辐射源温度范围为 173~886 ℃，工程设计根据生产效率、辐射源温度分三段设计，可参考表 7-5 中的数据设计辐射源温度。

表 7-5　红外辐射源恒功率控制比例分配

红外辐射源恒功率控制比例	功率分布/kW	辐射源 3 min 内温度变化/℃
100%	3	831~838
90%	2.7	805~811
80%	2.4	776~778
70%	2.1	732~736
60%	1.8	686~688
50%	1.5	608~623
40%	1.2	528~532
30%	0.9	398~402

（1）从辐射源温度能量分布可见，MDF 粉末涂层快速固化辐射源温度设计要求时间短，采用分段实施。由于 MDF 是胶黏剂与相关的木质素复合模压成型而成的，有一定的孔隙率，粉末涂层加热固化时，会导致板材受热，板材边缘四条边与八条棱出现胶黏剂析出和树脂析出鼓泡现象，因此 MDF 粉末涂层固化应根据粉末涂料固化与红外吸收波长设计红外辐射固化炉。前面我们用差示扫描量热（DSC）法对环氧-聚酯粉末固化前后涂层能量进行分析，可知固化前玻璃化温度为 57.8 ℃，固化后玻璃化温度为 82.2 ℃，峰值达 204.5 ℃，固化反应热为 20.92 J/g，涂层固化炉可以采用恒功率、恒温控制。再进一步对环氧-聚酯粉末红外吸收光谱进行分析，设最大吸收波数为 3 433.8 cm^{-1}，λ_{max}=2.9 μm，设计辐射源温度 t_{max}=1 266.45 ℃；最小吸收波数为 501.7 cm^{-1}，λ_{min}=19.9 μm，设计辐射源温度 t_{min}=419 ℃。

（2）从恒功率控制红外辐射温度实验数据可以对 MDF 粉末涂装红外辐射加热炉进行设计。

7.1.9 红外辐射源与粉末吸收红外波长能量匹配技术原理分析

1. MDF 粉末涂层快速固化炉工艺设计方案

设计依据是混合粉末红外吸收光谱（实测），根据环氧-聚酯粉末红外吸收波长，可以分成以下三段进行分析：

（1）波带（波数）3 433.8~1 723.2 cm^{-1}，红外波长 2.9~5.8 μm，辐射源温度设计 1 272~773.15 ℃；

（2）波带 1 723.2~1 103.5 cm^{-1}，红外波长 5.8~9.0 μm，辐射源温度设计 773.15~595 ℃；

（3）波带 1 103.5~729.5 cm^{-1}，红外波长 9.0~13.7 μm，辐射源温度设计 595~485 ℃。

2. 炉温可编程逻辑控制（PLC）程序化控制器设计方案

红外快速固化烘炉也分为三段：

（1）辐射源温度设计 800~700 ℃，固化时间 0.5~1.0 min，粉末涂层熔融/流平段；

（2）辐射源温度设计 500~700℃，固化时间 1.5~2.0 min，粉末涂层/基材交联段；

（3）辐射源温度设计 400~500 ℃，固化时间 3~5 min，粉末涂层固化段。

热固型低温粉末红外辐射源温度可以根据红外吸收光谱与红外辐射源能量匹配原理设计。

7.2 应用案例

7.2.1 MDF 全屋定制板式家具粉末涂装产品技术

根据国家团体标准《中密度纤维板（MDF）粉末喷涂技术规范》（T/CSTM 00456—2021），MDF 粉末复合涂层界面如图 7-12 所示，MDF 全屋定制板式家具粉末涂装工艺技术流程如图 7-13 所示，环氧-聚酯粉末涂装用羟基型聚酯红外吸收光谱如图 7-14 所示，红外辐射源温度与红外辐射波长的关系如图 7-15 所示。

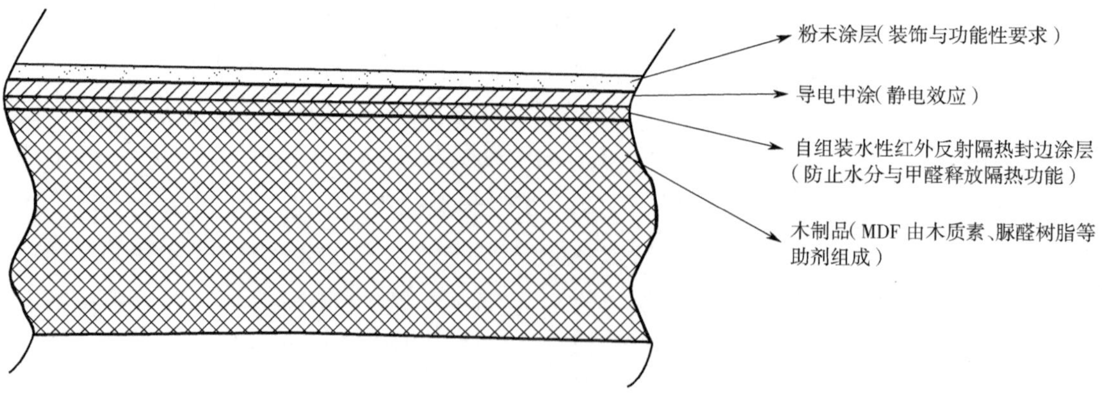

图 7-12 MDF 粉末复合涂层界面结构

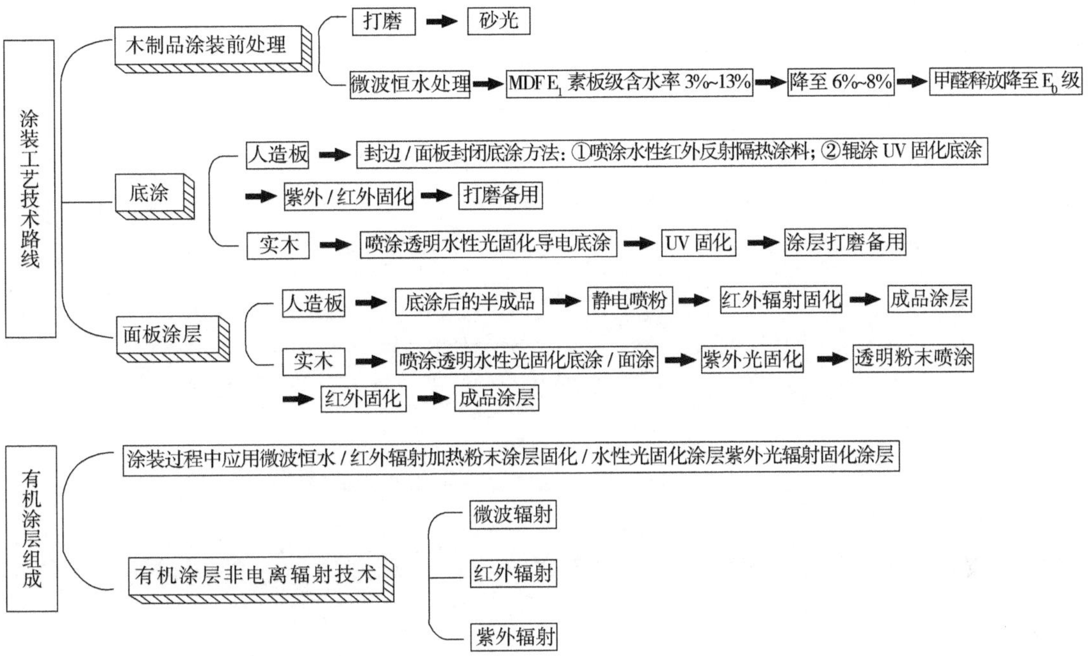

图 7-13　MDF 全屋定制板式家具涂装工艺流程图

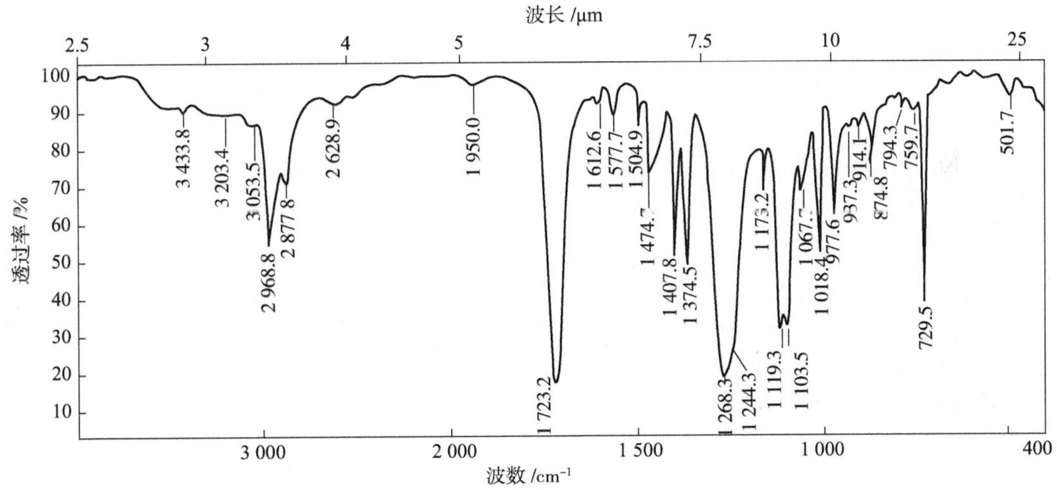

图 7-14　环氧-聚酯粉末涂装用羟基型聚酯红外吸收光谱

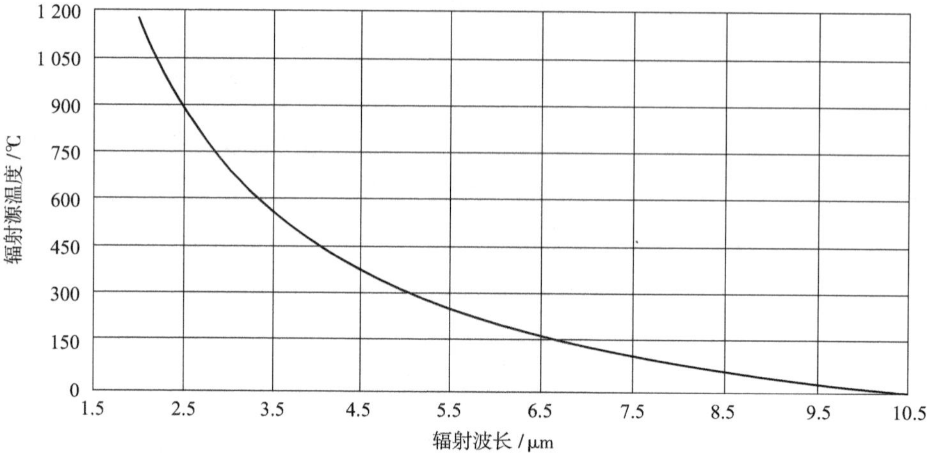

图 7-15　红外辐射源温度与红外辐射波长的关系

7.2.2　案例一：MDF 全屋定制板式家具产品粉末静电喷涂红外辐射快速固化工程技术

1. 基本工艺流程

MDF/E_0 板式家具→素板打磨砂光→微波恒水/内部甲醛降解→水性底涂/ UV 底涂/封闭底涂→脱水干燥→预热（红外热风复合加热）→静电喷粉→红外辐射固化炉（根据粉末固化温度 130~160℃，取固化时间 3~5 min）→成品检验。

2. 工艺技术

1）关键工艺技术

（1）底涂封闭。

（2）粉末红外辐射快速固化。

（3）固化度≥95%。

（4）成品率≥95%（MDF 粉末涂层产品不出现板材边缘裂纹）。

2）部分关键工序技术说明

1）涂装前处理

预热工序：工件表面温度≥粉末涂料的玻璃化温度 50~60 ℃。

2）底涂工序

（1）纳米导电底涂，表面电阻 10^5~10^7 Ω。

（2）水性导电交联剂，表面电阻 10^6~10^8 Ω。

3）粉末静电喷涂工序

（1）粉末二级回收：旋风分离（一级）/滤芯回收（二级，粉尘≤5 μm）粉末回收系统。

（2）静电高压发生器：30~50 kV，上粉率≥85%。

（3）参照 T/CSTM 00456—2021 团体标准，热固性粉末涂料，底涂粉末涂层厚度为

80 μm，边缘 100 μm，面涂层 60~80 μm。静电喷粉生产线设备如图 7-16 所示。

图 7-16　静电喷粉生产线设备

3. 产品验收参照标准

产品验收参照标准见表 7-6。

表 7-6　产品验收参照标准

项目名称	标准编号	备注
木材含水率测试方法	GB/T 1927.4—2021	综合标准《粉末涂料及其涂层的检测标准指南》（GB/T 21776—2008）
体积表面电阻率测试方法	GB/T 31838.2—2019	
热固性粉末涂料	HG/T 2006—2022	
粉末静电喷涂工艺	GB/T 21782.10—2008	
粉末涂料沉积效率测定	GB/T 21782.10—2008	
漆膜划格测试	GB/T 9286—2021	
涂料耐溶剂性擦拭测定	GB/T 23989—2009	

4. 部分实木板式家具粉末涂装产品

部分实木板式家具粉末涂装产品如图 7-17 至图 7-20 所示。

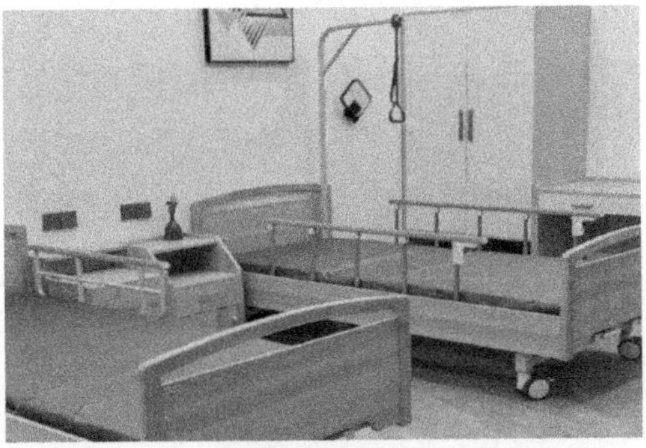

图 7-17　安居养老院健康实木家具

图 7-18　中小学多功能可午休实木课桌椅

图 7-19　幼儿园实木教具

图 7-20　实木喷粉高低床

7.2.3　案例二:粉末涂装玻纤增强聚氨酯门窗型材

1. 项目的意义与市场需求

玻纤增强聚氨酯门窗型材(GRPU)指以高强度聚氨酯弹性体为基体材料,玻璃纤维为增强材料,经连续拉挤工艺生产出的一种高分子复合材料产品。该产品具有模量高、强度高、耐候性好、节能环保、轻量化等优点,在建筑工程、发电系统、海洋防污、集装箱制造、航空航天、汽车制造等众多领域拥有十分广阔的前景。

GRPU 生产的主要原材料为聚氨酯和玻璃纤维,我国是该类原材料的生产大国,具备长期持续增长的潜力。以聚氨酯为例,2022 年我国聚氨酯产量达到 1 641.8 万吨,占全球总产量的 50%左右,充分说明我国 GRPU 产品原材料供应充足,促进了 GRPU 产业的发展。GRPU 应用领域十分广泛,在建筑工程领域,GRPU 可用来制造门窗;在发电系统领域,GRPU 可用于生产光伏复合材料边框;在汽车制造领域,GRPU 可用于制造汽车部件等,市场需求十分广阔。

2. 产品特性

我国建筑业制定了行业标准《玻纤增强聚氨酯节能门窗》(JG/T 571—2019)。

“窗”造就生活,GRPU 守护冬夏生活质量,家表达着情感价值与生活质量。门窗成为家的眼睛,它连接起室内与室外,更关系到视野与眼界,在安全舒适中实现建筑的室内与外界的连通。

构建门窗新材料,引领产业新浪潮。近年来,在房地产建筑业的绿色低碳升级之路上,一种被称为未来窗材的产品——GRPU,成为门窗节能降碳的关键,被称为轻质高端的型材。GRPU 具有以下特点:

(1)GRPU 是设计之美与科技的结晶,其轻质高强、耐候性出色、安全无害、表面涂层解决方案低碳排放;

(2)GRPU 节能门窗品质保证与耐用、节能与舒适并重,保湿性能优异,导热系数为 0.114 W/(m·K),真正做到门窗“全断桥”。

3.GRPU 产品性能

（1）GRPU 是全隔热、高强度、顶级抗风、耐候性和密闭性优异的热敏基材。

（2）GRPU 产品弯曲强度高达 1 442.2 MPa，是铝合金的 6~8 倍，钢的 3~7 倍，主要用于汽车轻量化、风力发电、航空航天等领域。

（3）常用的几种门窗产品材料性能比较见表 7-7。

表 7-7　常用的几种门窗产品材料性能比较

序号	性能	铝合金	钢	GRPU 型材	技术说明
1	密度/（g/cm^3）	2.7	7.8	2.1	由此可见，GRPU 与铝材密度相当，但 GRPU 表面很容易透水、孔隙率高
2	弯曲强度/MPa	170~230	200~500	1 442	
3	抗拉强度/MPa	200~300	<670	1 220	
4	比强度/（10^3 N·m/kg）	74~111	<86	551	

① GRPU 复材具有高强度、高模量、高冲击强度、高氧指数、高隔热性和低膨胀系数等特点。

② GRPU 由于密度低，孔隙易透水，渗水表面应做封闭处理；易抗紫外线。

4. 玻纤增强聚氨酯门窗案例

玻纤增强聚氨酯门窗案例如图 7-21 至图 7-24 所示。

图 7-21　漕河泾人才公寓项目（上海）

图 7-22　芯恩集成电路有限公司集成电路研发生产一期项目（青岛）

图 7-23　绿地东良厢被动房项目（石家庄）

图 7-24　上海市第九人民医院新楼

5. 产品生产技术路线

（1）复合涂层技术路线：基材 →表面处理→喷涂水性导电底涂→粉末静电喷涂→热固化成膜→涂层检验→成品。

（2）玻璃纤维增强复合材料（FRP，俗称玻璃钢）基材（门窗型材）：玻璃纤维增强聚氨酯制品（缠绕直挤），由于 FRP 易老化渗水，所以表面喷涂有机复合涂层。

（3）复合涂层结构如图 7-25 所示。

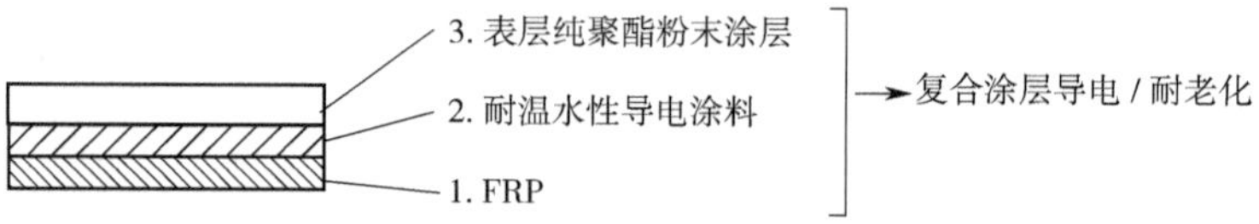

图 7-25　复合涂层结构图

（4）复合涂层功能特性。

①基材：玻璃钢（FRP），如图 7-26 所示。

苹果绿细砂纹粉末涂装样品

白砂纹粉末静电涂装样品

浅灰色细砂纹粉末静电涂装样品

图 7-26　GRPU 门窗

②技术分析：表面接触角 σ>90°，半疏水性能。

（5）水性导电涂料。

①具备静电粉末喷涂功能，表面电阻为 10^6~10^8 Ω。

②技术分析：表面接触角 σ<90°，亲水功能提高基材附着力，强度达 30~40 MPa。

（6）耐老化粉末涂层。

①纯聚酯粉末涂料，静电喷涂，高压 35~45 kV，电流<200 μA。

②技术分析：表面接触角 σ=90°~120°，疏水功能防止涂层渗水；打磨后表面接触角

$\sigma<90°$，门窗涂层磨损后抗老化性能降低，提高涂层附着力。

7.2.4　案例三：秸秆板式休闲家具粉末涂装产品

1. 秸秆板及其家具产品

秸秆板及其家具如图 7-27 和图 7-28 所示。

图 7-27　秸秆板

图 7-28　秸秆板式家具

2. 秸秆板特性

1）技术概述

秸秆板是以麦秸或稻秸等秸秆为原料，经切断粉碎、干燥、分选、拌以异氰酸酯胶黏剂、铺装、预压、热压、后处理（包括冷却、裁边、养生等）和砂光、检测等工序制成的一种板材。我国秸秆板已成功开发出麦秸刨花板，稻草纤维板，玉米秸秆、棉秆、蓤花秆碎料板等多种产品，如图 7-29 和图 7-30 所示。

图 7-29　秸秆板生产线

图 7-30　生产出的秸秆板

2）技术流程

农作物秸秆制板的工艺流程可归结为两种，即集成工艺和碎料板工艺。

（1）集成工艺流程：农作物秸秆→拆捆→清除杂质→加热挤压→贴保护再生纸（可加玻璃纤维层）→切制封边→成品板。

（2）碎料板工艺流程：农作物秸秆→拆捆→粉碎→清除杂质→研磨→与 MDI（黏结剂）混合→铺装→预热挤压→齐边砂光→成品板。

3）技术要点

Ⅰ. 原料准备

必须配备专门的原料储存场，最好要有遮棚，以防雨淋；为了防止原料堆垛发生腐烂、发霉和自燃现象，应控制好原料含水率，一般应低于 20%。

Ⅱ. 碎料制备

若为打包原料，需用散包机解包，再送入切草机，将秸秆加工成 50 mm 左右的秸秆单元；若原料为散状，则直接将其送入切草机加工成秸秆单元。为了改变原料加工特性，可以对秸秆进行处理，一般可以采用喷蒸热处理。工艺上通常用刀片式打磨机将秸秆单元加工成秸秆碎料，若借用饲料粉碎设备，要注意只能用额定生产能力的 70%进行工艺计算。

Ⅲ. 碎料干燥

打磨后的湿碎料需经过干燥，使其含水率降低到一个统一的水平。由于秸秆原料的含水率不太高，而且使用 MDI 胶时允许在稍高的含水率条件下拌胶，故干燥工序的压力不大，生产线上配备 1~2 台转子式干燥机即可。

Ⅳ. 碎料分选

干燥后的碎料要经过机械分选（可用机械振动筛或回转滚筒筛）进行分选，最粗的和最细的均去除，可用作燃料，中间部分为合格原料，送入干料仓。

Ⅴ. 拌胶

生产中采用异氰酸酯作为胶黏剂，施胶量为 4%~5%，若采用滚筒式拌胶机，要力求拌胶均匀；为防止喷头堵塞，在每次停机后均需用专门溶剂冲洗管道和喷头。拌胶时，还可以加入石蜡防水剂和其他添加剂。拌胶后的碎料含水率控制在 13%~15%。

Ⅵ. 铺装

需要注意在板坯宽度方向上铺装密度的均匀性，同时要防止板坯两侧塌边。

Ⅶ. 预压和板坯输送

为降低板坯厚度和提高板坯的初始强度，生产线上配备连续式预压机，在流水线中采用平面垫板回送系统。

Ⅷ. 热压

热压温度保持在 200 ℃左右，单位压力在 2.5~3.0 MPa，热压时间控制在 20~25 s/mm。

Ⅸ. 后处理

后处理包含冷却、裁边和幅面分割。经过必要时间后的产品采用定厚砂光机进行砂光，保证板材厚度符合标准规定的要求。

Ⅹ. 检验

对经过后处理的板材进行质量检验。

4）秸秆板特性

用国产化秸秆碎料板生产线制造的产品，其力学性能符合我国木质刨花板标准的要求，甲醛释放量为零。

3. 秸秆板粉末涂装技术

秸秆板式环保生物复合材料和秸秆板式热敏基材，为确保满足休闲家具生产要求需进行喷粉处理，该涂层要求耐环境气候变化、耐紫外线辐射且防老化，粉末涂装不能出现鼓泡，边缘不能开裂。

涂装工艺路线：秸秆板造型加工→打磨砂光→喷涂红外反射耐红外辐射封闭底涂→UV 封闭中涂→导电交联水性涂层→静电粉末喷涂→红外辐射快速固化→成品检验测试。

7.2.5　小结

（1）MDF 粉末涂装方法可以应用于板式办公家具、儿童智能化家具和零甲醛、零挥发性有机物（VOCs）生产，生产过程安全可靠。

（2）MDF 粉末涂装涂层快速固化，可以根据 MDF 基板、粉末红外吸收光谱 DSC 分析，获悉涂层固化红外波长，由红外辐射加热维恩位移定律设计辐射源的加热温度。

（3）MDF 环氧-聚酯粉末涂层快速固化炉可以分成三段设计（固化时间应考虑 MDF 与涂层界面温度）：

①红外波长为 3.5 μm，辐射源温度设计为 750~650 ℃，固化时间为 0.5~1.0 min；

②红外波长为 5.8~9.0 μm，辐射源温度设计为 650~450 ℃，固化时间为 1.5~2.0 min；

③红外波长为 9.0~13.7 μm，辐射源温度设计为 450~250 ℃，固化时间为 1.5~2.0 min。

（4）通过应用案例可知，MDF 的厚度为 12~25 mm，粉末厚度为 60~70 μm，其中：

①普通砂纹粉（光泽≤30%），表面温度为 130 ℃，固化时间为 3 min；

②亚光粉（光泽 50%~80%），表面温度为 150 ℃，固化时间为 3~5 min；

③高光粉（光泽≥95%），表面温度为 180 ℃，固化时间为 5~8 min。

复习题

1. 什么是热敏基材？热敏基材的分类有哪些？

2. MDF 做木制品家具有什么优缺点？

3. 什么是粉末涂料？热固性与热塑性粉末涂料有什么区别？E_0、E_1、E_2 级别的 MDF 有什么不同点？

4. 木制品粉末喷涂关键技术是什么？涂装的五大基本要素——材料、工艺、装备、标准和环保等，构成一种系统涂装工程技术，如何实现该项目的工艺设计方案？

5. 热敏基材红外辐射传热与导热及热风传递的热效率如何计算？

6. 木制品粉末涂装红外辐射加热炉如何设计？

7. 什么是红外定向辐射与平面辐射加热？如何获得木制品粉末涂层快速固化工艺方法？

8. MDF 板式家具采用普通油漆涂装为什么会危害人身健康？目前通常用什么方法降

解甲醛？哪些方法治标不治根？应用粉末涂装为什么可以达到零甲醛和封闭降解功能？

参考文献

[1] 褚治德. 红外辐射加热干燥理论与工程实践[M]. 北京：化学工业出版社，2019.

[2] 庄爱玉. 粉末涂料及其原材料检验方法手册[M]. 北京：化学工业出版社，2011.

[3] 翁诗甫，徐怡庄. 傅里叶变换红外光谱分析[M]. 北京：化学工业出版社，2016.

[4] 王一建，钟金环，骆剑，等，热敏基材木制品有机涂层非电离辐射快速固化技术的探讨[C]//全国第十七届红外加热暨红外医学发展研讨会论文集，青岛，2019.

第 8 章
红外辐射的实验理论：恒定与变化条件下传热传质过程的实验规律

8.1 恒定与变化条件下干燥过程的实验规律

针对木材的红外干燥国内外曾争论不休。我国经过几十年的努力，已基本掌握木板与地板块红外辐射干燥的规律，并积累了经验。木板红外干燥炉在黑龙江、吉林、辽宁、天津、四川等地已有应用，说明了它的生命力。

1955 年，苏联的列别捷夫指出，以红外线方法干燥厚而难干的物料是没有多大发展前途的，必须加热风联合干燥。

20 世纪 60 年代，苏联的道拉齐斯指出，红外线干燥尚有不足之处，不能以材堆的形式干燥锯材，因为与普通对流干燥方法相比，此法去除 1 kg 水需消耗更多能量。

1980 年，法国的若利用 250 W 的红外灯照射 30 mm 厚的山毛榉板，其结果是木板开裂、耗能大、质量欠佳，结论是“所有树种都不适合用红外线干燥”，他所提供的木板升温曲线表明，木板表面升温速率为 150 ℃ /h，为正常升温速率的 10 倍，木板表面与中心层温度差仅干燥 20 min 已达 40 ℃，为正常干燥温差的 4 倍，这正是其实验失败的原因，欲速则不达，既多消耗了能量又没有获得好的结果。

为了能对多种物料提供工业生产用的红外干燥基础数据，要求干燥实验装置具有多功能性，能模拟实际工业生产条件，测试各种物料包括板、片、块、粒等，并能测试质量和物料厚度等；供热参数要可调，具体包括辐射加热器的位置、功率、表面温度等，并能自动控温，以达到供热方式恒定可调的目的；要求测试系统能准确地测试全部有关不同采样时刻的温度参数、物料脱水量、功率消耗以及物料的含水率等；还要求实验装置能为使用现代的测试手段提供条件。

8.2 恒定与变化条件下的模拟实验方案

图 8-1 所示为干燥实验装置与测试系统简图。实验采用间歇式固定床红外干燥炉，炉内的辐射加热器与物料的相对位置可模拟实际工业干燥过程，精密电子秤的托盘作为装载物料的固定床，托盘可以更换，以适应不同物料的干燥。

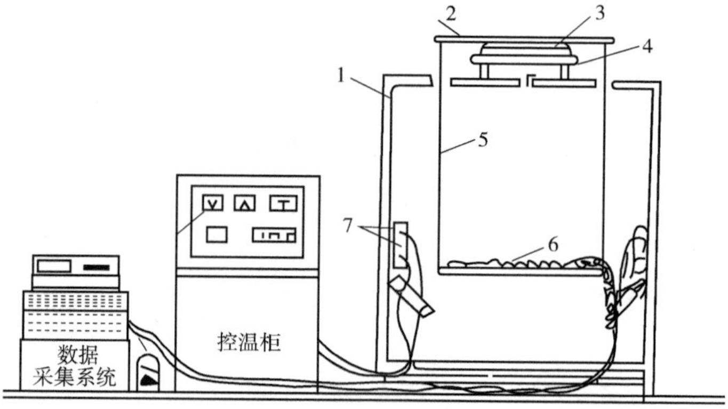

图 8-1　间歇式固定床红外干燥箱和控制采集系统

1—干燥炉；2—横杆；3—电子秤；4—电子秤支架；5—吊绳；6—物料筛；7—辐射加热器

在干燥过程中可实时测量物料脱水量随时间的变化。精密控温仪用来控制辐射加热器的温度，且可设定不同的供热方案。HP3054A 型数据采集系统（美国）可同时测量物料的温度分布、干湿球温度及辐射板温度。通过实验可测得干燥曲线、干燥速率曲线、物料温度曲线等，并计算辐射与对流换热之间的关系。

由天津大学热能工程系建立的实验系统配有容积为 0.76 m^3 的红外干燥炉，图 8-1 所示模拟实验系统可为其提供极为有益的设计参数，按图 8-2 布置料层温度点（板、片、块、粒等）。这已被天津某家具厂的木材红外干燥炉、烤漆烘道及菱镁矿球干燥烘道、钛矿球干燥烘道及出口竹漆器烘道等的设计与生产所证实。在实验室模拟胶合板单板在变化条件下的实验为工业生产的胶合板单板干燥机提供了既可靠又先进的设计数据。

料层测温点布置，在 X 方向分为三层，在 Y 方向分为五个断面，在 Z 方向有三对热电偶，以获得三维空间的温度分布。

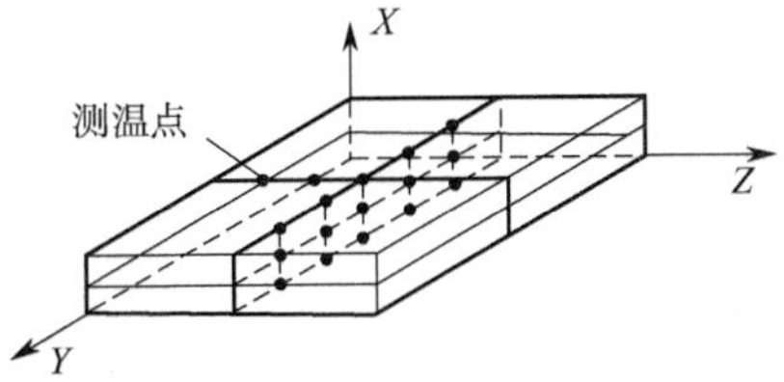

图 8-2　料层测温点布置（板、片、块、粒等）

所需测试仪器如下。

（1）干燥炉：0.76 m^3。

（2）DWK-702 型精密控温仪：为比例-微分-积分（PID）调节仪，用于控制电加热器的温度。

（3）RC1631 型精密电子秤（德国）：最大量程为 16.6 kg，分辨力为 0.1 g，并配有 MR424 远程电脑打印机。

（4）LGN-MB 木材及多种物料的湿度计（德国）：量程为 2%~100%。

（5）HP3054A 型数据采集系统（美国）：多功能、高速、高精度采集与控制系统。

（6）D40-W 型精密功率表：A 级。

（7）HPD-2000 型数字温度计（日本）。

（8）6141 型热线风速仪（日本）：风速量程为 0~60 m/s，风温量程为 2~100 ℃。

（9）EXTECH-HD500 型空气湿度/温度计（美国）。

（10）计算机。

8.3 升温速率对干燥的影响

模拟工程干燥炉的实验系统见图 8-1，木板放在托盘上，通过 RC1631 型精密电子秤测量不同干燥时刻的脱水量并计算出干燥速率，使用 HP3054A 型数据采集系统测量辐射板表面温度、干湿球温度及木板表面 3 点温度及内层 9 点温度（在木板侧面等距离分三层，每层测 3 点温度，深度均为 80 mm）。木板表面及干湿球温度用直径为 0.2 mm 的铜-康铜温差热电偶测量，其余各点温度均用直径为 1 mm 的铠装镍铬-镍硅温差热电偶测量。使用 DWK-702 型精密控温仪控制干燥炉内干球温度及木板的升温速率，用 KPML-G 高温木材湿度计在线测量木板含水率。

对两块尺寸均为 34 mm × 160 mm × 500 mm 的红松木板进行快速与慢速升温对比实验。快速升温木板初含水率为 36%（干基，以下同），4 块辐射板供电电压为 120 V，空间电功率密度为 1.4 kW/m^3。慢速升温木板初含水率为 37%，4 块辐射板从 40 V 开始供电，每小时升压 10 V，阶梯升压到 120 V，空间电功率密度从 0.15 kW/m^3 逐步提升到 1.4 W/m^3。实验数据对照见表 8-1，干燥速率对比曲线如图 8-3 所示。由图 8-3 可见，两曲线的明显差异在于快速升温干燥速率没有出现恒速干燥阶段，而且干燥周期长（为 26 h）。由表 8-1 可见，快速、慢速升温木板的终含水率分别为 2.5%与 0.5%，但快速升温比慢速升温多耗时 7 h，多耗电 7.2 kW · h，少脱水 17.4 g，且木板表面有裂纹，裂纹的原因主要是木板表面与中心层之间形成了大温度梯度（16 ℃），多次实验表明两者温差超过 10 ℃时就有产生裂纹的危险，而慢速升温时此温差只有 6 ℃，如图 8-4 所示。

表 8-1 快速与慢速升温实验数据对照表

测试参数	快速升湿数据	慢速升温数据								
辐射加热器供电电压/V	120	40	50	60	70	80	90	100	110	120
空间电功率密度/（kW/m³）	1.40	0.15	0.24	0.34	0.47	0.61	0.77	0.95	1.15	1.40
干球升温速率/（℃/h）	44	17								
木板表面升温速率/（℃/h）	15	6								
木板干基初含水率 X_1/%	36	37								
木板干基终含水率 X_2/%	2.5	0.5								
供电时间 τ/h	23.5	13								
耗电量/（kW·h）	21.8	14.6								
总干燥时间 τ/h	26	19								
总排出水分/g	517.3	534.7								

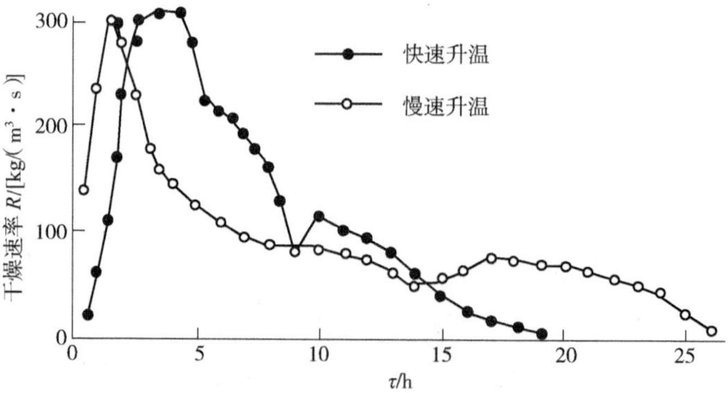

图 8-3 快速与慢速升温干燥速率对比曲线

由此可见，木材红外干燥过程中升温速率对木材的干燥质量有重要的影响。木板的升温速率与干燥速率及内部水分的扩散速度均密切相关，这是干燥动力学的重要组成部分。

图 8-5 所示为木板干燥曲线，可以看出，在慢速升温的含水率曲线中，0~2 h 为升速段，传统的干燥理论均认为升速段是短暂的预热阶段，常常被忽略不计；2~6 h 为恒速段，K_2 点的临界含水率 X_0 为 17.4%，而快速升温的临界含水率约为 28%（K_4），此值太高，且该曲线没有出现恒速干燥阶段。同时还可以看出，快速升温只在 0~2 h 脱水较快，之后则很缓慢，直

到 16 h 含水率才为 8%；而慢速升温木板含水率达到 8%时（K_5）只用了 9 h。从图 8-5 的木板慢速升温干燥曲线还可以看出，当木板的终含水率为 8%时，干燥周期为 9 h，其中升速段为 2 h，恒速段为 4 h，降速段为 3 h，各占干燥周期的 22.2%、44.4%及 33.3%。在较为优化的榆木板干燥实验中，对应的三个阶段各占干燥周期的 27.5%、32.5%与 40%。在丹参的红外干燥实验中，对应上述升速、恒速、降速三个阶段，各占干燥周期的 24%、24%与 52%；同样，在针对丹参的对流干燥中，三阶段各占干燥周期的 20%、28%与 52%。从上述四个实验的统计数据来看，升速段平均占整个干燥周期的 20%~27.5%，不可忽视。

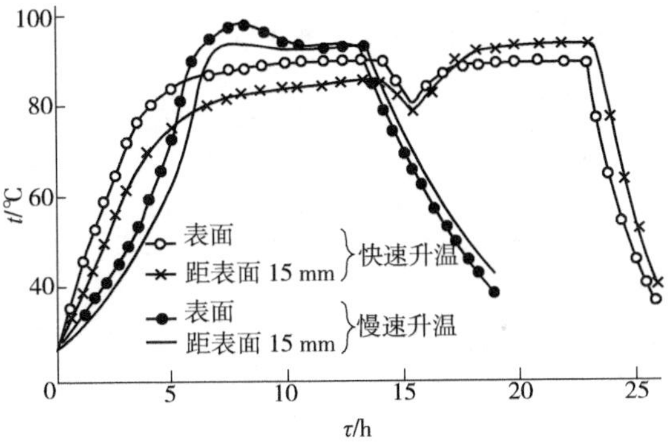

图 8-4 木板表面与中心层温度曲线

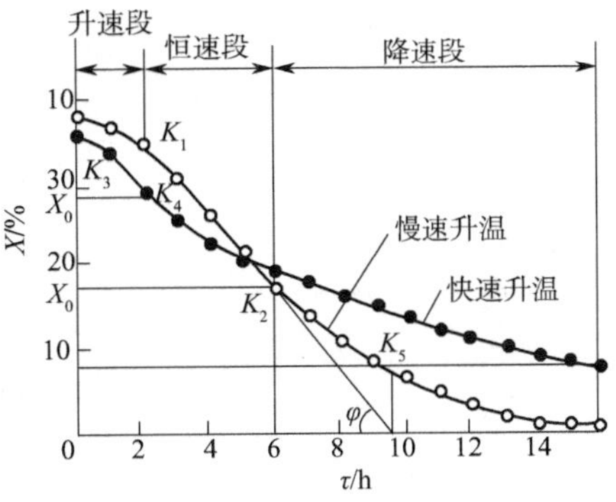

图 8-5 木板干燥曲线

对 ϕ10~25 mm 菱镁矿脱结晶水的烘干过程中，快速升温 3 min 时达到最大干燥速率 21.2 g/（kg · min），没有出现恒速干燥阶段；慢速升温 6 min 时达到最大干燥速率 21.7 g/（kg · min），在 3~9 min 出现恒速干燥阶段，干燥周期为 19 min，而快速升温的干燥周期为 26 min，可见快速升温欲速则不达。

综上分析可见，对难干物料，无论是毛细管多孔胶体还是毛细管多孔体，其升温速率与升速阶段十分重要，它们是整个干燥过程的基础。

8.4 升速段增湿对干燥的影响

图 8-6 所示为升速段增湿与恒速段吹风对木板温度的影响。其中两块实验木板均为 30 mm × 160 mm × 500 mm 的榆木板，实验系统如图 8-1 所示。由图可知，辐射板供热条件相同，即 0~6 h 为升温供热，6~11.5 h 为恒温供热，11.5~17 h 为自然降温。恒速段吹风和升速段增湿两组实验曲线代号分别为 C 与 D，其中 C_1、D_1 为干球温度曲线，C_2、D_2 为木板表面温度曲线，C_3、D_3 为木板中心层温度曲线，木板表面与中心层各测三点温度，均距侧面 80 mm，即在木板的中心剖面上取三点的平均温度值。在 0~A 的升速段，C 组实验时排气孔打开，D 组实验时排气孔关闭，并用木板排出的水分加湿空气。对比两组实验发现，表面温度在 0~6 h 时基本一致，但中心层温度 D_3 高于 C_3，其原因是湿空气有利于木板导热，相关数据见表 8-2。从表 8-2 和图 8-6 可以看出以下 3 点：

（1）对于 1~5 h 的空气湿度，C 组从 19 增加到 77（$g_{H_2O}/kg_{干气}$），而 D 组从 24 增加到 99（$g_{H_2O}/kg_{干气}$）；

（2）对于中心层与木板表面温差，C 组从 7 ℃增到 13 ℃，D 组从 2 ℃增到 6.5 ℃；

（3）2 h 后，D 组干球温度高于 C 组，这是湿蒸气吸收红外辐射的结果。

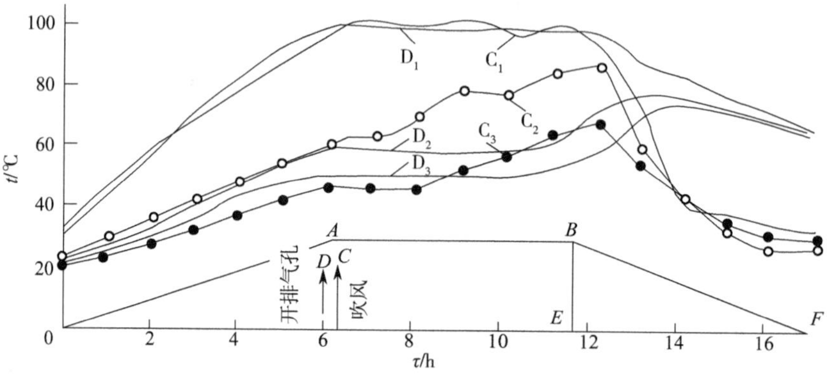

图 8-6　升速段增湿与恒速段吹风对木板温度的影响

实验 C（恒速段吹风）：C_1—干球；C_2—板表面；C_3—板中心；

实验 D（升速段增湿）：D_1—干球；D_2—板表面；D_3—板中心

表 8-2　升速段增湿与木板温差

干燥时间/h		1	2	3	4	5
空气湿度/（$g_{H_2O}/kg_{干气}$）	C 组	19	24	48	54	77
	D 组	24	28	52	71	99
中心层与木板表面温差 /℃	C 组	7	8	10	12	13
	D 组	2	3	3.5	5.5	6.5

物料内部传热的好坏是根据物料深层与其表面温差的大小评价的，且以小为好，小则说明热阻小、导热性好，物料深层容易获得热能。只有物料深层获得了热能，才有利于水分向表面扩散，这已被大量实验所证实，即不用看干燥速率曲线，只要看到物料深层与其表面的温度曲线即可判断干燥速率曲线的好坏。当然希望深层物料温度高，如图 8-6 中 D_3 高于 C_3 说明 D_3 曲线优于 C_3 曲线。

综述分析，木板进行红外干燥时，升速段关闭排气孔，自增湿传热有益于木板的优化传热传质。该实验为工程中木板与厚物料的干燥打下了理论基础。

8.5 恒速段吹风对干燥速率的影响

图 8-7 所示为实验继续进行到恒速段，实验 D 也打开排气孔，使蒸发出的水分能排出实

验炉，但实验 C 从 6 h 开始吹风，此时物料表面温度迅速升高，深层温度也相继升高，但表面与深层间的温差加大，同时使干燥速率从 500 kg/(m³ · h)突然提升到 800 kg/(m³ · h)，但又急速下降，使整个干燥过程变差。

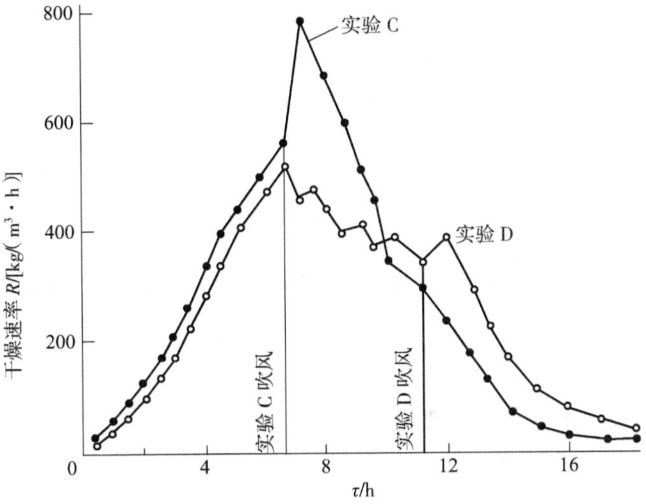

图 8-7　恒速段吹风对干燥速率的影响

可见，所谓恒速段，属于表面汽化控制阶段，并不是表面能汽化多少水分，干燥速率就会跟随增大，关键还在于物料内部的水分能否扩散到表面。

天津某家具厂的不吹风式和吹风式木材红外干燥炉相比，两者的炉体积、辐射加热器功率等都相近，只是后者增加了热风循环装置，但两者的产量与质量基本一致，可见对难干物料，由于生产周期较长，可以不用强制循环风，但堆垛要有好的自然对流通道。对定向辐射的干燥装置，不可轻易吹入冷风，避免干球温度的下降，其水分的排出可用吸湿方式。该实验为工程奠定了基础。

8.6 间断辐射对干燥动力学的影响

木材表面温度超过 100 ℃时的热辐射干燥是高度强化的干燥过程，此时急剧地排出水分，因而间断辐照下的干燥动力学极受关注。本实验所用的松木板尺寸为 15 mm × 100 mm × 600 mm，图 8-8 所示为连续辐照与间断辐照的干燥曲线，实验的辐射通量密度为 4.2 kW/m²，属于暗辐射源。连续辐照时，松木板初含水率为 30.5%，干至绝干状态的干燥时间为 100 min。间断辐照时，松木板初含水率为 22.7%，干至绝干状态的干燥时间为 175 min。

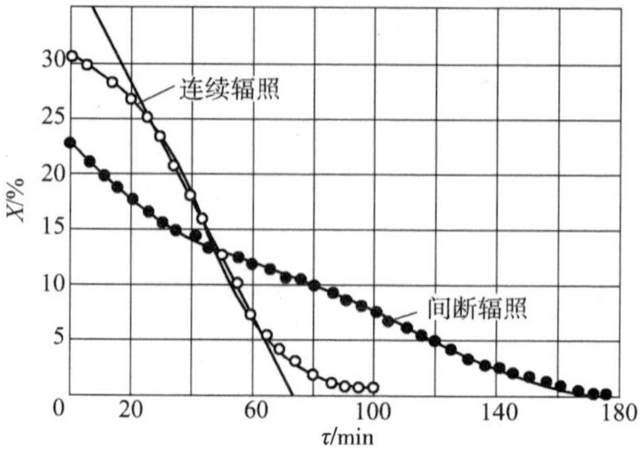

图 8-8　连续辐照与间断辐照的干燥曲线

可见,间断辐照虽然初含水率低,所需能量仅减少 12%,但干燥时间却增加 75%,并不经济。我国在木材红外干燥炉生产中,采用间断辐照的工艺不少,需寻找优化的干燥规律。

8.7 降速段降温对干燥的影响

降速段由于自由水已蒸发完毕,再恒温供热既多消耗能量,又对干燥质量有害。天津大学的研究者对 27 种中草药进行干燥时发现,薄荷与防风有效成分损失分别为 100%与 65.9%,均是恒温供热造成的,即物料升温过高;而有效成分损失在 12.3%以下的均是变温干燥。统计数据表明,如以中草药终含水率为 8%的干燥时间为 τ_2,变温开始的时间为 τ_3,则 $\tau_3/\tau_2=0.6\sim0.9$ 为最佳变温时间,此变温即指供热温度开始下降。变温时间过早必然使干燥周期加长,而变温时间过迟,物料升温过高,不仅费能,而且有效成分损失会增大。

降速段降温会使物料内部(层)温度高于外部(层)温度,出现负温度梯度,则式(4-8)干燥动力学方程最后一项变为正值,使干燥速率增加,有利于脱水。

复习题

1. 为什么要研究恒定与变化条件下的模拟实验?
2. 为什么要研究升温速率对干燥速率的影响?
3. 为什么要研究升速段增湿对干燥速率的影响?
4. 为什么要研究恒速段吹风对干燥速率的影响?
5. 为什么要研究间断辐照对干燥动力学的影响?
6. 为什么要研究降速段降温对干燥的影响?

参考文献

[1]　成俊卿. 木材学[M]. 北京:中国林业出版社,1985.

[2]　[美]约翰·肖. 木材传热传质过程[M]. 肖亦华,滕通濂,郭焰明,译. 北京:中国林业

出版社，1989.

[3]　[德]F.F.P 科尔曼，等. 木材学与木材工艺学原理：实体木材[M]. 江良游，朱政贤，戴澄月，等译. 北京：中国林业出版社，1991.

[4]　糜正瑜，褚治德，等. 红外辐射加热干燥原理与应用[M]. 北京：机械工业出版社，1996.

[5]　褚治德，白峰，刘嘉智，等. 非稳态干燥动力学优化实验[J]. 天津大学学报（自然科学与工程技术版），1993（3）：106-111.

[6]　[美]J. 金克普利斯. 传递过程与单元操作[M]. 清华大学化工传递组，译. 北京：清华大学出版社，1985.

[7]　[苏]A.G. 金兹布尔格. 食品干燥原理与技术基础[M]. 高奎元，译. 北京：轻工业出版社，1986.

[8]　褚治德，许铁栓. 升温速率对木材红外干燥影响的实验研究[J]. 红外研究，1990，9（5）：377-383.

[9]　诸凯，杨俊红，褚治德，等. 钛矿球工业生产红外辐射优化传热传质实验研究[J]. 热科学报，1996，5（4）：278-284.

[10]　褚治德，刘嘉智，孟宪玲，等. 菱镁矿球干燥动力学实验研究[J]. 武汉工程大学学报，1992，14（3-4）：40~46.

[11]　郝文儒. 应用远红外线加热技术干燥菱矿球团的探讨[J]. 轻金属，1994（1）：38-43.

[12]　[法]P. 若利，F. 莫尔·谢瓦利埃. 木材干燥：理论、实践和经济[M]. 宋闯，译. 北京：中国林业出版社，1985.

第 9 章
红外辐射传热传质的基本理论：木材内部自由水分迁移的理论研究

9.1 木材内部自由水分迁移的毛细管理论

1958 年，Kauman 对木材干燥过程中出现皱缩的原因进行了研究，发现干燥应力是一个重要因素。在干燥初期，木材表层干缩大于心部，从而给心部施加一个应力，这个应力有可能造成皱缩，但经过深入研究，Kauman 认为产生皱缩的根本原因是毛细张力，即当毛细张力超过横纹压缩强度时即出现皱缩。根据《木材手册》(*Wood Handbook*，美国农业部，1955 年)，北美红杉木等容易皱缩的木材的生材压缩强度极限为 3.59 MPa，若纹孔通道半径小于 0.04 μm，则有可能出现皱缩。因此，弄清楚干燥过程中大毛细管水的排出导致木材内部毛细张力的突然出现是至关重要的。

Skaar 提供了木材内自由水蒸发的模型，如图 9-1 所示。水-空气分界面上的表面张力对紧贴分界面下面的水形成一个拉力(如图 9-1(a)中向上箭头所示)，在平衡状态下，水对分界面作用一个大小相等、方向相反的拉力(如图 9-1(a)中向下箭头所示)。水作用在毛细管壁和分界面上的拉力方向向内。在绝大多数情况下，重力与毛细管力相比微不足道，故重力的作用在此忽略不计。

图 9-1(b)所示为液态水通过其表面向空气中蒸发的毛细弯月面，此时弯月面的曲率半径逐步缩小，直到与蒸发孔的半径相等(图 9-1(c))，其毛细张力相应增加，如图中箭头的长度变长所示。随着蒸发过程的进行，毛细半径反而扩大，使毛细张力减小(图 9-1(d))。显然，蒸发半径与蒸发孔半径相等时毛细张力最大，如图 9-1(c)所示。图 9-1(e)所示为设想

中层木材内的大毛细管水是怎样一步步排出的，最初除有两个大小不同的空气泡外，所有细胞腔都充满水分。此时，干燥只在暴露于空气中的木材上表面进行，细胞腔的其余三面均封闭。当上表面细胞腔中的水逐渐蒸发时，空气-水分界面上即形成一个凹的弯月面，此时由于弯月面的半径较大，故毛细张力较小。一旦表层细胞腔中的水被排尽，蒸发面即推至纹孔通道（图 9-1（f）），此时蒸发面上弯月面的半径缩小，细胞腔中的毛细张力随弯月面半径的缩小而增大，该毛细张力作用在整个系统的细胞壁上和空气-水弯月面上，从而引起空气泡的膨胀。空气泡越大，其周围的张力越小，故大的空气泡先膨胀，大的空气泡所在的细胞先排空（图 9-1（h））。该细胞腔中的水是经由毗邻的细胞向蒸发面迁移的，因此木材内部深处细胞中的大毛细管水的排出有可能早于靠近表层的细胞中的水，这样木材干燥过程中表层比内层后干的现象就可以解释了。

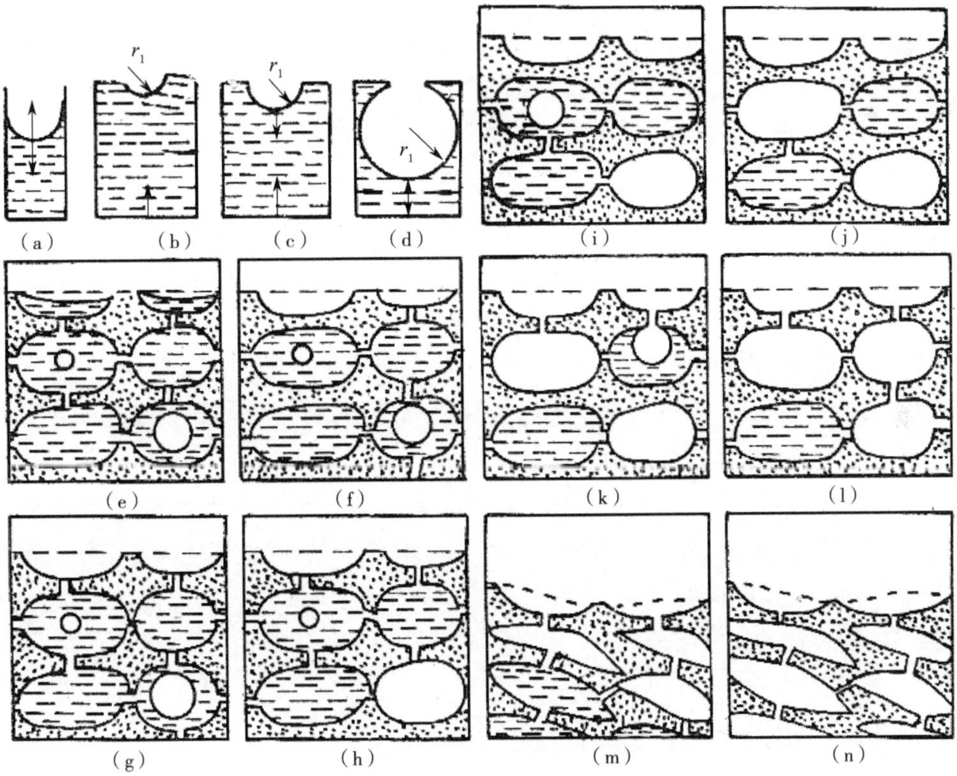

图 9-1　木材内自由水的蒸发

大的空气泡充分膨胀，并从细胞腔排空后，接着弯月面就向纹孔通道内部推移，曲率半径缩小，系统内毛细张力再次增大，以至于使小的空气泡膨胀（图 9-1（i）），迫使水分从毗邻的细胞壁和纹孔通道迁移，最后从蒸发面蒸发（图 9-1（j））。当蒸发面推移到充满水的细胞腔中时，蒸发面即向其中扩展（图 9-1（k）），导致曲率半径逐渐增大，毛细张力逐步减小，水分一方面从表面向大气中蒸发；另一方面以蒸气的形式由内向外移动，木材内部细胞腔中大毛细管水的排除均按此进行（图 9-1（l））。当弯月面在纹孔通道中推移时，如果纹孔通道小到一定程度，毛细张力增大，而细胞壁又薄，木材横纹强度极限降低，此时单个细胞或一群细胞均可出现皱缩（图 9-1（m）和（n））。由于细胞壁的强度随温度升高而急剧下降，故高温时皱缩严重。

通过上述木材干燥而皱缩的机理描述，可见在排除细胞腔中的自由水（大毛细管水）时，干燥初期还是以采用低温为宜，因为高温条件下大毛细管水排除过快必然出现严重的缺陷，致使木材质量变坏而降档，降低出材率或利用率，甚至报废。因此，大幅度加速木材干燥过程的关键在于寻找比现行干燥方法能既快又安全地排除大毛细管水的新方法。

根据上述毛细张力导致木材皱缩的理论，可以用表面张力低的液体取代木材中的水分，则木板干燥造成的毛细张力有望减小，使木材皱缩得以消除。1959 年，Ellwood 等用表面张力低的甲醇和乙醇取代木材中的水分有效地防止了皱缩。可惜此法因为很不经济而不能应用于生产，但已证实毛细张力引起木材皱缩理论的正确性。

综上所述，当湿木材（毛细管多孔胶体）通过辐射或对流传热，使其表面的自由水开始蒸发时，木材内部水分的迁移规律如下：

（1）木材表面的自由水即细胞腔中的水将蒸发完毕；

（2）内层细胞腔中的自由水由于毛细管力的作用沿大毛细管向表面移动；

（3）表层的附着水（细胞壁、纹孔等中的水分）也将蒸发，使表层的含水率降低到纤维饱和点以下；

（4）木材内部的水分多于表层的水分，从而形成内高外低的含水率梯度；

（5）由于含水率梯度的存在，木材内部水分将由含水率高处向低处迁移；

（6）木材内部细胞壁内微毛细管平均管径逐渐变小，管径大的细胞腔中的水分受微毛细管的吸引以液态或气态向表面迁移；

（7）细胞壁内的附着水一部分汽化后以气态进入邻近外层的细胞腔，在细胞腔内冷凝成液态水后，被邻近较外层的微毛细管吸入而成为附着水，然后又汽化为水蒸气再度进入更近外层的细胞腔，经反复交替，以气态和液态的形式由内向外迁移，如此延续，细胞腔内自由水蒸发完毕，也蒸发了部分结合水。

9.2 木材内部水分迁移的温度应力理论

除由于含水和毛细管力引起的水分迁移外，还有因温度梯度引起的水分迁移。考虑到所有迁移动力的作用，水分扩散强度为

$$M = -a_m \rho_s \frac{\partial X}{h} - a_m \rho_s \delta \frac{\partial t}{h} - k_p \frac{\partial p}{h} \tag{9-1}$$

式中 M——水分扩散强度（MPa/s）；

a_m——导水系数（m^3/s）；

ρ_s——物料绝干密度（kg/m^3）；

$\frac{\partial X}{h}$——含水率梯度（%/m）；

$\frac{\partial t}{h}$——温度梯度（℃/m）；

δ——温度梯度系数（1/℃）；

$\frac{\partial p}{h}$——压力梯度（MPa/m）；

k_p——蒸气的克分子迁移系数（m/s）；

负号——物料中的水分由内部向外部迁移。

水分在植物体内的迁移也分两种情况：其一是在导管（阔叶树）或管胞（针叶树）中的迁移，其受到的阻力很小，适于长距离迁移；其二是在活细胞之间的迁移，其受到的阻力很大，仅适于短距离迁移。水分迁移的动力，上端靠叶子的蒸腾拉力，下端靠吸水根的压力。在导管中水的流速很大，可达 11 mm/s。

在干燥过程中，木材内部水分向外部迁移，同时表面的水分亦不断蒸发，其蒸发强度为

$$M_s=\beta\rho_s(X_s-X_e) \tag{9-2}$$

式中　M_s——木材表面水分蒸发强度（MPa/h）；

β——给水系数（m/s）；

X_s——木材表面的含水率（%）；

X_e——干基基准规定的空气状态所对应的木材平衡含水率（%）；

ρ_s——绝干木材的密度（kg/m³）。

给水系数 β 用来衡量木材表面水分蒸发的能力，β 的数值根据供热条件确定。在理想情况下，木材内部水分迁移速率应与表面水分蒸发速率相等，且迁移速率与蒸发速率不应过快。

过高的辐照度对厚而难干的低导热性能材料（木材即属此类）会产生“表面效应”，即表面自由水迅速蒸发，毛细管半径突然收缩，纹孔堵塞，产生图 9-1（n）的状态，表面应力与毛细管张力致使木材表面硬化，产生皱缩与干裂等缺陷。此时，木材表面与内部含水率梯度显然很大，但因毛细管与纹孔堵塞，水分并不能从木材内部迁移到表面，式（9-1）与式（9-2）失去原有的物理意义，不再适用。这在木材的红外干燥、传统的蒸汽干燥以及喷蒸干燥中均会出现，因此要深入理解式（9-1）与式（9-2）的含义。

9.3　低温红外木材干燥的含水率、板温与自由水分的蒸发面位置

厚物料的干燥过程是复杂的传热传质过程，即便是恒温恒湿条件供热，热在物料内部的传递及物料中水分的迁移仍存在非稳态过程，而被干燥的物料又是千变万化的，因此很难准确计算出物料中的温度场及脱水规律。J. 金克普利斯指出，由于对干燥速率的基本机理了解得很不充分，在大多数情况下，必须用实验方法测定干燥速率。

由此可见，干燥实验装置及测试系统甚为重要，恒温与变温条件下干燥实验装置、测试系统及测试曲线极其重要。因而，研究者也进行了变温条件下干燥过程的实验规律测试，如升温速率对干燥速率的影响、升速段增湿对干燥速率的影响、恒速段吹风对干燥速率的影响、降速段降温对干燥速率的影响、间断辐照对干燥动力学的影响以及振动流化对干燥物料的影响等，这些都是外在因素对干燥的影响；进而又阐述了木材内部自由水分蒸发（迁移）的毛细管理论，图 9-1 的木材内自由水蒸发的模型理论对木材内部自由水分蒸发阐述得十分透彻，但看起来也十分费解。

理想的干燥过程应是能量的供需平衡过程。厚木板的干燥是典型的复杂的传热传质过程，既外部供热要优化，而内部脱水过程也要优化，即厚物料内部脱水过程的控制优化，既达到干燥后的木板不翘、不裂、优质，而又节能、省时、不污染，达到理想的生态控制效果。雾霾严重的今天，地球的生态受到严重破坏的今天，水资源日益短缺与受到污染的今天，保护我们的家园、保卫我们的地球是全球面临的最严重的问题。

天上的空气、地上的水、全球的资源与能源，已向全世界人类敲响了警钟。解决的办法就是科技，其中包括将十分复杂的干燥过程达到优质、节能、减排、提高能源利用率的出发点。

图 9-2 所示为低温红外辐射榆木板的干燥温度、含水率及自由水分的蒸发面位置曲线。其中，榆木板尺寸为 500 mm × 160 mm × 36 mm，且分为六层即 0（表面）、1、2、3、4、5 层，每层用 3 个直径为 0.2 mm 热电偶测量温度并取平均值。蒸发面位置曲线的获得原理是自由水分脱完后，温度必然从此点上升。

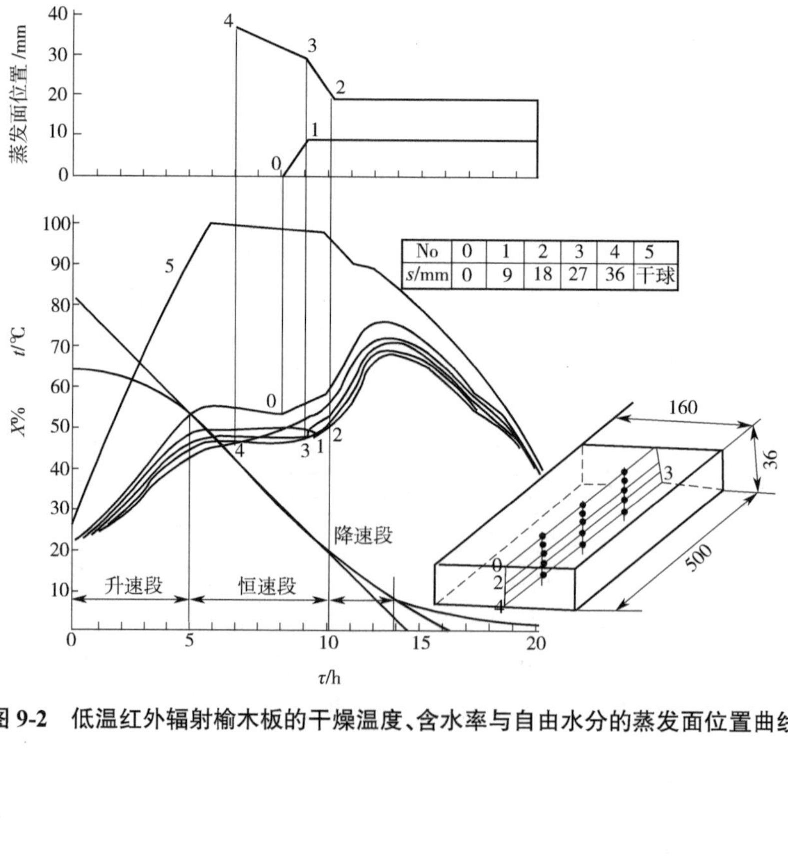

图 9-2　低温红外辐射榆木板的干燥温度、含水率与自由水分的蒸发面位置曲线

由图9-2可以看出,榆木板的温度曲线0、1、2、3、4、5层,自由水分是从木板的底层4先脱完,继而为上表面0及1、3,最后为2层,即自由水分的脱出顺序是从底面、上表面向中心层迁移。这就是Skaar等研究认为细胞腔中的水主要是由毗邻的细胞向蒸发面迁移,因此木材内部深处细胞中大毛细管水的排出有可能要早于靠近表面层的水分。

由于浅层及深层均能迅速脱完自由水(见图9-2蒸发面位置),故这种低温红外辐射的木板干燥周期并不长。

由图9-2还可以看出变温干燥的优越性,即确保木板的升温速率,尤其到后期,木板不再需要能量,就应降温供热。由非稳态干燥动力学方程式(4-8)可知,其最后一项为负值,如降温供热则该项变为正值,对干燥速率有利。

将图9-2中的蒸发面位置与含水率曲线、温度曲线及供温曲线综合起来对照研究,即可对这一复杂的传热传质过程一目了然。

本实验研究的意义如下。

(1)通过木板的供温曲线,即图9-2中的温度曲线5可以看出,它包括升速段、恒速段与降速段。这三个阶段的供热参数是依据第4章和第5章的相关内容控制的。根据这些实验数据,得到图9-2中的优化供温(供能)的曲线5。有此优化的供温曲线,才有优化的5层木板的温度曲线及优化的蒸发面曲线。

(2)当厚木板每条温度曲线的自由水分蒸发完毕后,如还能得到能量,则该曲线必然要继续突然增高。据此,可以找到图9-2中蒸发面位置规律,从而找到厚木板内部水分的蒸发规律,即厚木板内部传质(脱水)规律。图9-2所示蒸发的顺序是4层、表面0、3层、1层和2层,即按底、表、27 mm深、9 mm深、18 mm深的顺序变化。

(3)由图9-2中的供温、木板温度及蒸发面这三种曲线,可以充分理解这一极其复杂的传热传质过程,不只是在头脑中记忆复杂的传热传质过程,而是可以用眼睛看到。正如爱因斯坦的广义相对论,引力波使人类从"看"宇宙走向"听"宇宙,人类的眼、耳都好用。如今我们理解极其复杂的厚物料的传热传质不只是在头脑中记,也可以用眼睛看,把供温曲线、板温曲线及蒸发面位置曲线等三位一体的复杂的传热传质过程认识清楚。这一研究是对传热传质学的推进和创新。

9.4 高温红外与高速喷射木材干燥的含水率、板温与自由水分的蒸发面位置

图9-3所示为高温红外辐射松木干燥的含水率、板温及蒸发面位置曲线,可以看出:

(1)干球温度几乎呈直线从20 ℃上升到260 ℃;

(2)含水率曲线的恒速段短、降速段长,且干燥周期长;

(3)板温差极大,内层5为100 ℃,表层为200 ℃,温差达100 ℃,超过允许温差的10倍,温度应力与高温辐射导致木板发生翘、裂、皱缩;

(4)蒸发面位置为由表及里,即 1、2、3、4、5。

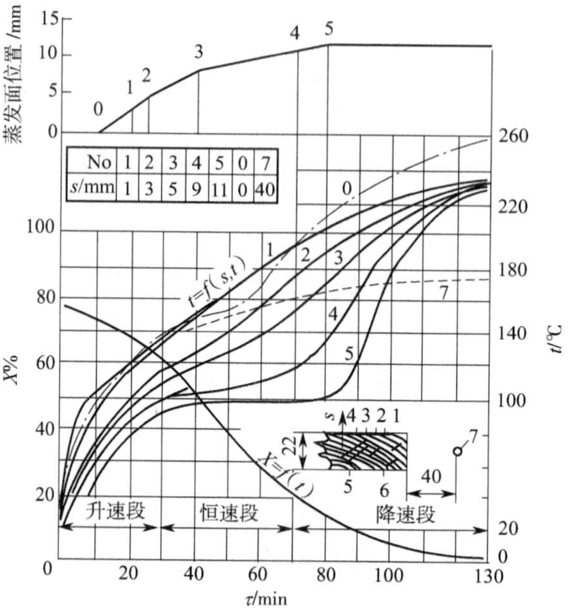

图 9-3　高温红外辐射松木干燥的含水率、板温及蒸发面位置

图 9-4 所示为高温高速喷射杨木干燥的含水率、板温及蒸发面位置曲线,可以看出:

(1)干球温度几乎呈直线上升到 125 ℃,速度为 11 m/s;

(2)含水率曲线恒速段极短,降速段长;

(3)板表面与内部温差为 20 ℃,超温 2 倍多,高温、高速导致木板出现翘、皱缩;

(4)蒸发面位置为由表及里,即 1、2、3、4、5。

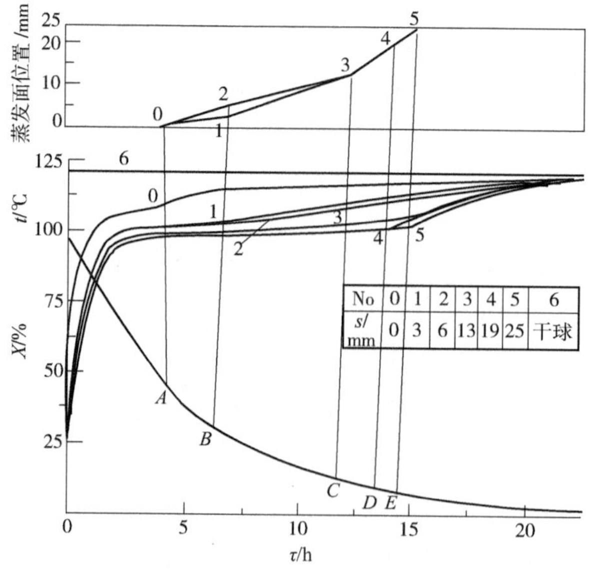

图 9-4　高温高速喷射杨木干燥的含水率、板温及蒸发面位置曲线

9.5 高低温热风木材干燥的含水率、板温与自由水分的蒸发面位置

图 9-5 所示为高温热风干燥 50 mm 厚水曲柳板的含水率、板温及自由水分的蒸发面位置曲线，可以看出：

（1）干球温度几乎呈直线上升到 115 ℃；

（2）五层的含水率曲线各不相同，临界含水率点 *A*、*B*、*C*、*D*、*E* 与温度曲线及蒸发面曲线一致，即脱完自由水的点是 0、1、2、3、4 点；

（3）木板表面与内层温差较大，将近 15 ℃，温差应力较大，对干燥质量不利，实践证明该杨木板干燥后翘、裂、皱缩严重；

（4）由于恒速段短、降速段长，干燥周期相对较长。

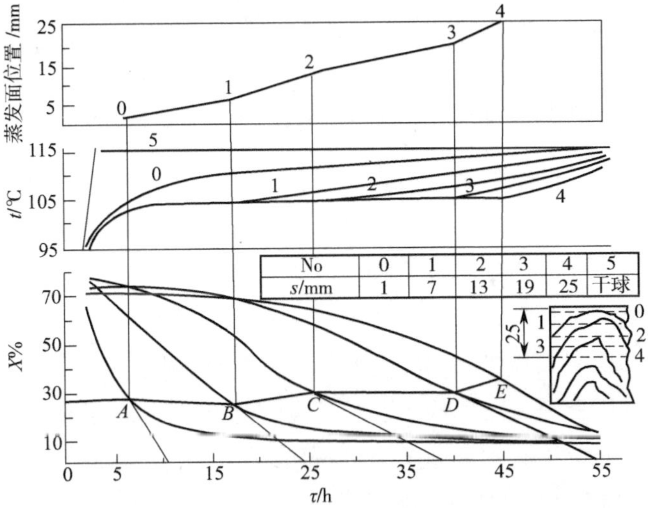

图 9-5　高温热风干燥 50 mm 厚水曲柳板的含水率、板温及自由水分的蒸发面位置曲线

图 9-6 所示为低温热风干燥 50 mm 厚水曲柳板的含水率、板温及自由水分的蒸发面位置曲线，可以看出：

（1）干球温度几乎呈直线上升到 80 ℃；

（2）五层的含水率曲线各不相同，表面及 1 层（7 mm 深）均没出现恒速段，2、3、4 层恒速段很短，预示降速段很长，即干燥周期长，达 140 h；

（3）木板表面与内层温差很小，均紧靠一起，小于 3 ℃，温度应力小，对保证干燥质量有利；

（4）蒸发面曲线只能靠含水率曲线推得，由于木板各层温度相差不大，蒸发面 2 曲线起点从表面 *A* 直到 *E*。

基于图 9-2 至图 9-6，对 50 mm 厚的榆木板、松木板、杨木板、水曲柳板进行脱水机理研究，测试供温曲线、含水率曲线、板温及蒸发面位置曲线，结果表明：

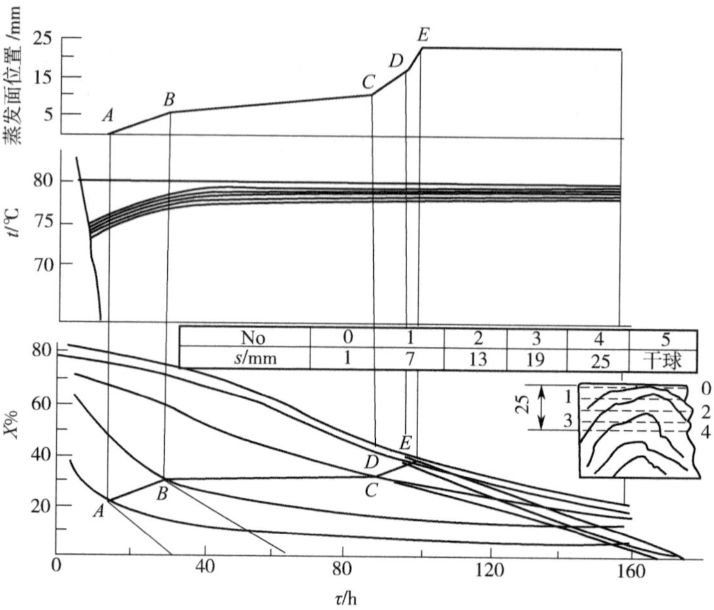

图 9-6　低温热风干燥 50 mm 厚水曲柳板的含水率、板温及自由水分的蒸发面位置曲线

（1）高温红外辐射、高温热风、高温高速喷射干燥均欲速则不达，恒速段短，而降速段长，温度应力大，再加上高温工艺，使板表层水迅速蒸发，导致热能传不进、水分迁不出；

（2）图 9-3 至图 9-5 的三种方案，均导致木板翘、裂与皱缩严重；

（3）只有低温红外辐射与低温温风工艺可确保木板干燥质量；

（4）低温红外辐射确保有升速段、恒速段与降速段，并有变温干燥，确保干燥过程的供需能量平衡，达到既节能、干燥周期短（20 h），又确保干燥质量，低温热风干燥虽然保证了干燥质量，但没有明显的较长时间的恒速段，必然加长降速段，且恒温 80 ℃供热，干燥周期长达 160 h，是低温红外辐射干燥的 8（160/20）倍。

上述实验研究为工程实验创造了良好条件。

复习题

1. 图 9-2 所示低温红外木材干燥的含水率、板温度与自由水分的蒸发面位置的实验规律是怎样得到的？有什么重要意义？对红外传热传质学做出了什么贡献？

2. 为什么图 9-3、图 9-4、图 9-5、图 9-6 等 4 种干燥方案对木材的干燥效果不佳？

3. 为什么薄层物料（如烤漆、单板等）可高温快速烘烤（暴风骤雨式），而厚物料（如厚木板、糕点等）则要低温、慢火烘烤（和风细雨式）？

参考文献

[1]　[美]J. 金克普利斯. 传递过程与单元操作[M]. 清华大学化工传递组，译. 北京：清华大学出版社，1985.

[2]　[苏]A.G. 金兹布尔格. 食品干燥原理与技术基础[M]. 高奎元，译. 北京：轻工业出版社，1986.

[3]　[法]P. 若利，F. 莫尔·谢瓦利埃. 木材干燥：理论、实践和经济[M]. 宋闯，译. 北京：中国林业出版社，1985.

[4]　成俊卿. 木材学[M]. 北京：中国林业出版社，1985.

[5]　[美]约翰· F. 肖. 木材传热传质过程[M]. 肖亦华，滕通濂，郭焰明，译. 北京：中国林业出版社，1989.

[6]　张洪元，丁绪淮，顾毓珍. 化学工业过程及设备（下册）[M]. 北京：高等教育出版社，1959.

[7]　[苏]列别捷夫. 红外线干燥[M]. 李康诩，等译. 北京：中国工业出版社，1965.

[8]　[德]F.F.P. 科尔曼. 等. 木材学与木材工艺学原理：实体木材[M]. 江良游，朱政贤，戴澄月，等译. 北京：中国林业出版社，1991.

[9]　褚治德，李春英，朱强，等. 木材内部水分迁移规律与优化干燥实验研究[J]. 南京林业大学学报（自然科学版），1997（21）：178-182.

[10]　郭焰明，何定华. 干燥过程中木材温度的变化规律以及与含水率关系的研究[J]. 林业科学，1990，28（5）：435-442.

[11]　王补宣. 我国传热研究的进展与展望，面向二十一世纪热科学研究[C]//庆祝王补宣院士七十五寿辰论文集. 北京：高等教育出版社，1999.

[12]　杨友麒，石磊. 绿色过程系统工程进展[J]. 化工进展，2004，23（1）：17-23.

第 10 章
红外辐射厚层木材干燥现场实验进展

木材干燥处理的目的包括：

(1)防止木材变形开裂；

(2)提高木材的力学强度，改善物理性能；

(3)防止木材腐朽虫蛀；

(4)减轻木材的质量，节省运输费用。

从以上所述可以看出，木材干燥行业的责任在于改善木材的使用性能，并提高它的利用率。同时，由于木材干燥是木制品生产中能耗最大的工序，因此无论从产品质量或经济效益的角度来看，干燥作业都是木制品生产中举足轻重的关键性环节之一。

据有关专家估计，我国现有设备的年干燥能力约为 400 万立方米木材，只占 2000 年需干燥木材的 17%左右，而中等发达国家干燥设备的干燥能力可达所需干燥量的 30%，美国则高达 60%。这说明我国干燥设备的干燥能力与发达国家、中等发达国家相差甚远，同时也说明我国木材干燥工业的发展潜力很大。

我国现有的各种干燥设备中，蒸汽干燥设备占 80%以上，而炉气和直火式烟气干燥设备则在小型企业中应用较多。蒸汽干燥以锅炉作为供热设备，我国工业锅炉及其管网的平均热效率只有 60%，同时蒸汽干燥的进、排气热损失较大，约占蒸汽热能的 40%，此外还有墙体、大门等的散热损失，蒸汽干燥软木材的一次能源利用率一般低于 30%，而蒸汽干燥硬杂木（如榆木）的能源利用率只有 10%左右。干燥能耗高，不仅使产品成本增加，而且使锅炉与干燥室排出的烟尘与废气增多，从而增加了这些有害物质对大气的污染。以年干燥能力为 1 万立方米木材的蒸汽干燥车间为例，约需配 4 t/h 的锅炉一台，它每小时排出的有害物质包括烟尘 40 kg、CO_2 1 900 m^3、SO_2 45 m^3，还有少量的 NO_2，这些物质是造成大气温室效应、酸雨和臭氧破坏的主要因素。

据有关资料报道，在对 40 个颗粒污染最严重的城市排序中，沈阳、西安、北京、上海和广州进入前 10 名，雾霾已成中国的极大危害。由于能源对干燥的贡献率可达 70%~80%，而干燥硬杂木如榆木的能源利用率很低，故木材干燥的节能问题已刻不容缓。

10.1 红外辐射干燥炉干燥木材原理

木材脱水欲取得优化的干燥效果，不是取决于物料表面的热交换条件，而是取决于木材内部水分的扩散规律。过高的辐照度会使木板表面毛细管堵塞，产生所谓的“表面效应”，水分就难以从内部迁移到表面，而热能又传不进去。反过来，木材内部水分的扩散规律，又与板温参数密切相关。

在生产中也出现过类似现象，即一台红外木材干燥炉，当装满木板时干燥质量很好，当装半炉木材时反而出现木板开裂、干翘的现象。具体分析见 9.3 节。

图 9-2 所示的测试方法能提供木材干燥的优化方案。

（1）木材的升温速率：外表面升温速率为 6.3 ℃ /h，而内层升温速率为 4.0 ℃ /h。

（2）木材的最大温差：当表层与内层有较大的温差时会产生温度应力，此应力超过横纹抗拉强度时，即会产生表面开裂，温度应力为 $\sigma_T=\alpha\cdot\Delta t$，其中 σ_T 对于红松即为横纹抗压强度，$\sigma_T\leqslant3.7$ MPa，α 为横纹热膨胀数，$\alpha=0.3$ MPa/℃，则允许的温差 $\Delta t=12.6$ ℃，为安全起见，该温差值应小于 10 ℃。

（3）木材供温曲线的升速段、恒速段与降速段：0~5 h 为升速段、5~11 h 为恒速段且恒速段长，干燥指标好、节能，即可判定干燥效果的好坏。

（4）变温干燥：干球温度由 25 ℃升至 100℃约用 5 h，5~11 h 为恒温段，11~20 h 为降温段，整个干燥周期为变温干燥，正如苏联金兹布尔格所讲，应该把干燥过程看作能量和物质的综合迁移，由于物料的结构复杂，所以传热传质过程（干燥过程）的机理较其他传质过程要复杂得多。即理想的干燥过程应是能量的供需平衡的过程。

（5）提供蒸发面位置：当某一层自由水脱干后，再受热必然温度升高，根据这一原理观察木板内自由水脱出的先后顺序，由图 9-2 木板各层温度升高的起点，即可判定该层自由水已蒸发完毕，此起点即蒸发面位置点。

10.2 红外木材干燥炉

图 10-1 所示为天津某家具厂的红外木材干燥炉，其容积为 7 m × 2.4 m × 2.2 m，装料车间木板的尺寸为 6 m × 1.5 m × 1.6 m，木板平均厚度为 30 mm，两层木板之间有垫条，厚 25 mm、宽 40 mm，共装 30 层木板。改进前，炉的总装机功率为 27.1 kW，空间电功率密度为 0.73 kW/m^3；改进后，炉的总装机功率为 30.98 kW，空间电功率密度为 0.84 kW/m^3。

10.3 红外木材干燥炉现场测试准备

为了解红外木材干燥炉内堆垛的木板究竟是怎样干燥的，以及哪些主要因素支配着木板的干燥速率与干燥质量，1987 年天津大学热能工程系褚治德带领老师及研究生等对天津某家具厂的红外木材干燥炉进行了现场测试，使用的测试仪器包括自制的三台仪器，另有专用仪器。图 10-2 所示为天津大学师生在红外木材干燥炉外堆垛处，其中第一排左起依次为刘嘉智、褚治德、王德新、王群。

图 10-1　天津某家具厂的红外木材干燥炉

图 10-2　天津大学师生在红外木材干燥炉外堆垛处

（1）10 点铜电阻精密测温仪：分辨力为 0.01 ℃，准确度为 ±2 ℃。由精密电桥转换输出的毫伏值对应于温度值，由数字电压表显示温度，用于测量干燥炉内的干球温度。

（2）36 点温差热电偶测温仪：由 ϕ1.0 mm 的铠装温差热电偶测量不同层木板的表面温度及深层温度，36 点油浸开关转换，自制精密零点补偿器，补偿零点误差。

（3）大型电子秤：由 4 个测力传感器组成，用铝型材作为秤盘及秤杆，最大可称质量为 70 kg。

（4）专用仪器：KPM-LG 型木材湿度计（德国）用于测量进炉与出炉时木材含水率，并用 8 点高温湿度计在线测量木板湿度；6141 型热线风速仪（日本）用于测量排气孔及炉内空气流速；HFM-MR 型热流计（日本）用于测量炉内及炉外壁的热流；HP2000 型表面温度计用于测量辐射板、辐射管的表面温度分布；613-A 型电子交流稳压电源用于供给全部仪表的交流电压，WYJ-45A 型晶体管直流稳压电源用于为电子秤测力传感器提供稳定的直流电压。

对比实验共进行 4 次，每次实验均采集 7 000 多个数据。每次实验木板用温差热电偶测 13 个点，炉内空气温度测 10 个点，干燥速率测 1 个点。但还有两个现象不能全部用光谱特性做出解释，即干燥炉堆垛内部属无直接辐射区，如何实现木材的红外辐射干燥，以及木板装半炉为何会出现裂纹、翘曲。这些问题归根结底还是物料内部的传热与传质问题，但内部的传热传质又与外部供热方式、辐射力即单位面积的热流（W/m^2）大小密切相关，也就是近代干燥学发展的第四阶段，把干燥过程看作能量和物质（水）的综合迁移。天津大学的研究者对 27 种中草药进行的热风与红外干燥及木板干燥实验均证实了这一点。

10.4 红外木材干燥炉现场测试与分析

通过上述大量的实验，得到红外木材干燥炉干燥木材的基本规律：

（1）炉内空气升温速率应在 10~30 ℃/h；

（2）木板的升温速率应在 5~10 ℃/h；

（3）木板表面与中心层的温差应小于 10 ℃；

（4）空间电功率密度为 0.84 kW/m^3。

改进后，红外木材干燥炉内空气温度分布曲线如图 10-3 所示。其中，辐射板表面温度为 350 ℃，木料为硬杂木，初含水率为 28%，终含水率为 3%，升速段关闭排气孔，炉内定温为 110 ℃，升温到第 10 h 达到预定温度，打开排气孔，即升温时自增湿强化木板内部传热，到第 13 h 定温为 105 ℃，第 16 h 开门放气后瞬间关门，第 35 h 关闸断电，炉内自动降温，第 45 h 干燥终了，炉内气体温度降为 30 ℃左右，而木板温度降为 40 ℃以下。

由图 10-3 可见，15 层外侧（纵向中间部位）第 10 测温点最高温度为 115 ℃，此时料堆中间第 8 层气体温度第 5 测温点最低温度为 79 ℃，即炉内气体最大温差为 36 ℃；第 17 h 后气体温度第 10 测温点恒温为 112 ℃，第 5 测温点亦恒温为 83 ℃，此时最大温差为 29 ℃。

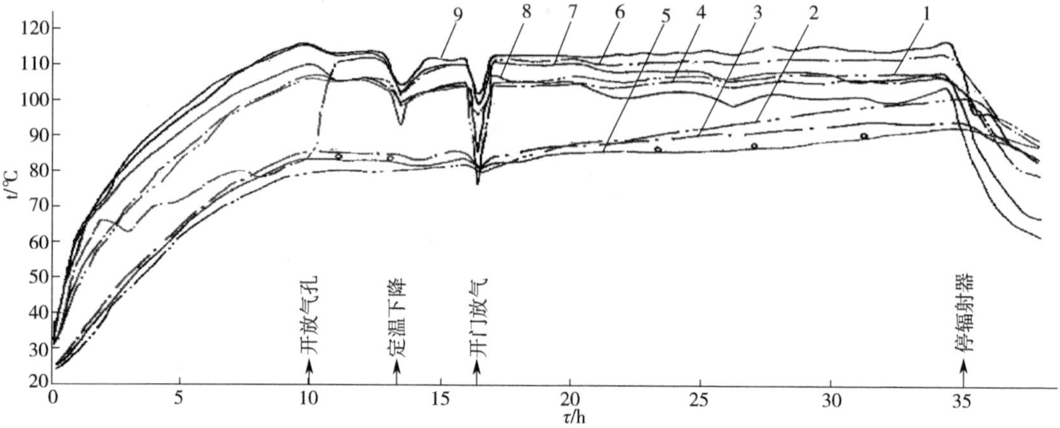

图 10-3　天津某家具厂的红外木材干燥炉内各测温点的空气温度分布曲线

1—靠门;2—8 层中间;3—15 层中间;4—里壁;5—8 层上;6—顶棚;7—里面地面;8—外边地面;9—15 层外侧

10.5 红外木材干燥炉改进前后木板中心层温度对比曲线

图 10-4 所示为天津某家具厂红外木材干燥炉改进前后木板中心层温度对比曲线。由图可知,改进前,上 2 层中间木板的升温速率为 5 ℃ /h,而 15 层中间木板的升温速率只有 3 ℃ /h,两位置的最大温差达 25 ℃;而改进后,上 2 层与 15 层中间木板的升温速率分别为 7.6 ℃ /h 与 7 ℃ /h,两位置的最大温差只有 12 ℃。

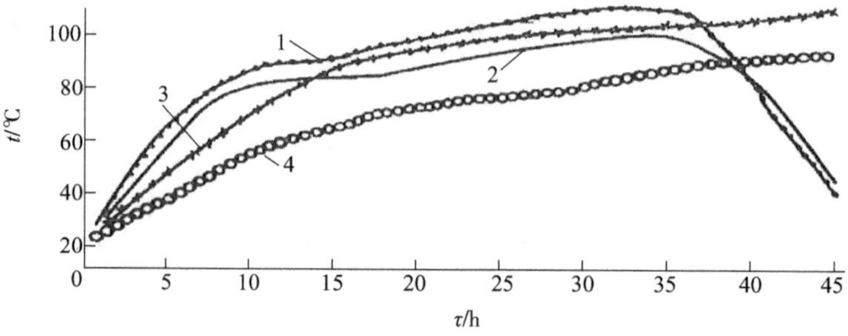

图 10-4　天津某家具厂红外木材干燥炉改进前后木板中心层温度对比曲线

1—改进后上 2 层中间木板中心层温度; 2—改进后 15 层中间木板中心层温度

3—改进前上 2 层中间木板中心层温度;4—改进前 15 层中间木板中心层温度

改进前,干燥周期为 85 h,每脱出 1 kg 水耗电 1.5 kW · h;而改进后,干燥周期为 45 h,每脱出 1 kg 水耗电 0.96 kW·h,平均节电 36%,节时 47%,能源利用率为 77%。

多次干燥实验测试表明,对厚而难干的木材进行红外干燥,升温速率至关重要,该类物料的干燥属内部扩散控制过程,而适当的干燥速率会使木板深层的传热传质得到改善,木材表面与内层的温差减小,而过高的升温速率会破坏毛细管通道,导致表面温度高、湿度低,而内层温度低、含水率高,形成很大的温度梯度与湿度梯度,表面水分蒸发太快,致使木板出现裂纹、翘曲。实验室与工厂木板干燥炉改进前后实验数据对比见表 10-1。

表 10-1　实验室与工厂木材干燥炉改进前后实验数据对比

实验内容			木板参数				
			升速时间/h	升温速率/（℃/h）	单位脱水耗电量/（kW·h/kg）	干燥周期/h	干燥质量
实验室	快速升温		1.5	15	42	26	裂翘
	慢速升温		3	6	27	19	好
工厂	改进前木材干燥炉	外层	15	5	1.5	85	外层干、内层湿
		内层	20	3			
	改进后木材干燥炉	外层	10	7.6	0.96	45	好
		内层	11	7.0			

由表 10-1 可知，实验室实验中木材快速升温速率为 15 ℃/h 时，单位脱水耗电量为 42 kW·h/kg，干燥周期长达 26 h，木板裂翘；慢速升温（升温速率为 6 ℃/h）时，相对干燥周期短（19 h），耗电少（19 kW·h/kg），且干燥质量好；但升温也不可过慢，如改进前木材红外干燥炉堆垛中心木板升温速率为 3 ℃/h，而上层则为 5 ℃/h，升速太慢，升速段时间长达 15~20 h，干燥周期长达 85 h 是有害的，难干木板的升温速率应控制在 5~10 ℃/h 为宜。

改进后，木材干燥炉升速段时间长达 10~11 h，升温速率为 7.0~7.5 ℃/h，单位脱水耗电量为 0.96 kW·h/kg，干燥周期短（只有 45 h），且干燥质量好，平均节电 36%，节时 47%，能源利用率为 77%。

吴玮提出了木材红外干燥炉的最佳条件，即空间电功率密度取 1.0 kW/m^3，辐射加热器表面温度取 300~400 ℃，可作为设计与调试参考数据。木材干燥炉中的堆垛应具有良好的对流通道，以确保堆垛中心有良好的对流传热。当干燥炉内减负荷操作时，应适当减少辐射加热器的供电，以确保木板有合适的升温速率，如仍全功率投入，辐射能量过多，必然会造成木板开裂、翘曲现象，这已为工程实践所证实。因此，采用红外辐射加热器干燥厚而难干的物料时，一定要深入了解红外辐射传热传质的机理，以获得优化的干燥效果。

10.6 木材干燥指标对比

我们在天津某家具厂用木板自增湿干燥硬杂木，去除了常规蒸汽法吹湿蒸汽的工艺，并采用变温供热，升速段时间长达 10~11 h，升温速率为 7.0~7.5 ℃/h，在木材初含水率为 28%、终含水率为 8%的相同条件下，干燥周期从 85 h 降为 45 h，节时 47%，单位脱水耗电量从 1.5 kW·h/kg 降为 0.96 kW·h/kg，而能源利用率从 49.4%提升为 77%，干燥质量好，见表 10-2。

表 10-2　天津某家具厂红外木材干燥炉与常规燃煤蒸汽干燥炉干燥指标对比表

名称	木材品种	初、终含水率（干基）/%	干燥周期/h	单位脱水耗电量/（kW·h/kg）	能源利用率与污染	干燥质量
改进前	硬杂木	28，8	85	1.5	49.4%，无污染	中心湿
改进后	硬杂木	28，8	45	0.96	77%，无污染	质量好
常规燃煤蒸汽干燥	软木		216	2.5	30%，污染严重	
	硬杂木				12 %，污染严重	

目前，国际上用蒸汽法干燥木材的干燥周期约为 216 h，干燥周期为红外干燥的 4.8（216/45）倍；对松木每脱出 1 kg 水耗电量为 1.5 kW·h，能源利用率低于 30%，而对硬杂木每脱出 1 kg 水耗电量为 3~5 kW · h，是红外干燥的 3.1~5.2 倍。日本用微波干燥机从木材中脱出 1 kg 水耗电量为 3.0~5.0 kW·h。

可见天津某家具厂改进后的木材红外干燥炉的干燥指标是先进的。改进后的红外木材干燥炉有较高的木材干燥质量和较低的能耗，其不用锅炉、没有管道、初投资少、运行费用低，且具有节水、减排、防雾霾、保护生态环境等优点；不足之处在于对于中小规模的生产，每炉装材约为 14.4 m^3，即 6 m × 1.5 m × 1.6 m。由表 10-2 可知，天津某家具厂改进后干燥硬杂木的干燥周期为 45 h；常规燃煤蒸汽干燥软木干燥周期为 216 h，能源利用率只有 30%，干燥硬杂木时的能源利用率只有 10%，煤耗以及烟尘、CO_2、SO_2 排放极为可观，见表 10-3。

表 10-3　常规燃煤蒸汽干燥炉污染数据（木材 1 万立方米）

污染物名称	每小时污染量	每天污染量	每年污染量
烟尘/kg	40	960	307 200
CO_2/m^3	1 900	45 600	14 592 000
SO_2/m^3	45	1 080	345 600

本书相关研究内容得到了 4 项国家自然科学基金项目资助、5 项天津市自然科学基金项目资助、1 项国家中医药管理局项目资助。经过 20 多年夜以继日的不断努力，我们搭起了实验台，建起了模拟实验装置，购买了大量的国内外仪器及自制仪器设备，开展了大量的实验室实验，进入工厂进行工程实验验证与创新，并获得省部级学术奖励 5 项。

10.7 我国木材干燥技术的发展与创新

本书介绍了恒定与变化条件下的大量实验研究，从稳态到非稳态的刻苦钻研、从实验室到各种不同工程现场，尤其是到天津某家具厂进行的辐射准备的全面测试，既验证了实验理论也得到了工程实践，发现了对复杂的传热传质理论与机理的繁杂文字和公式记述进行可视的图面表达。只用供温（供能）曲线、木板的多层温度曲线与蒸发面位置曲线，就能清晰地展示木材（厚物料）中的水分是如何从内部迁移出来的。

其供温曲线有升速段、恒速段与降速段，而其板内温度曲线也对应有升速段、恒速段与降速段，而水分的迁移也是很有规律的，是从不同的层面有条不紊地排出的，充分地显示了理想的干燥过程应是能量的供需相平衡的过程。当供温曲线不优化时，又可清楚地看到所有的传质均不理想，水分的迁移极不规律。

金克普利斯认为，由于物料的结构复杂，所以传热传质过程（干燥过程）的机理较其他传质过程要复杂得多。

金兹布尔格提出，近代干燥学发展的第四阶段是把干燥过程看作能量和物质（水）的综合迁移。

中国学者张洪沅、丁绪准、顾毓珍教授在《化学工业过程及设备》一书中指出固体物料的干燥机理分为表面汽化控制与内部扩散控制，并做了详细的论述。但使人难以理解，内部扩散控制极为复杂，怎么控制？供温与内部扩散控制又有什么关系？本书以恒温与变温、恒参数与变参数、单参数与多参数、稳态与非稳态的各种实（试）验，探求规律。这是从实验到工程、从机理到规律，对干燥学、传热传质学、干燥技术的一个创新与发展。

10.8 创新技术的基石是干燥理论的基础研究

正如 A.S.Mujumdar 在《全球干燥技术的研究与进展》中指出，干燥技术的进步依靠改革与创新，而创新技术的基石则是干燥理论的基础研究。

我们就是踏着这样的基石，进行深入的理论基础研究。实验室研究告诉我们，高湿度的厚木材可以自增湿干燥且效果很好，变温干燥可既节能又对干燥质量有益，对于我们提供的红外辐射干燥不可轻易吹风，吹风会使干燥速率突然上升继而迅速下降，使整个干燥效果变坏，但可采用吸风法，不仅在木材的干燥中，在汽车烤漆烘道中，一吹热风整个烘道温度下降而使烤漆效果变坏。

几十年来，我国在红外加热干燥原理、技术与工艺方面均取得了独到的进展，《红外研究》《红外技术》与《应用红外与光电子学》等期刊均组织了专栏，讨论红外辐射加热与干燥等问题，促进了这一学科的发展。另外，在武汉建立了国家红外产品质量监督检测中心，在吉林大学、天津大学等高校院所建立了红外光谱、红外辐射加热与干燥实验研究基地，设计队伍也不断扩大，加热器的研制与生产日新月异，这一切为发展我国红外加热干燥理论及其应用奠定了良好基础。

红外辐射加热器是先进的生产工具，在手机屏烘干、树脂水晶钻烘干、导光板烘干、纸加工烘干、地热膜导电碳浆烘干、药品干燥、金属涂层烘干，及塑料行业烘干、食品行业烘干、纺织业烘干、果蔬业烘干、锂电池极片烘干、太阳能光伏行业烘干、微电子行业电子电路烘干、化工行业大型球罐户外退火烘干等领域，都发挥着无可代替的作用。

红外辐射加热干燥行业的发展方向：

（1）提高热效率，尽可能利用高品位、高温能源，如三环转筒干燥机、单板干燥机、烤漆烘道等；

（2）研究优化传热传质理论，如木材干燥，能源利用率高达 77%，节能源、节资源、少污染，保护生态环境。

复习题

1. 如何从红外辐射木材干燥炉干燥木材原理解释当干燥炉装满木板时干燥质量很好，当装半炉木材时反而出现木板开裂、干翘的现象？

2. 木材红外干燥炉干燥的基本规律是怎样得到的？

3. 天津某家具厂红外木材干燥炉改进前后的实验数据有哪些变化？

4. 如何理解 A.S.Mujumdar 在《全球干燥技术的研究与进展》中指出的“干燥技术的进步依靠改革与创新，而创新技术的基石则是干燥理论的基础研究”？

5. 到家具厂进行木板的工程实验，比实验室实验增加了哪些困难？为什么要做该工程实验？

参考文献

[1] [美]J. 金克普利斯. 传递过程与单元操作[M]. 清华大学化工传递组，译. 北京：清华大学出版社，1985.

[2] [苏]A.G. 金兹布尔格. 食品干燥原理与技术基础[M]. 高奎元，译. 北京：轻工业出版社，1986.

[3] [法]P. 若利，F. 莫尔·谢瓦利埃. 木材干燥：理论实践和经济[M]. 宋闯，译. 北京：中国林业出版社，1985.

[4] 成俊卿. 木材学[M]. 北京：中国林业出版社，1985.

[5] [美]约翰· F. 肖. 木材传热传质过程[M]. 肖亦华，滕通濂，郭焰明，译. 北京：中国林业出版社，1989.

[6] 张洪元，丁绪淮，顾毓珍. 化学工业过程及设备（下册）[M]. 北京：高等教育出版社，1959.

[7] [苏]列别捷夫. 红外线干燥[M]. 李康诩，等译. 北京：中国工业出版社，1965.

[8] [德]F.F.P. 科尔曼，等. 木材学与木材工艺学原理：实体木材[M]. 江良游，朱政贤，戴澄月，等译. 北京：中国林业出版社，1991.

[9] 吴秀陵. 我国木材加工机械发展预测[J]. 木材加工机械，1993（3）：1-8.

[10] 褚治德，许铁栓. 升温速率对木材红外干燥影响的实验研究[J]. 红外研究，1990，9（5）：377-383.

[11] 胡宇先，胡小菁，汪锡安. 特种涂料的制造与应用[M]. 上海：上海科学技术文献出版社，1990.

[12]　李春渠. 涂装工艺学[M]. 北京：北京理工大学出版社，1993.

[13]　胡传炘. 特种功能涂层[M]. 北京：北京工业大学出版社，2009.

[14]　周建初. 优质高温红外涂料的研制与应用[J]. 红外技术，1992，14(1)：34-40.

[15]　周建初，屠平亮，陈建康，等. 高效节能红外炉的应用与改进[J]. 金属热处理，1995(7)：27-29.

[16]　[苏]列维金. 红外技术在国民经济中的应用[M]. 俞福堂，陈绍廉，译. 上海：上海科学技术文献出版社，1985.

第 11 章 果蔬干燥应用研究进展

11.1 果蔬干燥概述

水果和蔬菜是人们喜爱的食品，它们不但味美，而且具有非常丰富的营养，是人们获得维生素、无机物（钙、磷、铁等）、碳水化合物、纤维素、半纤维素的主要来源。一些果蔬中还富含维生素 A、胡萝卜素等。人类饮食中的维生素 C 主要是从果蔬中获得的。

水果和蔬菜是农业生产中除谷物外最重要的农作物。根据联合国粮食及农业组织（FAO）1990 年的统计，世界上水果年产量（不包括甜瓜）约为 34 190 万吨，四个主要生产国家是巴西（8.8%）、印度（8.1%）、美国（7%）和中国（6.3%）；世界上蔬菜年产量约为 44 180 万吨，其中中国生产最多，年产量约为 11 710 万吨（26.5%），其次是印度、苏联和美国。

水分是新鲜果蔬的主要成分之一，其含量一般在 70%~95%。果蔬中的水分是以三种不同的状态存在的，分别为自由水、胶体结合水和化学结合水。其中，自由水借助于毛细管和渗透作用进行迁移，流动性大，在干燥过程中很容易被去除；胶体结合水可在干燥过程中去除一部分，而化学结合水一般不能通过干燥的方法去除。干燥过程不能去除的结合水即为果蔬组织在该干燥介质条件下的平衡水分。果蔬脱水干燥过程使果蔬由湿状态变为干状态，将新鲜果蔬细胞中所含的大量自由水和部分胶体结合水去除掉。随着果蔬的含水率降低，水分活度相应降低，便可阻碍微生物生长繁殖，抑制果蔬中酶的活性，从而延长果蔬储藏时间。果蔬干燥的基本过程是将热源的热量传递给果蔬，促使果蔬组织、细胞中的水分不断向外转移，并从表面蒸发而去除掉。

脱水果蔬产品味美、色鲜，能保持原有的营养价值，与新鲜果蔬相比，具有质量轻、体积小、运输食用方便和入水复原快等特点，备受广大消费者的青睐。

脱水果蔬的干燥技术主要有以下几种：太阳能干燥、热风干燥、微波干燥、冷冻干燥、渗透干燥、热泵干燥和红外干燥等。

11.1.1　果蔬的红外干燥

当一定频率的红外辐射照射到果蔬物体上，且红外辐射的频率和物体分子热运动频率相一致时，红外辐射能会很快地被果蔬分子吸收而转化为分子的热运动能，同时分子运动加速，物料温度上升，导致其脱水。通常红外辐射只能穿透湿物料表层，并且其传递机制依赖于含水率，在干燥过程中农产品的辐射特性会发生变化，其反射和吸收的辐射能随着含水率的减小而降低。透过水分的红外辐射波主要集中在中波至长波区域，而长波只被表层吸收，因此远红外加热对薄层果蔬加热效率比较高，而对厚一点的果蔬加热采用中波效果较好。红外辐射加热干燥是利用红外辐射加热器发射出的红外辐射加热物料，辐射能被物料吸收后转化成热能从而达到加热和干燥的目的。红外辐射是指波长范围介于微波和可见光之间，波长为 0.76~1 000 μm 的电磁波，根据波长的不同又可分为近红外、中红外和远红外，其中近红外波长为 0.76~2 μm，中红外波长为 2~4 μm，远红外波长为 4~1 000 μm。农业物料可在 2.5~100 μm 的中红外和远红外辐射中以最高的效率吸收能量从而完成加热过程。红外辐射干燥物料过程的主要影响因子有干燥温度、切片厚度、辐射距离和红外功率等。但由于短波加热温度高，容易在农产品干燥过程中造成变色和质量下降，所以温度的控制非常重要。

11.1.2　果蔬的热风干燥

热风干燥由于价格低廉且易于操作等因素是目前应用最广泛的干燥技术。热风干燥以热空气作为干燥介质，首先将物料表面的水分汽化，热能不断扩散到物料内部，然后使物料水分从内部逐渐向表面迁移，使物料含水率下降，直至达到一定的含水率为止。在干燥过程中，物料表面温度连续升高，形成了由外到内、由高到低的温度梯度，而水分的迁移方向与该温度梯度的方向相反，阻碍了水分的迁移，从而导致干燥速率降低。热风干燥为了保证干燥速率，加热的温度都比较高，容易造成果蔬表面色泽的变化和内部营养物质的损失。此外，热风干燥还存在干燥时间长、能量利用率低、能耗大以及储藏期产品品质下降等问题。我国利用热风干燥技术生产了大量的干燥果蔬用于出口和本国消费。但这种由燃烧化石能源（如煤炭）而转换成热风的方法，带来了严重的环境污染。

从烧煤看污染，2013 年 1 月一份国际研究报告称：黑炭对大气的污染超出认知。燃煤的发电厂、城市垃圾燃烧炉、砖窑以及燃木材炉、烧秸秆炉及柴油机所释放的黑炭是对气候破坏最大的污染物。黑炭中的煤烟颗粒是城市空气污染物中的主要成分。因此，在京津冀周边的农村限制冬季用煤取暖，要用红外、热泵或电能取代燃煤。

11.1.3 果蔬的微波干燥

在微波电磁场的作用下，水分子等极性分子会从杂乱无章的非极性状态变成有序排列。当反复变化外电场方向时，极性分子随之相应的反复转换，频繁摆动，造成分子间的类似摩擦作用而产生大量热量，导致物料的温度升高，从而使物料达到干燥的目的。在微波干燥过程中，微波能够被水分子优先吸收，使物料水分由内部向表面迁移，然后变成水蒸气被去除，迅速完成干燥。微波干燥具有干燥速率快、产品内外同时干燥等优点。但微波干燥也存在许多缺点，如物料受热不均匀，导致产品质量下降，物料内部易烧焦，且微波设备复杂、价格昂贵、单位脱水耗能高等，限制了微波干燥的工业化应用及推广。

11.1.4 果蔬的冷冻干燥

果蔬的冷冻干燥是在较低温环境中，将物料水分快速冷凝成冰，而后在较高真空度下使冰直接升华去除的干燥技术。由于物料冷冻干燥过程中，水分升华后物料形状及内部组织基本维持不变，故干燥后产品有很好的复水性；并且干燥过程温度较低，特别适用于易氧化食品以及热敏性食品的干燥，可以使食品较好地保留其原有的色香味形等。此方法与其他干燥技术相比，能够得到较高质量的最终产品，如较高地保留维生素和热敏性营养物质，收缩性小，复水性好，很好地保持物料风味等芳香性物质。然而，此技术方法在工业化应用中同样存在许多缺点，如干燥速率慢，能量消耗高导致运营成本较高，初始投资大，且冷冻产品为避免吸潮和氧化，包装设备及材料消耗大等都增加了最终产品的成本。

11.1.5 果蔬的渗透干燥

果蔬的渗透干燥是将物料浸入糖水或盐水等高渗透压的溶液中，通过渗透作用除去物料中部分水分的一种方法。渗透干燥过程处理过程较短，对物料组织结构影响较小，所以渗透干燥的产品仍能够较好地保留原有的物质结构、色泽、风味和营养品质等。并且在渗透干燥中，溶液的渗透压较高，能够抑制微生物的生长、延长产品的储藏期。渗透干燥技术在工业中的应用主要是对蔬菜、水果、鱼类和肉类的加工处理。渗透干燥技术作为脱水物料加工前的处理方式，只能脱去物料的部分水分，还需要与冷冻干燥、热风干燥和微波干燥等联合使用，所以渗透干燥技术在商业化推广中具有一定的局限。并且由于物料细胞壁是一种半渗透膜，在渗透脱水的同时，有一部分溶液中的溶质渗透到细胞中，导致产品风味和营养价值发生变化。这与当代消费者期望的低盐、低糖等健康食品的要求相违背。

11.1.6 果蔬的热泵干燥

果蔬的热泵干燥是一种从低温热源吸收热量的干燥技术，致热系数可达到 3 以上，从而获得较高温度下的有用热能，有效提高了能源利用率。热泵技术近年来逐步应用到水产品、药材和农副产品等的干燥中。热泵干燥的产品品质优良、节约能源、无污染，具有良好的应用和发展前景。

干燥是一种能提高果蔬储存稳定性的加工方式。传统干燥果蔬的方式，如热风干燥，因能耗大、时间长、燃煤锅炉有污染、干燥后的果蔬品质不太理想而越来越受到限制。与传统加热技术相比，由于红外辐射加热干燥技术具有能耗低、设备投资少、无污染、时间短、便于温控、干燥产品的质量高等优点，因此果蔬的红外干燥成为获得高品质干制果蔬的一种非常有发展潜力的干燥方法。

综上所述，果蔬红外干燥的研究中以干燥动力学的研究比较多。其影响因素主要包括两方面；其一是物料本身特性，包括结构特性、生物特性、理化特性及热物理特性等内在因素；其二是供热条件，包括供热参数与供热方式，供热参数包括辐射加热温度、加热功率、干球及湿球温度、气流方向与速度等，供热方式包括恒条件供热和变条件供热，快速升温或慢速升温以及恒温时间、降温方式等外在因素。综合内在因素与外在因素，探明不同物料内部的水分是如何扩散到它的表面，并如何从表面蒸发的，就是研究水在物料内部迁移或扩散过程受到哪些阻力，这些阻力又与物料的结构及吸取外界的能量有何关系，即研究湿物料的传热传质特性。

11.2 果蔬脱水红外辐射加热干燥原理

11.2.1　红外干燥果蔬的数学模型

果蔬脱水红外辐射加热干燥的研究方向可归纳为以下两点：一是红外辐射加热干燥果蔬的理论数学模型较少，因为果蔬的种类繁杂，所以应该对不同种类的果蔬建立适合的数学模型；二是在红外辐射加热干燥的应用方面，应对不同种类的果蔬探索不同条件的红外辐射加热方式，以有利于优化干燥过程和提高产品质量。

建立果蔬干燥数学模型，可以用数学语言描述干燥过程中传热传质的变化，预测干燥过程，确定实验难以测定的参数分布，以确定最优的加热条件。

肖旭霖等分析了红外辐射加热干燥洋葱时温度等因素对干燥时间、产品品质的影响，得出了最佳温度范围，建立了以复水比、脱水速率和维生素 C 含量为指标的数学模型。

D.Mihoubi 等对胡萝卜片进行了红外和对流联合干燥的研究，做出了 30 ℃、40 ℃、60 ℃的吸附等温线，利用 Guggenheim-Anderson-de Boer（GAB）吸附模型对测出的等温线进行了修正；并且在考虑胡萝卜收缩变形的基础上，建立了质热同步的传递模型，具体如下。

传质模型：

$$\left(\frac{\partial \omega}{\partial t}\right)_{\xi}=\frac{\partial}{\partial \xi}\left[\frac{D}{(1+\delta\omega)^{2}}\frac{\partial \omega}{\partial \xi}\right] \tag{11-1}$$

传热模型：

$$\rho_{s}^{0}(c_{ps}+\omega c_{pl})\left(\frac{\partial T}{\partial t}\right)_{\xi}-c_{pl}\frac{\rho_{s}^{0}D}{(1+\delta\omega)^{2}}\frac{\partial \omega}{\partial \xi}\frac{\partial T}{\partial \xi}=\frac{\partial}{\partial \xi}\left[\frac{k}{1+\delta\omega}\frac{\partial T}{\partial \xi}\right] \tag{11-2}$$

该模型在热传导和水分扩散的基础上，考虑了干燥过程中物料的收缩变形，并且模型与实验干燥动力曲线相吻合，由于建立模型时未考虑物料内部红外辐射吸收，只考虑物料表面的红外辐射吸收，质传递只考虑了扩散和物料与外部环境之间的对流，并且假设水分的蒸发只发生在物料表面，所有的交叉影响都忽略不计。对于该模型是否适用于其他物料，有待于验证。

11.2.2 典型红外果蔬的吸收光谱

图 11-1 所示为苹果、苹果干、马铃薯、马铃薯干的吸收光谱。其中，纵坐标 A_λ 为光谱吸收率，横坐标 λ 为波长。

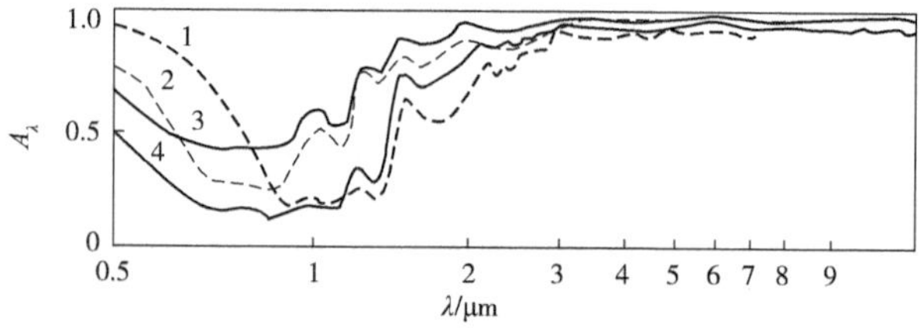

图 11-1　典型果蔬的吸收光谱

1—苹果干（10 mm）；2—苹果（100 mm，X=86.6%）；3—马铃薯（10 mm，X=74.5%）；4—马铃薯干（10 mm）

由图 11-1 可以看出：

（1）所有毛细管多孔胶体在波长 1 μm 左右的吸收率为最低；

（2）在 1~1.53 μm 波段，光谱吸收率 A_λ 值逐渐增大；

（3）在波长>3 μm 后，光谱吸收率 A_λ 均达到各自物料的最大值，其中苹果与马铃薯的 A_λ 为 0.75~0.9。

之所以有这样的吸收光谱，与物料本身的特性及水分子特性有关。例如，淀粉、木材及某些油漆材料的分子都含有—OH 和—CH_2 原子基团，所以在波长 2.92 μm（此为—OH 的典型吸收峰位置）及 3.42 μm（此为—CH_2 的典型吸收峰位置）附近出现吸收带。

水和物料中存在的水分对吸收光谱有很大的影响。液态水在波长 2.92 μm、4.74 μm、6.12 μm 和 15.80 μm 附近有基波振动，湿物料会在这些波长附近出现吸收带，反映了物料中附着水分子的振动。

图 11-1 中典型果蔬的吸收光谱在波长>3 μm 后，光谱吸收率 A_λ 均达到各自物料的最大值，由表 11-1 可见，其在国际标准红外波段的划分中处于中波段，对辐射源温度而言处于 451.4~1 175.8 ℃。

表 11-1　国际标准红外波段的划分（据 IEC 60050-841:2004）

红外波段名称	波长/μm	波数/cm^{-1}	辐射源温度/℃
长波（远）	≥4	≤2 500	≤451.4
中波（中）	2~4	5 000~2 500	451.4~1 175.8
短波（近）	≤2	≥5 000	≥1 175.8

11.2.3　果蔬红外辐射干燥换热的四大特性

封闭空间两物体间的换热按式(11-3)计算。本实验是在网带式干燥机内进行的，果蔬(物料)所获得的热量为 $Q_{1,2}$。

$$Q_{1,2}=\frac{5.67F_1\left[\left(\frac{T_1}{100}\right)^4-\left(\frac{T_2}{100}\right)^4\right]}{\left(\frac{1}{\varepsilon_1}-1\right)+\frac{1}{X_{1,2}}+\frac{F_1}{F_2}\left(\frac{1}{\varepsilon_2}-1\right)}=5.67\varepsilon_s F_1\left[\left(\frac{T_1}{100}\right)^4-\left(\frac{T_2}{100}\right)^4\right]\ (\mathrm{W}) \tag{11-3}$$

其中

$$\varepsilon_s=\frac{1}{\left(\frac{1}{\varepsilon_1}-1\right)+\frac{1}{X_{1,2}}+\frac{F_1}{F_2}\left(\frac{1}{\varepsilon_2}-1\right)} \tag{11-4}$$

式中　ε_s——任意位置的两个灰体表面的系统黑度。

由式(11-3)和式(11-4)可见，实际物体的热辐射加热换热具有以下四个特点。

(1)热辐射的加热特性：加热体(发热体)1 与被加热体 2 间，被加热体 2 获得的净热量 $Q_{1,2}$ 与 T_1、T_2 温度 4 次方差成正比。

(2)热辐射的光谱特性：被加热体 2 获得的净热量 $Q_{1,\ 2}$ 与加热体(发热体、辐射加热器)的发射光谱 ε_1 与被加热体的吸收光谱 $\varepsilon_2(A_\lambda)$有关。

(3)热辐射的相互作用特性：方向、距离、角度与形状的关系特性，即角系数 $X_{1,2}$，航天事业的发展使各种表面形状的角系数 $X_{1,2}$ 有所增加。

(4)热辐射的面积特性：与相互作用的换热面积 F_1、F_2 有关。

这 4 个特点说明被加热体获得的能量 $Q_{1,2}$ 与 T_1、T_2 温度 4 次方差成正比，与角系数及系统黑度有关，与热辐射的光谱特性及相互作用面积有关。

值得注意的是，红外辐射加热物料时，短、中波的辐射源温度可使长波物料获得振动吸收，但长波的红外辐射不能使短、中波物料产生共振吸收。

11.3　红外辐射果蔬干燥技术的应用研究现状

Thanit Swasdisevi 等利用红外辐射在真空条件下进行了香蕉片的干燥研究，建立了含水率与温度之间的数学模型。结果表明，在初始干燥阶段，模型的计算温度与实验温度略有不同，但是用模型计算的含水率值与实验中的含水率值有不同程度的差异。在模拟结果的计算中，使用的基于温度的有效水分扩散系数与基于温度和压力的水分扩散系数接近。所以，这个模型也有待于进一步优化。Hasan Togrul 对新鲜苹果片进行了不同温度下的红外辐射干燥实验，得出苹果片干燥速率从 50 ℃到 80 ℃增加了 1 倍，由 Modified Page Ⅱ方程研究在 50~80 ℃范围内，2 h 内含水率的改变。

综合国内外的情况来看，在红外辐射干燥果蔬数学模型的研究中，大部分研究者都是利用已有的模型，经过实验验证后，再推导出哪一种经验模型与干燥过程比较吻合，但红外辐射干燥果蔬的理论模型研究相比其他传统干燥方式来说数量比较有限。因此，由于果蔬在红外辐射干燥过程中内部传热传质的复杂性以及周围温度场的设立情况，还有果蔬在加热过程中本身一些生物特性的改变，都使得建立果蔬干燥数学模型有一定的难度。

在红外辐射干燥果蔬的研究应用方面，国内外很多研究者都在探索用不同的加热方式（或者是单纯红外加热，或者是红外联合其他加热方式）来对不同的果蔬进行干燥。

孙传祝利用红外结合热风的方式进行了蔬菜脱水的研究应用，发现组合加热的干燥速率远高于单纯热风加热。近年来，王俊等对香菇和蘑菇分别进行了红外实验研究和红外热风质热特性研究，另外还对其他一些果蔬进行了红外研究，得出了不同的研究结果。

Umesh Hebbar 等对蔬菜进行了红外与热风联合干燥，发现联合干燥比单纯热风干燥耗能节省 63%，在对土豆和胡萝卜的干燥实验中发现利用 80 ℃的温度和热风速度为 1 m/s 的空气比在 40 ℃时干燥时间缩短 48%左右。Zhongli Pan 等对香蕉先利用红外辐射进行预干燥，再进行冷冻干燥，发现这种干燥方式缩短了冷冻干燥时间，并且可以得到更脆的香蕉片。Doro-to Nowak 利用峰波长为 1 200 nm 的红外辐射对苹果片进行了干燥研究，发现在相同的参数下，应用红外辐射干燥比对流干燥速率快很多，并且发现红外辐射干燥动力曲线依赖于辐射加热器与辐照面的距离和空气速度，并且与其成反比。

通过分析国内外红外辐射干燥果蔬的应用现状，发现利用红外辐射干燥果蔬的技术，当前都是处在不同的探索阶段。因此，针对不同的果蔬种类，采用不同的干燥方法进行研究，进一步探讨红外技术在果蔬干燥中的研究。

11.4 红外辐射干燥技术在果蔬干燥中的研究进展

红外辐射干燥技术是物料中的水分直接吸收红外辐射能量，从而使物料温度升高，水分去除，达到脱水干燥的技术方法。物料干燥原理是水分从物料内部向表面扩散，然后从物料表面扩散到周围环境中。红外辐射能够穿透并到达物料的一定深度，并且水分子吸收波长与红外能量相匹配，能够很好地吸收红外辐射能，从而使高水分含量的物料快速加热并实现水分去除，获得较高的干燥速率。红外辐射干燥与传统干燥技术相比有许多优点，如干燥时间短、能量消耗少以及能得到更好的产品质量等，并且红外辐射干燥不需要加热介质，增大了热传效率。

Nowak 和 Lewicki 对苹果片干燥进行了研究，得出红外辐射干燥比热风干燥缩短了 50%的干燥时间。Sandu 研究报道，热风温度在 250 ℃下的对流干燥的热通量为 0.9~2.0 kW/m^2，而辐射加热的热通量为 4.5~12.0 kW/m^2。Therien 等报道，红外辐射干燥热通量比热风干燥要高 6~10 倍。许多学者对其他农产品的研究同样得出，红外辐射干燥或者红外联合对流干燥技术，能够大大缩短干燥时间，减少能量消耗。Afzal 等研究得出，远红外联合对流干燥大麦较单独对流干燥缩短了 60%的干燥时间，减少了 40%~70%的能耗。Paakkonen 等研究得出，将迷迭香从水分含量 60%~70%干燥至 8%，热风干燥需要 24 h，而红外辐射干燥只需要 3 h。

许多研究得出，红外干燥或者红外热风联合干燥不仅增加了能量利用和处理效率，同时物料达到了更高的产品质量，如较高的营养保留率、更好的颜色和复水性能。Sakai 和 Hanazawa 对胡萝卜、南瓜等进行了干燥研究，得出红外辐射干燥具有较低的维生素 C，β 胡萝卜素和风味物质损失。Paakkonen 等对迷迭香的研究得出，红外辐射干燥得到的产品的维生素 E 值保留率比热风干燥高 2 倍。Gabel 等对红外辐射干燥和热风干燥洋葱片进行了比较研究，得出红外辐射干燥比热风干燥得到的洋葱片有更好的产品颜色和风味物质保留。

然而，红外辐射穿透能力弱是其固有的缺陷。红外辐射的穿透能力与其波长有关，波长越短穿透力越强。Ginzberg 和 Hashimoto 等对不同波长的红外辐射对不同物料的穿透能力进行了研究。并且较多学者利用间歇式红外辐射干燥方式对物料进行干燥处理，在能够得到较高质量产品的同时，有效地避免了红外辐射穿透能力弱的缺陷，使红外技术在用于较厚物料的干燥中，并取得了较大的进步。

11.5 特征远红外技术用于果蔬干燥的研究

11.5.1 概述

特征远红外装置是运用结构化学和光化学原理使果蔬组织内的水分子处于激活状态，从而引起振动，在改变水分子的聚集状态的同时，结合热辐射等特性促使水分子脱附，达到提高脱水效率的目的。脱水后的果蔬能较好地保持特有的色、香、味。特征远红外干燥技术具有脱水时间短、光的穿透力强、物料复水性能好、操作简便、能耗低、无污染、投资少等优点。

结构化学和光化学属于物理化学学科范畴，用结构化学动力学分析物质宏观与微观的特性，在外场作用下的光化学说明微观粒子的运动特征，对果蔬特征远红外干燥技术原理应用其共同特征是量子力学的基础。

光化学应用高、中分子受到红外辐射加热激活时，原则上可以做到选择性激发，使高、中分子能量的分布属于非平衡分布。

11.5.2 研究方法

实验采用清华大学科技开发公司研制的新型“特征远红外”小型设备，一次进物料约 1 kg，如图 11-2 所示。该设备最大输出功率为 1 kW，光源部分由 3 个特制红外灯管组成，干燥时可通过调节灯管与物料盘之间的距离来调整照射强度，利用上、下排风装置排出干燥室内的湿气及调整室内温度，排湿风速为 0.3~0.45 m/s。

实验原料包括大葱、菠菜、香菜、黄瓜、胡萝卜、苹果、梨、葡萄等。

实验方法：干燥前先将原料清洗，去除烂叶，再切片（苹果、梨、黄瓜）切丝（蔬菜）并护色（用 0.1%~0.2%亚硫酸或亚硫酸盐溶液浸泡），有些蔬菜（如胡萝卜）原料在切分前可用碱液等去皮，并冲洗、干燥。实验时，将物料均匀地在物料盘上平铺一层，厚度不超过 5 cm，干燥过程中定时测物料质量，直至湿基含水率水果达 16%~18%，蔬菜达 4%左右为止。

干制品外观优越性，主要考虑色泽、光泽以及干果的产品饱满度，同时还应考虑蔬菜的复水性，并采用打分综合加权评定，见表 11-2。

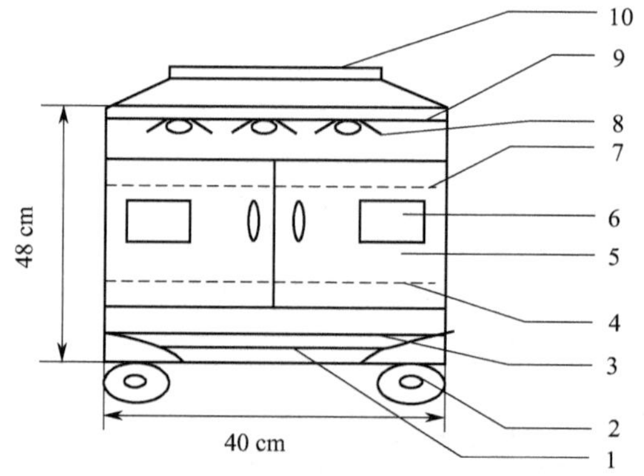

图 11-2　特征远红外小型脱水干燥机结构示意

1—下风口；2—轮子；3—集风罩；4，7—网状物料盘；5—机门；
6—观察窗；8—灯管、反射罩；9—灯架；10—新风口

表 11-2　质量评分标准（满分 50 分）

指标	品种	评分标准					加权值
色泽	水果	黄白 14	淡黄 11	黄 8	深黄 5	黄褐 2	3
	蔬菜	绿 15	深绿 12	黄绿 8	淡绿 5		
光泽	水果	亮 8	稍亮 5	暗 2			1
	蔬菜	亮 5	稍亮 3	暗 1			1

11.5.3　结果与分析

1. 几种果蔬的失水特性

从图 11-2 可以看出，利用特征远红外技术干燥果蔬时，水分在干燥初期下降非常迅速，

蔬菜基本上是在 45 min 内损失 60%左右水分，水果大约是在 60 min 内脱出大量水分，2 h 以后失水速率逐渐下降，而普通热风干燥曲线下降比较缓慢，干制时间也较长，苹果干燥大约需要 24 h。

2. 干制效果

通过对苹果、梨、大葱、黄瓜、香菜等果蔬原料干制速度的测定和比较得出，切片黄瓜的干制速度最快，这与黄瓜的质地有关，其次是大葱、香菜、苹果和梨。用热风烘箱烘制苹果干做对照，其干制时间大约需 24 h，干制温度为 70 ℃。对干制品进行营养成分分析比较发现，由于特征远红外干燥设备所采用的温度为 50 ℃以下，因此原料的营养及色、香、味均得到了良好的保留，且复水性能好，是快餐食品极好的配料。特征远红外干制大葱的维生素 C 得到很大程度的保存，而普通热风干燥由于干制温度较高，维生素 C 全部损失。对于一些元素如 Ca、Fe、Zn 等，干制前后均有不同程度的增加。对于这些非热敏因素来说，只要掌握好干制技术，如温度、时间等，其营养成分均能得到不同程度的保留。从产品的外观看，叶绿素（绿叶菜等）、花青素（草莓）、胡萝卜素保存良好，苹果、梨经切分的干制品无任何焦煳或发黄现象，无烘烤味或蒸煮味。在节能方面，特征远红外比普通远红外节能 25%。相关的实验数据见表 11-3 至表 11-6。

集中干燥方式干燥周期的比较如下。

（1）普通热风烘房干燥：干球温度 100 ℃，物料温度 70 ℃，干燥周期 7~8 h。

（2）普通远红外干燥：物料温度控制在 57 ℃，干燥周期 5~7 h。

（3）特征远红外干燥：物料温度在 50 ℃以下，干燥周期 3 h。

表 11-3　特征远红外干制品营养成分

蔬菜种类		维生素 C/（mg/100 g）	维生素 B_1/（mg/100 g）	维生素 B_2（mg/100 g）	维生素 B_6（mg/100 g）	A_w	水分/%	Ca/（mg/100 g）	Fe/（g/100 g）	Zn/（g/100 g）
菠菜	干	15.59	0.10	0.26	0.08	0.62	9.12	0.756	94.1	22.3
	鲜	8.69	0.08	0.114	0.06		90	0.061	8.66	1.72
大葱	干	37.85	0.10	0.12	0.06	0.78	23.5	1.26	301.0	55.9
	鲜	4.49	0.03	0.05	0.06		90.2	0.139	39.4	6.04
胡萝卜	干	29.57	0.10	0.09	0.11	0.60	9.53	9.53		
	鲜	8.06	0.06	0.08	0.08		91.7	91.7		

注：水分为干基含水率。

表 11-4　几种果蔬干制品感官评定的总评分（满分 50 分）

干制方法	蔬菜	黄瓜	香菜	苹果	梨
特征远红外	48	46	48	47	45
普通热风烘干	38	40	37	40	36

表 11-5　几种果蔬的干燥时间

果蔬种类	大葱	香菜	韭菜	黄瓜	哈密瓜	苹果、梨
干制时间	2.5 h	3 h	2 h	2 h	4.5 h	3.5 h

表 11-6　特征远红外与普通热风烘干的干制品营养成分比较

蔬菜种类		营养成分							
		特征远红外/(mg/100 g)				普通热风烘干/(mg/100 g)			
		维生素 C	Ca	Fe	Zn	维生素 C	Ca	Fe	Zn
大葱	干	37.85	0.756	94.1	22.3	—	16	0.4	0.21
	鲜	4.49	0.061	8.66	1.72	25	46	0.8	0.25
菠菜	干	15.59	1.26	301.0	55.9	82	411	25.9	3.91
	鲜	8.69	0.139	39.4	6.04	49	13	2.4	1.59

3. 特征远红外对浆果的干制效果

浆果类水果如葡萄、草莓等用特征远红外技术干制时，整果干制效果不理想，若将草莓切片或切丝可以改善干制效果。但由于葡萄不能进行切分，而其表面又有蜡质层，所以水分很难从其中散失。果蔬在干制后期，干燥速率均十分缓慢，若此时能结合特征远红外干制，无论是在干制时间还是在干制效果上均可得到改善，还能延长储藏期及有效防止产品褐变。

特征远红外技术具有光线穿透力强、能耗低、辐照均匀、干制时间短，不会引起物料物理结构变化的特点，能良好地保持物料的色、香、味。特征远红外干燥装置的研制，在果蔬脱水干制方面无疑是一项突破，它具有一定的创造性和实用性。通过实验发现，若将特征远红外干燥设备的物料盘改为可转动式的，将会使光照更加均匀。

复习题

1. 应用红外辐射技术干燥果蔬脱水中，利用近红外干燥与远红外干燥技术相同吗？有什么区别？

2. 远红外干燥应用于香菇干燥中，工艺影响干燥因素的主次顺序是什么？利用 SPSS 软件绘制三维图，并对影响干燥时间的风速和温度变化交互作用进行分析，如何得出干燥时间与风速之间的关系？

参考文献

[1]　杨俊红，褚治德，孟宪玲，等. 蔬菜种子干燥的内部水分扩散机理[J]. 天津大学学报（自然科学与工程技术版），2001，34(2)：142-145.

[2]　张丽丽，王相友. 红外辐射加热技术在果蔬脱水干燥中的应用研究[J]. 农机化研究，2010，32(3)：193-195.

[3]　刘斌，吴本刚，陈盼，等. 红外技术在果蔬干燥中的应用及研究进展[J]. 包装与食品机械，2015（3）：50-83.

[4]　吴继红，张欣. 特征远红外技术用于果蔬干制的研究[J]. 食品科学，1998，19（8）：26-29.

[5]　成俊卿. 木材学[M]. 北京：中国林业出版社，1985.

[6]　[美]约翰·F. 肖. 木材传热传质过程[M]. 肖亦华，滕通濂，郭焰明，译. 北京：中国林业出版社，1989.

[7]　[德]F.F.P. 科尔曼，等. 木材学与木材工艺学原理：实体木材[M]. 江良游，朱政贤，戴澄月，等译. 北京：中国林业出版社，1991.

第 12 章 果蔬干燥机的应用研究进展

果蔬干燥机理已在前文中进行了详细的阐述,本章进一步研究果蔬干燥机的工程应用。干燥机属生产工具,由创造性的劳动者利用它就形成了生产力,生产力是发展国民经济(包括国防)的创造力。有了先进的生产力,国民经济才能迅速发展。其中,先进的生产工具很重要,也可以说特别重要。

12.1 网带式干燥机

图 12-1 所示为网带式干燥机原理。其中,料斗 1 中的物料均匀地铺在网带 2 上,网带采用 12~60 目的不锈钢网,由传动装置拖动,在干燥机内循环移动。干燥机由若干单元组成,每一单元热风独立循环,其中部分尾气由专门的排风机 6 排出,而每一单元排出废气量均由调节阀 7 控制,在干燥初阶段循环风机 5 出来的风由侧面风道进入下部,气流向上通过换热器加热,并经分配器 3 分配后,成喷射流吹向网带,穿过物料后进入上部,热风穿过物料层,完成传热传质干燥过程。湿空气由排风机 6 排出,大部分仍由循环风机 5 循环。干燥后期,循环风机 5 吹向上部的换热器 4,再穿过物料层进入下部,也可部分循环、部分排出。

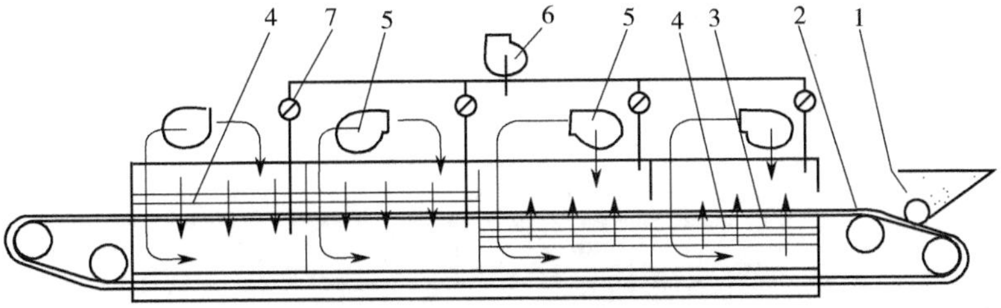

图 12-1　网带式干燥机原理图

1—料斗;2—网带;3—分配器;4—换热器;5—循环风机;6—排风机;7—调节阀

网带式干燥机的特点是分配器与循环风机使热风穿过饮片与果蔬,干燥效果好,但物料干燥层数不如翻板式干燥机多。当饮片初含水率高时,可将多台网带式干燥机串联或制成总长度较长的单台网带式干燥机。图 12-1 所示为一种长度为 15 m 的单台网带式干燥机,开有 3 个侧门用以观测与清理物料,第 1 门为循环风机,使物料在湿态下得到良好的换热,实验数据见表 12-1。

表 12-1　网带式干燥机实测干燥参数

门号	干球温度/℃	湿球温度/℃	风速/(m/s)	料温/℃
1	49.5	41.9	0.18	—
1(下)	101.4	61.7	0.5	—
2	58.5	48	0.75	—
2(下)	102	57.3	0.75	—
3	69	41.5	0.13	55
3(下)	109.5	63.1	0.4	92

其蒸气压为 0.33 MPa,料厚为 15 mm,物料初含水率为 74.5%、终含水率为 2%。表 12-1 中出料口料温达 92 ℃,无疑会使药性损失巨大。

12.2 水平槽型振动流化干燥机

图 12-2 所示为水平槽型振动流化干燥机及配套系统简图。其中,物料由上部的振动给料机 1 供料,空气经空气过滤器 2、送风机 3 及加热器 4 送至振动流化干燥机料层下部,热风穿过料层经集尘器 5 和引风机 6 排入大气,冷空气经空气过滤器 8 和送风机 7 送至已经干好的振动流化干燥机料层下部,使物料冷却,受热后的冷却风与排出的湿气汇集在一起排入空气,干后的物料由右部装袋为成品,有 2 台振动电机 9 使振动床振动。

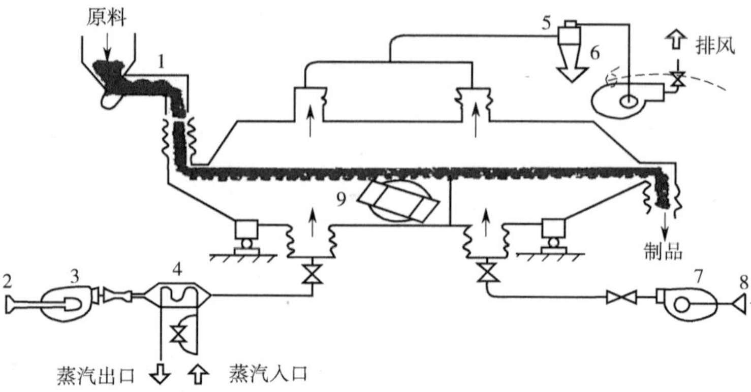

图 12-2　水平槽型振动流化干燥机及配套系统简图

1—振动给料机；2—空气过滤器；3—送风机；4—加热器；5—集尘器；6—引风机；7—送风机；8—空气过滤器；9—振动电机

12.3 水平圆环运动振动流化干燥机

图 12-3 所示为水平圆环运动振动流化干燥机原理。其中，物料由上部进料口投入，在环状孔板上做等角速度水平跳跃运动，物料每旋转一周经孔板缺口跌落于下层，并依次经过 4 层孔板的旋转跳跃运动，干燥后物料由下部出料口排出。热风从上部中间位置进入振动体，经分风后由下而上依次穿过 4 层孔板上的小孔，与湿物料进行传热传质交换。该类型干燥机具有以下 4 个特点。

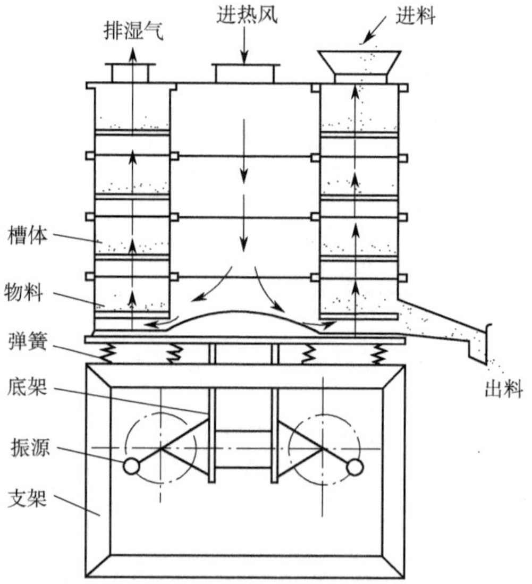

图 12-3　水平圆环运动振动流化干燥机原理图

（1）物料靠下部的 2 台振动电机做旋转与跳跃运动，物料有空隙，因此热风穿过 4 层孔板时压力损失较小，生产系统只配用一般低压风机即可，与气流干燥机相比，风机功率仅为其 1/2。

（2）物料与热风逆向运动，进排气温差较大，热风利用率高，与水平槽型振动流化干燥机相比可节能 30%。

（3）物料沿水平环状孔板跳跃运动，与热风充分接触，无局部过热和干燥不均现象。

（4）改变激振条件可改变物料运动状态和流速，即可改变物料干燥周期与产量，物料的运行速度可在 0~12 m/min 范围内无级调节。

由于饮片种类繁多、形状各异，既有条、块状，也有球、粒、杆状等，因此这些饮片经过孔板的小孔时有堵、卡、漏的可能，因此在干燥机上必须设置观察孔及清扫孔。

12.4 红外辐射加热螺旋振动流化干燥机

红外辐射加热螺旋振动流化干燥机原理如图 12-4 所示，其系统图如图 12-5 所示。其中，物料从下部进料口进入螺旋式振动流化干燥机，由 2 台振动电机驱动，使物料从下部沿螺旋槽升至上部，物料沿螺旋槽行进过程中获得辐射器的辐射能量，由循环风机吹入部分排出的湿空气与新鲜空气由气孔 6 吹物料表面，使物料获得对流干燥能量，工程用 1 m 高的振动床本体可获得 45 m 长的干燥行程，并得到导热换热。螺旋槽表面没有气孔，因此各种不同形状、尺寸的物料均不会在螺旋槽表面上发生堵、漏、卡现象。

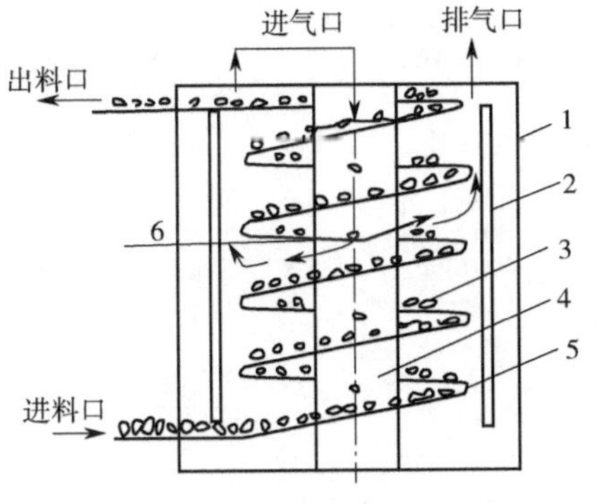

图 12-4　红外辐射加热螺旋振动流化干燥机原理图

1—外罩；2—辐射器；3—物料颗粒；4—中心风管；5—螺旋槽；6—气孔

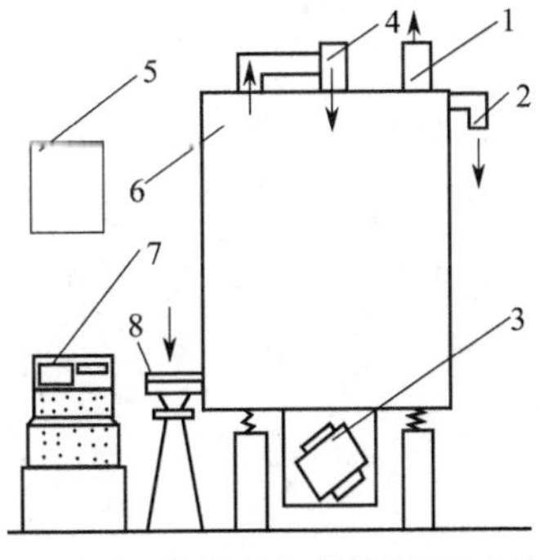

图 12-5　红外辐射加热螺旋振动流化干燥机系统图

1—排气孔；2—出料口；3—振动电机；4—循环风机；5—电源箱；6—干燥机；7—数据采集系统；8—给料机

12.5 转筒干燥机

转筒干燥机是最古老的干燥机之一，目前仍被广泛应用于化工、建材和冶金等领域，如碱厂、水泥厂。现代新型的水泥转筒，直径可达 5.8 m，长 180 m，重 2 000 t 以上。但其在中药饮片业、果蔬业应用较少，由于物料在转筒内停留时间长，物料颗粒之间的停留时间差异较大，对于物料含水率有严格要求或对物料的性能有严格要求的产品不适用，碱面与水泥没有这个要求，但新的三环转筒干燥机可满足高品质、高产量并节能的要求。

图 12-6 所示为转筒干燥机原理。其中，带有倾斜度的转筒支承在支承滚圈上，原料从左上端加入滚筒，滚筒内有抄板将物料转到顶部并使其落下，左端热空气与落下的物料成垂直对流换热，筒底端物料与筒底进行导热交换，物料靠转筒的倾斜度缓慢地流动到右下端排出，废气由右端上部排出。

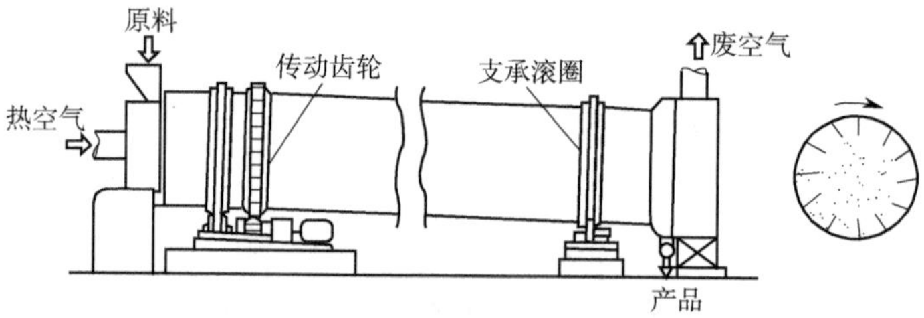

图 12-6　转筒干燥机原理图

12.6 三环转筒干燥机

图 12-7 所示为三环转筒干燥机原理，高温热风与高湿物料从左端的进料机处进入。图 12-8 所示为三环转筒干燥机热风与物料流向图，热风与物料由 A 处进入，经内筒 B 流至右顶端 C 并返回到第二层筒 D，再流至左端 E 并返回第三层筒 F，直到右端 G 排出。由于热风与物料都是经过三层转筒干燥，故称为三环转筒干燥机。由图 12-7 可见，物料经过出料机及旋风卸料器排出，湿气从排气口排出，从剖面 *A—A* 可看出物料经抄板在三环转筒中工作，热源可采用优质煤、天然气或红外源。

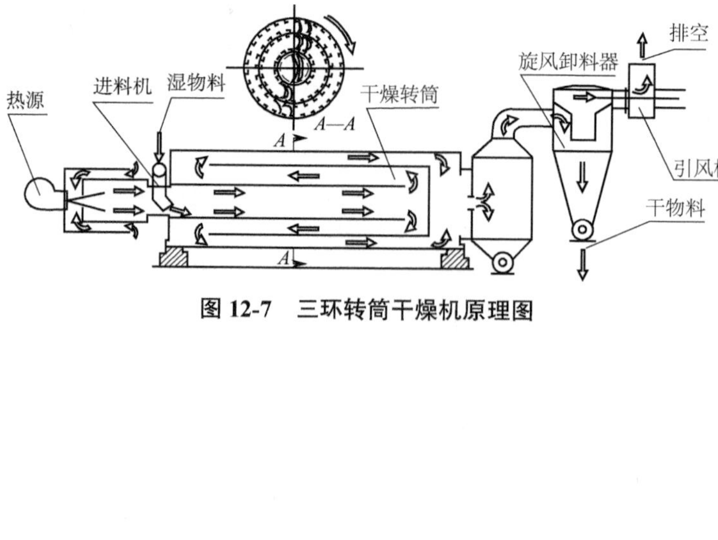

图 12-7　三环转筒干燥机原理图

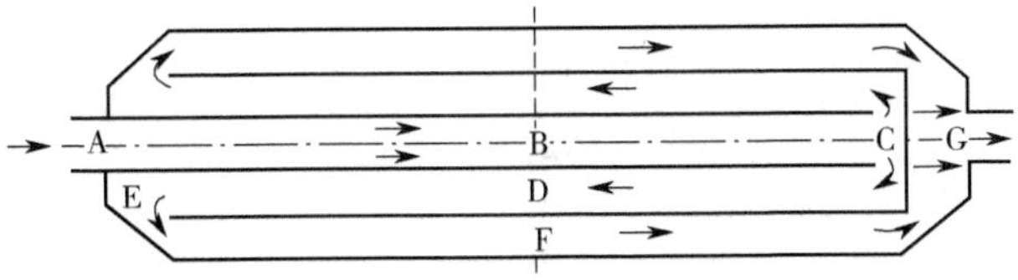

图 12-8　三环转筒干燥机热风与物料流向图

12.6.1　三环转筒干燥机的特点

三环转筒干燥机是近代发展起来的新型干燥机，在欧美市场主要以三环转筒干燥机代替原来的转筒干燥机。三环转筒干燥机具有以下突出优点。

（1）产量高、容积小，最大小时蒸发水分达 8 000 kg，主机装机容量有常规转筒干燥机的 1/ 8，长度缩小 2/3，节省了大量钢材及厂房面积。

（2）能耗低、热效率高，干燥机进口风温可达 850 ℃，出口风温在 90~125 ℃，料温在 60~80 ℃。若环境温度为 0 ℃，则热效率为 65%~75%。

（3）质量好。

（4）初投资少、运行费低。

（5）与时俱进、改进创新。

（6）打破垄断、烘干银杏叶。

（7）一机多用，可烘干各种片状、纤维状、粒状物料。部分烘干成品如图 12-9 所示。

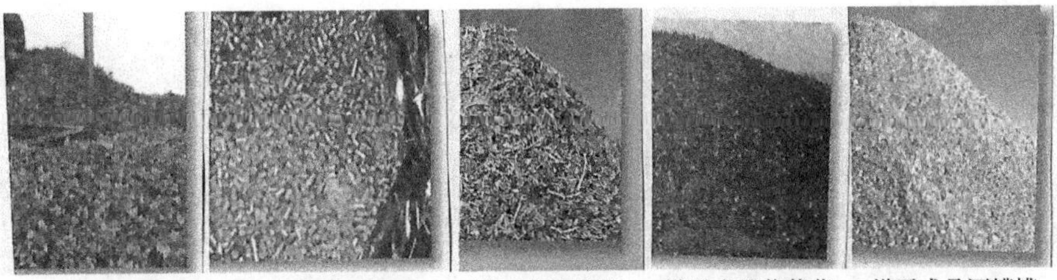

烘干成品银杏叶　烘干成品万寿菊颗粒　烘干成品蔬菜　烘干成品苜蓿草　烘干成品酒糟槽

图 12-9　三环转筒干燥机烘干的成品（可烘干数十种物料）

12.6.2　三环转筒干燥机的干燥动力学分析

1. 三环转筒干燥机的传热传质原理简析

图 12-10 所示为三环转筒干燥机内筒抄板传热传质原理图，热风与抄板顶部落下的物料在 A 相遇，进行垂直对流换热，物料落至转筒底部 B 时则与转筒壁进行导热换热，物料从顶部降落的过程又受到转筒顶部、内部 D 及 E 处的高温辐射换热，即物料在进口处受到强辐射、强对流与强导热的共同作用。图 12-11 所示为三环转筒干燥机外观图，其中左部为换热器，右部为干燥机。

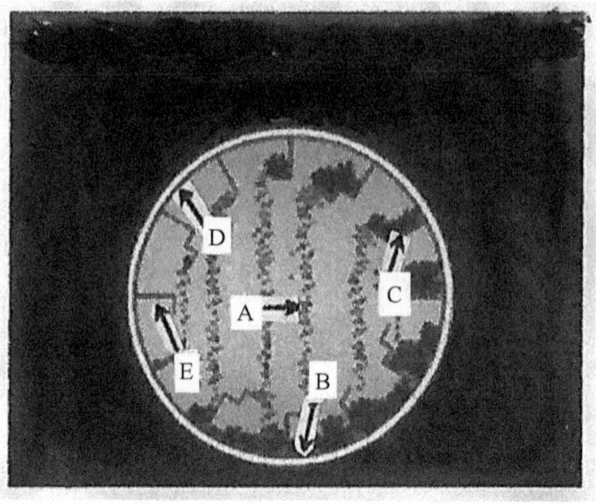

图 12-10　三环转筒干燥机内筒抄板的传热传质原理图

图 12-11　三环转筒干燥机外观图

2. 三环转筒干燥机的干燥动力学 1——温差推动力

由上述分析可知，在进口处，无论是辐射、对流与导热都有一个相当大的温差值，这是传热、传质的推动力。结合式(12-1)干燥动力学方程，对温差推动力进行分析。

$$\frac{\mathrm{d}M}{G_0\mathrm{d}\tau}=\frac{1+X}{\delta\rho_{\mathrm{w}}(\gamma_{\mathrm{w}}+\Delta\gamma)}\left\{\varepsilon_{\mathrm{s}}C_0\left[\left(\frac{T_{\mathrm{Ri}}}{100}\right)^4-\left(\frac{T_{\mathrm{si}}}{100}\right)^4\right]+h_{\mathrm{c}}(t_{\mathrm{di}}-t_{\mathrm{si}})+\frac{h_{\mathrm{t}}}{\delta}(t_{\mathrm{li}}-t)+\right.$$
$$\left.H^2\omega^2\delta\rho_{\mathrm{w}}+C_0\left[\varepsilon_{\mathrm{g}}\left(\frac{T_{\mathrm{gi}}}{100}\right)^4-\left(\frac{T_{\mathrm{si}}}{100}\right)^4\right]\right\}-\left(\frac{C_0+XC_{\mathrm{w}}}{\gamma_{\mathrm{w}}+\Delta\gamma}\right)\frac{\mathrm{d}t}{\mathrm{d}\tau}\qquad(12\text{-}1)$$

1)辐射换热温差

由式(12-1)可见，T_{Ri} 为进口高温辐射温度，T_{si} 为左端进口的物料温度，即转筒的顶部及 D、E 处所形成的辐射温差接近进口高温气体温度，即 600~800 ℃，取 700 ℃。T_2 为进口处物料温度，取 30 ℃，则换热温差为 670 ℃，可见其瞬间辐射温差很大。就传质而言，其干燥速率与绝对温度的 4 次方差成正比。由物料的吸收光谱可知，在波长 2.92 μm、4.74 μm、6.12 μm 附近有强吸收峰。到终端出口风温为 107 ℃，物料温度为 70 ℃，则换热温差为 37 ℃。因此，在干燥机的左端进口处，直到内筒的右端出口，其温差在 670 ℃至 37 ℃变化，有很强的辐射传热与传质。

2)对流换热温差

由式(12-1)可知，对流换热传热传质温差为 $t_{\mathrm{dt}}-t_{\mathrm{st}}$，在进口处 t_{dt} 约为 700 ℃，t_{st} 为常温 30 ℃，可见其瞬间对流温差为 670 ℃，到终端出口风温为 107 ℃，物料温度为 70 ℃，则换热温差为 37 ℃。这一温差极大地提高了对流换热传热传质效果。

3)导热换热温差

由式(12-1)可知，导热换热温差为 $t_{\mathrm{li}}-t$，在筒壁底部 B 及抄板 C 的温度进口处 t_{li} 约为 700 ℃，在进口处 t_{si} 为常温 30 ℃，可见其瞬间导热温差为 670 ℃，这也极大地提高了导热换热传热传质，直到出口导热温差降为 37 ℃。

4）湿蒸汽的辐射温差

式（12-1）中的 $T_{gi}-T_{si}$ 为湿蒸汽的温差，其 4 次方差的湿蒸汽的辐射传热传质进一步强化了干燥过程。

3. 三环转筒干燥机的干燥动力学 2——强化传热传质

（1）对流换热系数与导热系数增大：对流换热系数 h_c 与导热系数 h_t 是气流速度与温度的函数，空气自然对流换热系数为 3~10 W/（m²·℃），而气体强制对流时则为 20~250 W/（m²·℃），老式转筒干燥机、网带式干燥机及翻板式干燥机远比三环转筒干燥机气流速度低、温度低，因此对流换热系数 h_c 与导热系数 h_t 小，所以传热传质均远不如三环转筒干燥机。

（2）变温干燥：本书介绍的单板干燥、木材干燥与中药饮片干燥均证实，变温干燥既节能又优质，三环转筒干燥机进口高温气流温度约为 700 ℃，出口风温为 107 ℃，物料进口常温为 30 ℃，出口温度为 70 ℃，可见是变温干燥，可确保节能与产品优质。

（3）高温气体的辐射传热。

4. 三环转筒的结构优点

不仅干燥机长度大为缩短，仅为 10 m，而且占地少、投资少、操作方便；该三环转筒干燥机的筒体换热是非常科学的，内筒的外壁加热中筒的物料，中筒的外壁加热外筒的物料，充分利用能源，以致外筒不用保温，节约材料。

粗略估计，物料运动干燥周期为 2.5 min，不计物料在抄板上的上下翻动时间，只以 30 m 直线运行计，则物料的运行速度为 30/2.5=12 m/min。物料的运动速度很快，瞬间不会升温太高，这就是动量、热量、质量的传递原理。

12.7 振动式远红外干燥机

振动式远红外干燥机结构如图 12-12 所示。其主要包括振动输送物料器和远红外辐射器，机组由加料系统、加热干燥系统（主机）、排气系统及电气控制系统组成。

（1）加料系统：由加料斗和 KDZ4 型定量喂料机组成。

（2）加热干燥系统：由框架、保温门、振槽、链轮振动器、远红外辐射器及电动机等组成。

（3）排气系统：由排气管、风机和蝶阀组成。

（4）电气控制系统：由电热丝断路指示灯、远红外辐射器开关、7151-DM 型控温仪、SL-24 型湿度测定仪、电压表及电流表等组成，均安装在一个电气控制框上。

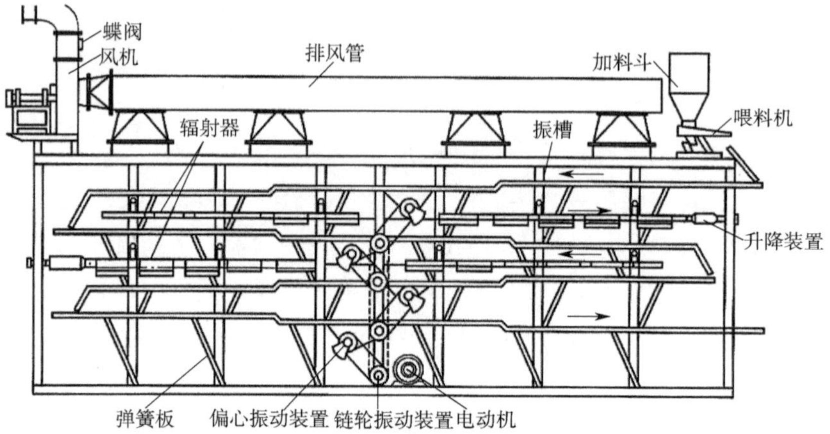

图 12-12　振动式远红外干燥机结构简图

进行干燥时，潮湿的颗粒状物料由喂料机自动定量地加入第一层振槽，利用箱顶的预热使物料升温到 48 ℃左右，然后由振动装置输送入第二层振槽，在远红外辐射器加热下，物料温度升高至 78 ℃，再送至第三层振槽并继续被加热至 90 ℃。由于振动作用，使物料不断上抛翻动，水汽不断蒸发，从而达到快速干燥。当物料送至第四层振槽时，由于该层无辐射加热，又有冷风不断吹入，物料逐渐冷却，通过振槽终端的筛网筛去细粉，成品送至接收筒。

使用振动式远红外干燥机对黏度较大的颗粒物料进行干燥时，要先进行预处理，使物料不至于黏结于振槽表面。

振动式远红外干燥机具有快速、优质、耗能低的特点。湿颗粒物料在机内停留 6~8 min，通过远红外辐射器加热时，仅用 1.5~2.5 min，箱内湿气温度达 68 ℃，每小时能干燥干料 120 kg，干燥时物料最高温度为 90 ℃，且加热时间短，物料成分不易破坏，并有灭菌作用。其物料外观色泽鲜艳、均匀、香味好、保持物性，成品含水率可达到 2%左右，达到优级品水平。全机总功率为 50.6 kW，平均每千瓦时电能可干燥物料 3.5 kg。

12.8 微波药丸干燥杀菌机

图 12-13 所示为最新复合式微波药丸干燥杀菌机，其实际上是传送带式连续干燥机，共有 6 个干燥室，每室有微波源，使微波场在室内辐射均匀并有排湿装置，6 个排风管汇总在一起排湿，在出料口处有控制台，可进行人机对话，设定各种工艺参数。为防止微波泄漏，其设有较长的抑制器，且在每个干燥室侧面设有观测门。该机主要特点如下：

（1）复合结构较现有设备可节能 10%~20%；

（2）多微波管馈送，使干燥室传送带的表面温度均匀且垂直于传送带方向，温度均匀性为 2%，高于国际标准要求的 ±4%；

（3）微波管价廉且寿命长（可达 1 年）；

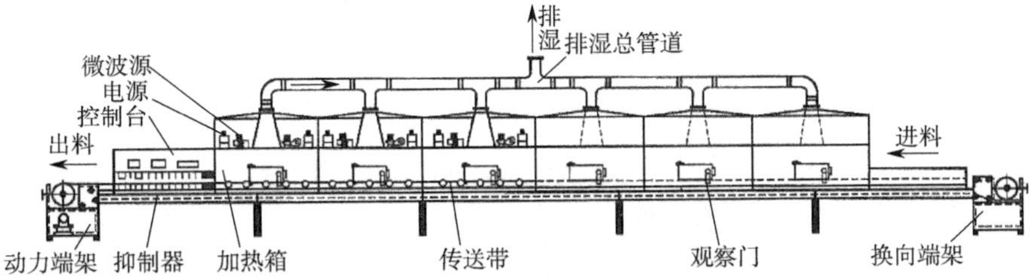

图 12-13　最新复合式微波药丸干燥杀菌机简图

（4）炉外表面温度低，工人操作环境好，既节能又环保；

（5）传送带宽度为 550 mm；

（6）传送带运动速度为 0~20 m/min；

（7）采用 PLC 人机界面控制，可实现编程、控温、监控报警；

（8）外形尺寸（长 × 宽 × 高）约为 3.5 m × 1.05 m × 1.7 m；

（9）频率为（2 450 ± 50）Hz；

（10）额定输入视在功率≤48 kW；

（11）额定输出功率≥30 kW。

12.9 翻板式干燥机

图 12-14 所示为翻板式干燥机系统。其中，来自锅炉的蒸汽经空气换热器转换成热风，经风机吹入干燥机，湿气从上部排风口排出。

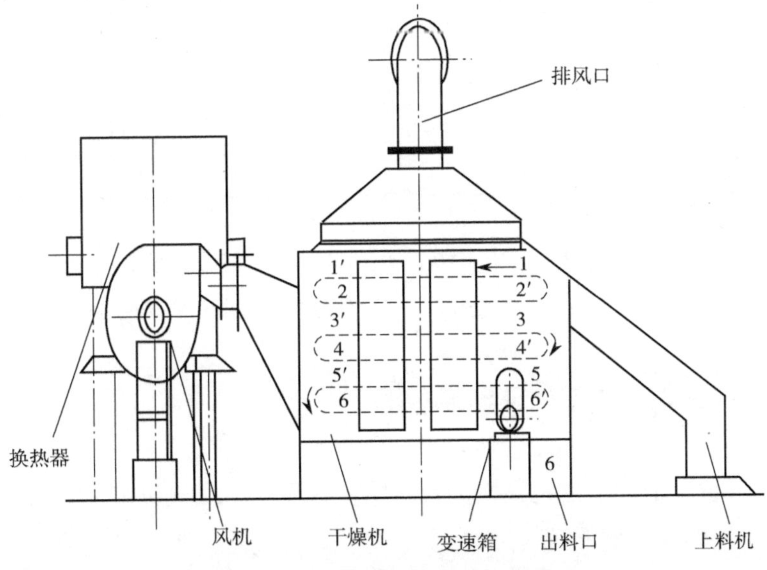

图 12-14　翻板式干燥机系统图

翻板式干燥机由三组翻板传送带组成，饮片由上料机送到翻板最上层 1 处，由传送带将饮片运至 1′，此时翻板打开，饮片落到下层 2 处，在第 2 层翻板上物料向右传动并干燥，当传送到 2′ 处时，翻板又打开，饮片落到第 3 层翻板 3 处，再传送到 3′ 处，又打开翻板，饮片降至 4 处，依此循环干燥，直至物料从 6′ 处出料口出料，完成一个干燥周期，每层都有翻板用于使物料落下（图 12-15），从而得名翻板式干燥机。其中，翻板上打有小孔，在各层翻板下还有配气管，使热风能垂直穿过物料层。

该机的特点是干燥层多，与网带式干燥机相比，物料层增加 1 倍；其缺点是配气不均，致使各层干球温度不均。某工厂翻板式干燥机测试数据如下：物料当归，产量为 850 $kg_{干}$/4 h，料层厚度为 20 mm，蒸气压为 0.4 MPa，室温为 19.6 ℃，饮片进干燥机温度为 24.6 ℃，饮片出干燥机温度为 60 ℃，饮片初含水率为 60.7%（干基）、终含水率为 17.1%。翻板式干燥机内实测干燥参数见表 12-2。

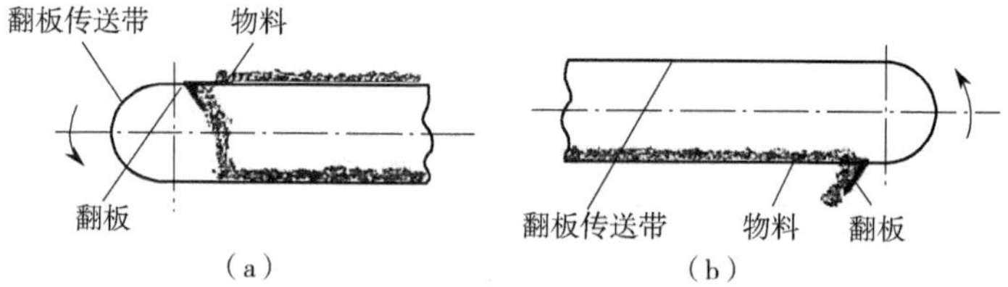

图 12-15　翻板落料示意图

（a）1′、3′、5′ 处翻板落料　（b）2′、4′、6′ 处翻板落料

表 12-2　翻板式干燥机内实测干燥参数

干燥机床层	干球温度/℃	湿球温度/℃	风速/（m/s）
1	50.8	30.1	0.38
2	61	30.0	0.44
3	50.6	34.8	0.48
4	69.7	38.4	0.6
5	58.8	35.4	0.34

实验物料当归的干球温度最高为 59.8 ℃，最高料温只有 59 ℃，但指标成分损失已达 29.1%。而现场干球温度高达 69.7 ℃，出口料温为 60 ℃，可见指标成分损失有增无减。

12.10 各种干燥机（炉）主要指标对比

翻板式干燥机、网带式干燥机是当前我国生产常用的干燥机机型，该两种机型与三环转筒干燥机的干燥指标对比如下：

（1）干燥周期是三环转筒干燥机的 30~36（76/2.5~90/2.5）倍；

（2）进口干燥温度低 90%；

（3）干燥热效率低，即能源利用率低。

各种干燥机（炉）主要指标对比见表 12-3。

表 12-3　各种干燥机（炉）主要指标对比

干燥机（炉）名称	被干物料	干燥周期/min	单位脱水耗电量/($kW\cdot h/kg_{H_2O}$)	热效率 η/%	备注
天津大学红外滚压单板机	单板，0.5~1.8 mm	2.08	1.3	60	
德国 BG13 喷气滚压单板机	单板，0.5~1.8 mm	6.0	2.0	38	
天津某家具厂红外木材烘干炉	厚木板、硬杂木	45	0.96	77	
常规燃煤木材烘干炉	厚木板、软木、硬杂木	216		30 12	
翻板式干燥机	桑枝桑叶	76		14	产量低、质量差
网带式干燥机	桑枝桑叶	90		11	产量低、质量差
恒功率振动流化干燥机	中药饮片槟榔	17.3	2.4	29	
变功率振动流化干燥机	中药饮片槟榔	17.1	2.1	32	
三环转筒干燥机	饮片、果蔬、桑枝桑叶等	2.5		65~75	产量高、质量好、效率高

复习题

1. 从表 12-3 看出，有的干燥机（炉）的热效率可达 70%以上，有的只有 10%左右，这是为什么？

2. 为什么三环转筒干燥机的热效率高、干燥质量好？

参考文献

[1]　卢英林，刘庆春，汪宝峰，等. 干燥机实现高效、节能的重要措施：高温、快速干燥的机理及相应设备[C]//第十三届全国红外加热暨红外医学研讨会论文集，2011.

[2]　糜正瑜，褚治德，等. 红外辐射加热干燥原理与应用[M]. 北京：机械工业出版社，1996.

[3]　褚治德. 中药槟榔的红外辐射振动流化干燥动力学实验研究[C]//中国工程热物理学会传热传质学学术会议论文集，1996.

[4]　俞书宏，马宝娇，翁颐庆. 振动流化床（VFB）干燥性能及传热特性的研究[J]. 武汉工程大学学报，1992，14（3-4）：99-104.

[5]　李希晖. 红外辐射振流化种子干燥机理及过程模型研究[D]. 天津：天津大学，1996.

第 13 章 供暖应用研究进展

13.1 公路收费亭采用红外辐射加热的效果

13.1.1 公路收费亭原电炉供暖

图 13-1 所示为公路收费亭原电炉供暖温度分布曲线。由图可知，原电炉供暖的收费亭内温度分布上下不均，收费亭顶部温度高，下部温度低，底部温度更低，甚至接近收费亭外环境温度；收费亭内空间距离电炉的远近也不均匀，地板表面温度过低不利于人体健康，以及由于经常开窗故收费口温度较低。公路收费亭原电炉供暖系统效果图如图 13-2 所示。

13.1.2 公路收费亭采用红外辐射加热系统加热的效果

结合收费亭功能、结构特点，在对红外辐射加热系统进行充分研究与设计的基础上，进行了一系列的模拟实验。

图 13-3 所示为公路收费亭红外辐射加热系统加热的效果图。由图可知，红外辐射加热系统使收费亭内温度分布比较均匀，收费亭内顶部辐射板对收费员上部及腿部辐射加热，极少量对流热与窗口吹入冷风换热，并为人体侧面提供热量，另一部分从窗口流出；底部和侧边辐射板不仅对收费员脚部和腿部辐射加热，同时侧边辐射的少量对流热量形成热风幕，可避免亭外冷风直接吹向人体。公路收费亭红外辐射加热的温度分布曲线如图 13-4 所示。

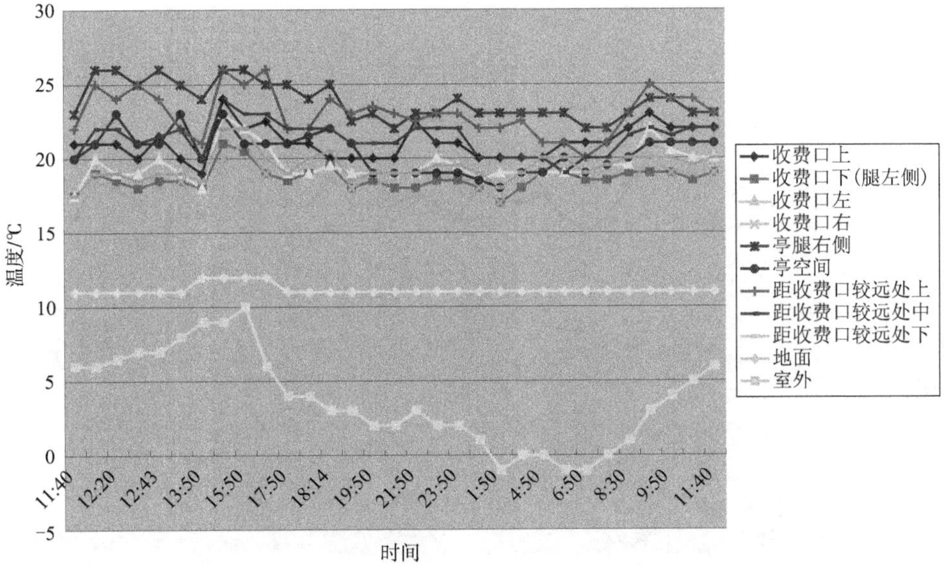

图 13-1　公路收费亭原电炉供暖温度分布曲线

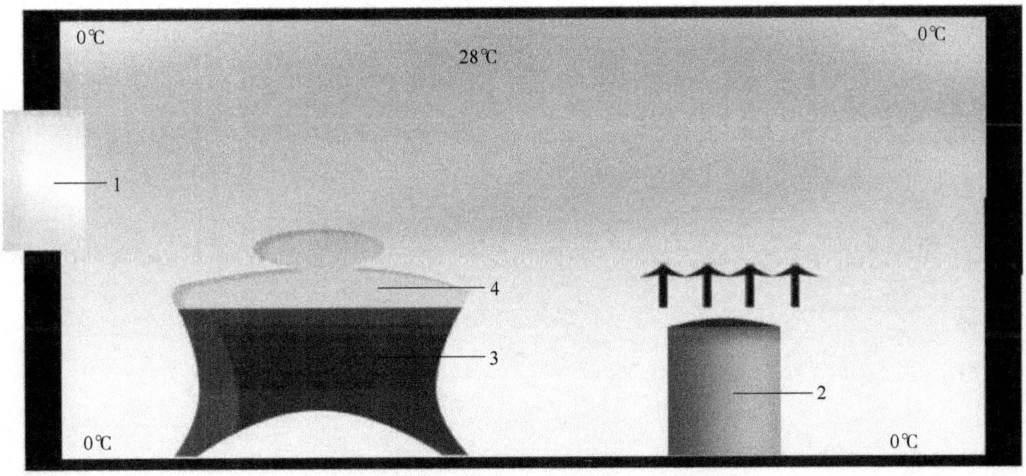

图 13-2　公路收费亭原电炉供暖系统效果图

1—窗户;2—电炉;3—椅子;4—人

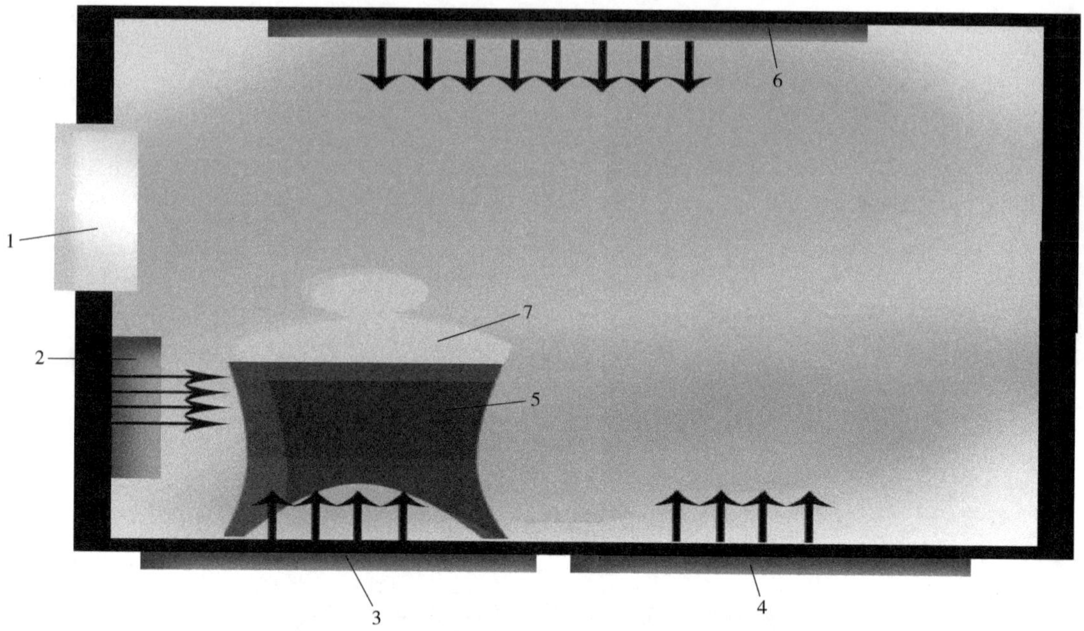

图 13-3　公路收费亭红外辐射加热系统加热的效果图

1—窗户；2—侧辐射板；3，4—地热辐射板；5—椅子；6—顶辐射板；7—人

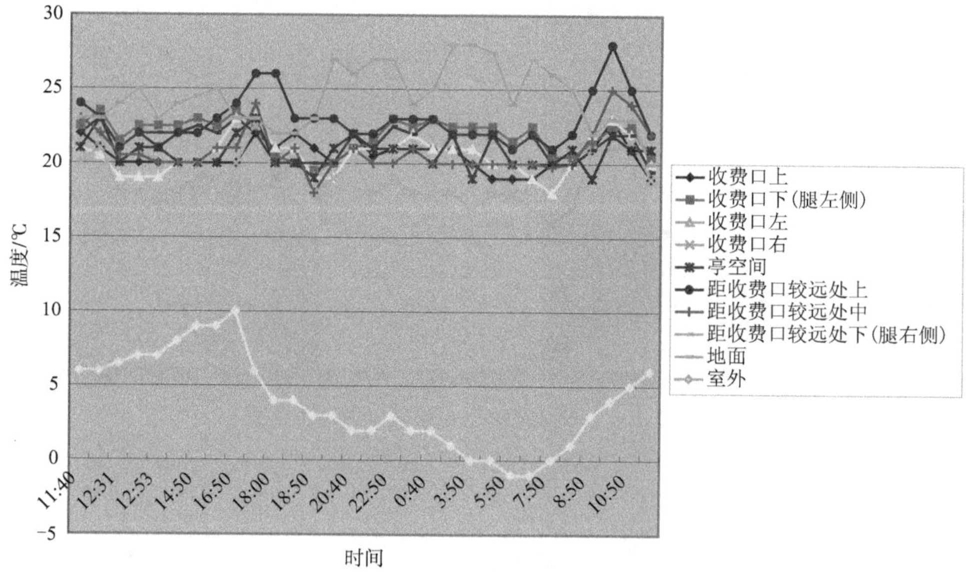

图 13-4　公路收费亭红外辐射加热的温度分布曲线

13.1.3　公路收费亭红外辐射加热节能效果分析

公路收费亭原电炉的额定功率为 2 kW，收费员在冬天工作时，脚穿厚鞋，身披大衣，还需经常将电炉放到大腿下部；而红外辐射加热系统的额定功率为 1.8 kW，收费员在冬天工

作时，可以脚穿薄鞋，不必身披大衣，在此条件下可以达到节能 20%以上。其主要节能因素包括：

（1）将红外辐射加热设计成面向收费员，形成空间局部立体高温区，充分利用有限热源；

（2）收费员身体各部分都具有良好的红外吸收特性，能量利用率高；

（3）除集中加热区外，其他区域温度相对较低，即收费亭内与内壁接触的空气温度相对较低，热散失少；

（4）收费亭内顶部对流换热比较少，该处空气温度较低（辐射温度高），热损失少；

（5）红外辐射加热系统热蓄少、加热快，不仅有利于温度自动化控制，且易于实现高控制精度，获得进一步节能效果。

13.2 楼宇、住宅电热地膜红外供暖

13.2.1 概述

人类社会的发展经历了从生存到温饱，再从温饱到小康，建筑从最初粗犷的遮风避雨、御寒安全，到关注舒适、讲求生活品质，更从关注自身体验提升为关注社会影响，建筑不再是建材的凝固物，而是充满智能与舒适的生活艺术品。

建筑供暖从就地取材的能源利用，到逐渐用科技改变生活，是一个从生存到舒适的进化过程，当前供暖行业的发展正在朝着电气化、智能化、健康化的方向迈进。远红外电热地膜辐射供暖以其接近人体舒适温度曲线、植入式安装方式、高科技智能化的物联网控制模式逐渐在建筑供暖领域受到普遍欢迎并占据重要地位。同时，通过便捷的新能源接口，其可为供暖提供源源不绝的绿色动力，让建筑供暖更加舒适。

13.2.2 电热地膜红外加热的原理及优化换热

1. 电热地膜红外加热的原理

电热地膜红外加热系统是以电力为能源，通过封装在薄膜中的地膜将电能即时转化为热能，能量转化效率可高达 99.7%，这种远红外热辐射具有与人体散发的远红外辐射相近的波长，可快速使人及穿着衣物获得热感，并且感受舒适。由于电热地膜红外加热系统的分层封装结构具有防水、抗老化、耐高温、阻燃、高绝缘强度的特点，故广泛应用于建筑领域及医疗保健、农业、畜牧业领域等的保暖。

金相显微镜下石墨基远红外浆料热成像如图 13-5 所示，人体散发远红外热能情况如图 13-6 所示。

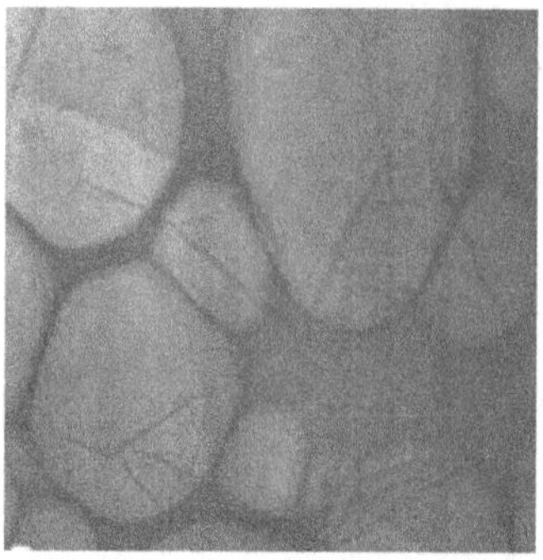

图 13-5　金相显微镜下石墨基远红外浆料热成像

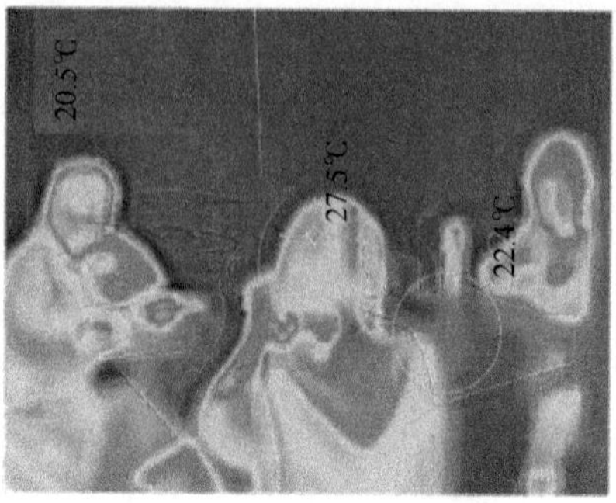

图 13-6　人体散发远红外热能情况

2. 电热地膜结构

电热地膜是一种多层复合封装结构，既有非常好的柔韧、耐久、防老化特性，更可防水、耐酸碱，可直接植入建筑物地面结构层中，通过绝缘 PVC 层进行封装，将石墨基远红外浆料（导电油墨）层和金属载流条复合在一起，并且针对静电、电磁、泄漏电流进行了防护处理。

电热地膜结构包括导电油墨、金属载流条、防电磁屏蔽层、防漏电保护层、防水快速插接头及 PVC 防水绝缘层等，如图 13-7 所示。

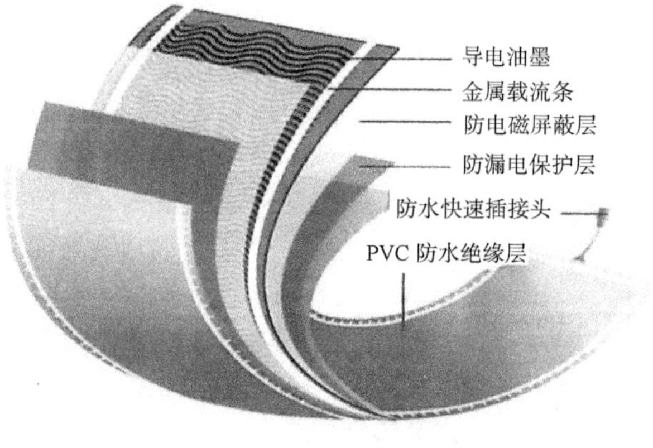

图 13-7　电热地膜结构

3. 电热地膜红外加热的优化换热

对于人体，无论是白皮肤还是黑皮肤，在长波段都有极高的吸收率，高达 95%。图 13-8 所示为石墨基远红外浆料层红外发射光谱波长与人体的吸收光谱。由图可知，石墨基远红外浆料层的工作波长在 8~11 μm 与人体长波自身 9~10 μm 的吸收光谱波长极为相近，均高达 95%。

楼宇、住宅内的换热属于空腔与内包壁面间的辐射换热。空间与人体获得的热量为 $Q_{1,2}$，T_1、F_1、ε_1 分别为石墨基远红外浆料层的温度、面积与发射率，T_2、F_2、ε_2 分别为被加热的空间与人体的温度、面积与吸收率，则 $Q_{1,2}$ 按下式计算：

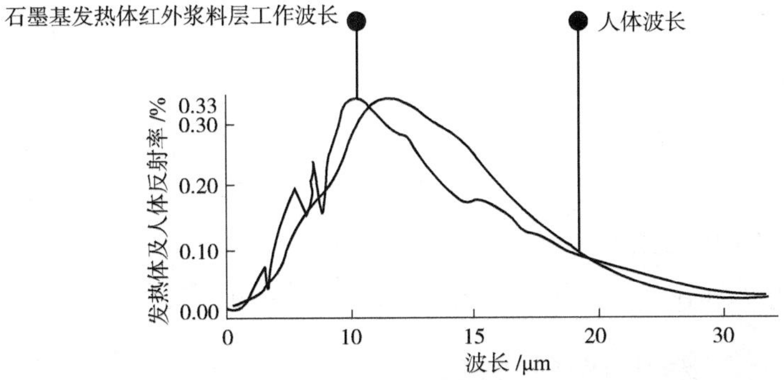

图 13-8　石墨基远红外浆料层红外发射光谱波长与人体的吸收光谱

$$Q_{1,2}=\frac{5.67F_1\left[\left(\frac{T_1}{100}\right)^4-\left(\frac{T_2}{100}\right)^4\right]}{\left(\frac{1}{\varepsilon_1}-1\right)+\frac{1}{X_{1,2}}+\frac{F_1}{F_2}\left(\frac{1}{\varepsilon_2}-1\right)}$$

$$=5.67\varepsilon_s F_1\left[\left(\frac{T_1}{100}\right)^4-\left(\frac{T_2}{100}\right)^4\right]\ （W） \tag{13-1}$$

$$\varepsilon_s=\frac{1}{\left(\frac{1}{\varepsilon_1}-1\right)+\frac{1}{X_{1,2}}+\frac{F_1}{F_2}\left(\frac{1}{\varepsilon_2}-1\right)} \tag{13-2}$$

式中　ε_s——任意位置的两个灰体表面的系统黑度；

$X_{1,2}$——角系数。

由于 F_2 完全被表面 F_1 包围，因此角系数 $X_{1,2}$=1，则式（13-1）可简化为

$$Q_{1,2}=\frac{F_1(E_{b1}-E_{b2})}{\frac{1}{\varepsilon_1}+\frac{F_1}{F_2}\left(\frac{1}{\varepsilon_2}-1\right)}=5.67\varepsilon_s F_1\left[\left(\frac{T_1}{100}\right)^4-\left(\frac{T_2}{100}\right)^4\right]\ （W） \tag{13-3}$$

此时，系统黑度为

$$\varepsilon_s=\frac{1}{\frac{1}{\varepsilon_1}+\frac{F_1}{F_2}\left(\frac{1}{\varepsilon_2}-1\right)}$$

若比表面积 $F_1/F_2\rightarrow 1$，则系统黑度可更为简化。

若 $\varepsilon_1=\varepsilon_2=0.95$，则

$$\varepsilon_s\frac{1}{\frac{1}{0.95}+\left(\frac{1}{0.95}-1\right)}=\frac{1}{1.05+0.05}=\frac{1}{1.1}=0.91$$

若 $\varepsilon_1=\varepsilon_2=0.8$，则

$$\varepsilon_s=\frac{1}{\frac{1}{0.8}+\left(\frac{1}{0.8}-1\right)}=\frac{1}{1.25+0.25}=\frac{1}{1.5}=0.67$$

另有

$$K=\frac{0.91}{0.67}=1.36$$

即发热量 $Q_{1,2}$ 增加 36%,也就是在同样的 T_1、T_2 条件下,0.95 的发射率与吸收率比 0.8 的发射率与吸收率的室内换热高 36%。因此,要达到室内相同的温度,其供热温度 T_1 可以降低,即表示可更节能。再者由于优化的石墨基远红外浆料层电热地膜红外加热面积远大于壁面式与墙围式供暖面积,因此在同样供热量的情况下,T_1 供热温度可以降低,相比之下更为节能。

13.2.3 建筑红外辐射供暖技术特点

建筑红外辐射供暖技术方案具有 4 项典型技术优势,并可充分保证系统可实施以及稳定安全运营和提高供暖品质,电热地膜红外加热系统的供热方式为恒温远红外智能供暖,作为一种安全、清洁、舒适的供暖方式,其能够在不同房间分时分区设定温度,按照需求进行供暖,使供暖更均匀、温度更精准。

1. 解决常规供热容易出现的过热或温度不达标问题

通过建设智能化云数据供热管理平台进行远程、智能化大数据管理,对用户供热的供热温度、能耗情况、个性化需求、故障预警及远程处理进行自动化管理,实现按天气供暖、按需求供暖、精细化服务。

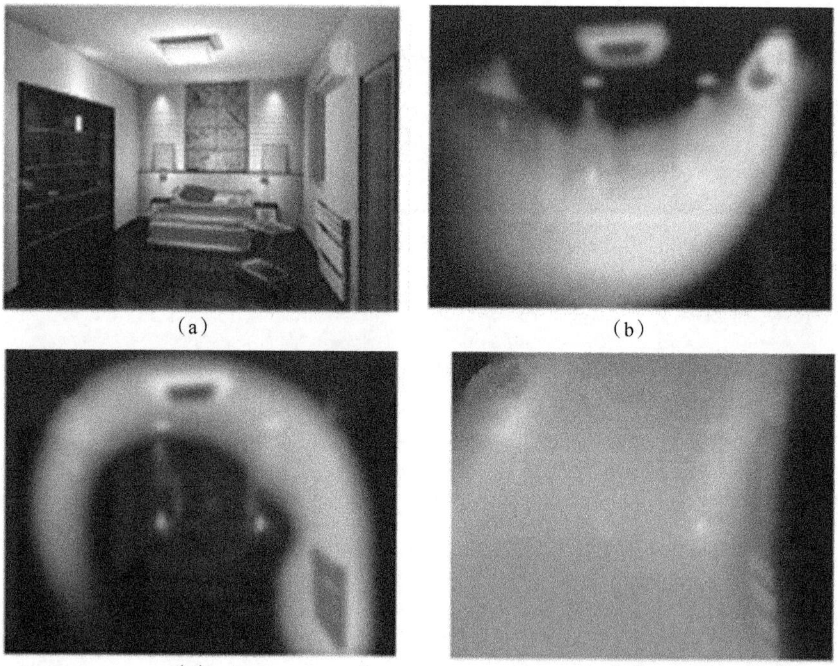

(a) (b) (c) (d)

图 13-9 同一房间内采用不同的热量形式进行建筑供暖的热成像图

(a)在建筑室内进行不同供暖方式的热能测试 (b)在空调对流形式下的供暖升温效果

(c)在散热器传导及对流形式下的供暖效果 (d)红外辐射地面供暖的供热效果

图 13-9 所示为同一房间内采用不同的热量形式进行建筑供暖的热成像图。从图中室内温度分布及能量情况来看，红外辐射供暖具有温度均匀、热能分层温度合理等特点，具有更好的供暖舒适性。

2. 有效解决电力增容引起的城市电网承载能力及建设成本问题

目前，国家电网的电力配电一般按照 50 W/m^2 建筑负荷进行配套，这一负荷在用电高峰时段被充分利用，而在其他时段则处于空闲状态，这种电力运行的峰谷差值增加了电网的运行管理难度，在电力调峰上需要电力企业付出巨大成本。而蓄能电供暖技术方案通过将分布式储能与集中式定点储能相结合，可充分利用电力的高效传输特性，进行精准传输和定时、定点转化，在城市电网负荷较小的低谷时段将电力输送到热用户及储能站，将电能转化为热能储存起来，通过缓慢释放保证全天供热，有效减少电力浪费，并调节电网峰谷差值，避免给城市电网带来过重压力。

通过智能化的储能管理与调度（图 13-10），利用电价低谷时储能、高谷时放能，通过智能化的能量管理进行调度，既解决了用电高峰时的供电不足，也解决了低谷用电的浪费，用户又可低价用电，从而可以更好地节能及充分实现能源利用。

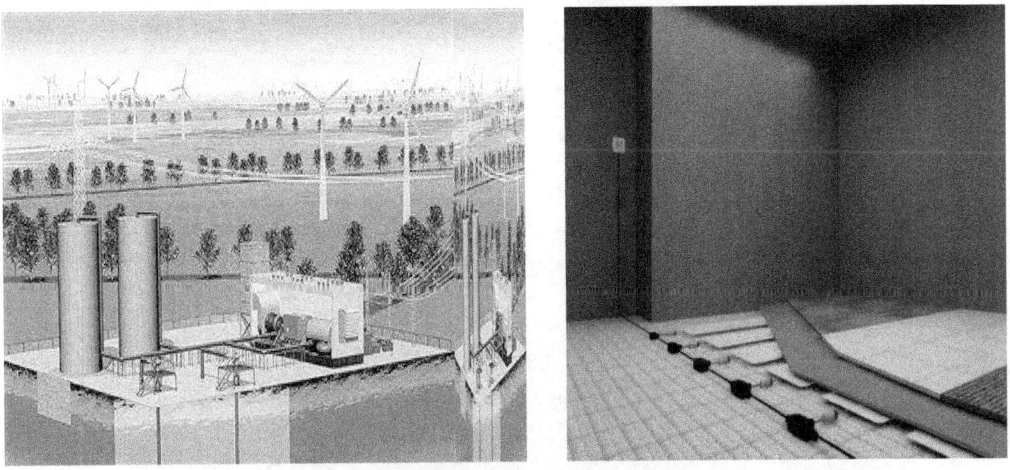

图 13-10　智能化的储能管理与调度

3. 解决能源不足或区域能源受限问题

运用智能化云数据供热管理平台的智能化管理及高效的电热转化和用储相结合的能源综合利用管理方式，搭载智能电网电力交易平台，针对电力进行计划性、指向性交易，平衡发电端与用能端、富电预期与用电区域的有效整合，从能源上解决清洁能源利用及供热能源充足供应和成本稳定问题。

4. 解决供热配套建设投资压力问题

集中清洁供热的运营管理模式有利于引进社会资本进行城市供热投资，并通过智能管理节能和综合利用效益获得投资收益，减少供热配套建设期的资金压力，为政府和建设企业节约供热配套成本，实现经济及社会效益。其中，每建设 100 万平方米蓄能电供暖系统实现供暖的清洁能源替代，可每年减少标煤消耗 2.8 万吨，减少粉尘排放 1.904 万吨、二氧化碳排放 6.979 万吨、二氧化硫排放 2 100 吨、氮化物排放 1 050 吨，实现电力调峰 5 000 万度/年。

13.2.4 红外辐射供暖在办公楼、写字楼中的应用

图 13-11 所示黑龙江省建设厅办公楼采用石墨基远红外辐射地热膜供暖。该项目所在地黑龙江省属于中温带大陆性季风气候，气候分区属于严寒 A 区，计算供暖期为 183 天，供暖期室外平均温度为-8.6 ℃。该项目为多层办公楼，总建筑面积为 1.4 万平方米，电价为 0.51 元/千瓦时，无峰谷平等优惠政策。该建筑于 2008 年 10 月建成投入使用，冬季供暖温度为 23 ℃，采用无线通信智能化控制管理系统。

图 13-11　黑龙江省建设厅办公楼采用石墨基远红外辐射地热膜供暖

该建筑的中庭为 15 m 挑高，采用地面远红外辐射供暖空间的热能分布更加合理，避免了对流加热形成热空气相对密度低，导致热量上升至不需加热的屋顶空间而形成热量浪费。

该建筑供暖时，电热地膜通过电流后发出红外热量，通过红外辐射使周围密实物体（墙壁、地面、家具等）首先吸收能量、温度升高，然后由这些物体散发辐射热来自然均匀地升高

室内温度，没有干燥、闷热的感觉，且室内温度场均衡，电热转换效率达 99.69%，通过智能温控可综合调控室内温度，达到分户分室自主调节供暖。经测试，该建筑供暖系统指标如下：

（1）电热转换效率为 99.69%，电-电热辐射转换效率为 76.9%；

（2）等效寿命≥50 年；

（3）磁场强度小于 100 μT，电场强度小于 0.7 V/m；

（4）运行安全，工作时表面最高温度不超过 60 ℃，具有温度自限性；

（5）加强绝缘，耐高压（3 750 V）；

（6）耐潮湿，经浸水 48 h 后仍能通过耐压 3 750 V 测试，泄漏电流小于 0.03 mA；

（7）耐候温度范围广，最高为 100 ℃，最低为-40 ℃。

经过十余年运行，该项目与项目所在地城市集中供热成本相比：集中供热收费标准为 43 元/平方米（使用面积），采用远红外热辐射供暖方式供热成本平均为 36 元/平方米（使用面积），运行费用降低 16%（室内温度比集中供热高 4 ℃），年替代电量 85.78 万度，年减少当地污染物排放量为二氧化碳约 886.15 吨、二氧化硫约 2.85 吨、氮氧化物约 1.51 吨。

13.2.5　红外辐射供暖在住宅建筑中的应用

电热地膜红外加热系统在居民住宅建筑中的应用也十分广泛，黑龙江省兰西县兰电新村小区（图 13-12）是 2002 年采用远红外辐射供暖的住宅建筑之一。该项目位于黑龙江省绥化市兰西县，建筑面积为 2 万平方米，气候分区属于严寒 B 区，供暖期为 180 天，经过近 20 年的供暖及运行，该小区平均冬季供暖能耗为 27 kW·h/m^2，业主通过自主的温度调节分室管理实现了充分的行为节能及供暖舒适度要求，不但实现了根据天气随时供暖，也实现了按照温度需求按需供暖，相比其他供暖方式的集中收费标准，降低供暖成本近 50%，且年减少当地污染物排放量为二氧化碳约 527 吨、二氧化硫约 1.68 吨、氮氧化物约 0.9 吨，取得了良好的经济效益和社会效益。

图 13-12　黑龙江省兰西县兰电新村小区

该小区率先采用了建筑节能结构，提供了良好的运行环境，外墙采用保温材料，阻断了热能的散失，更多的热量被建筑内部墙体等密实物体吸收缓释，形成了良好的供暖环境。

2013 年建成投入使用的长春和馨园小区（图 13-13）也是采用电热地膜红外加热系统用于居民住宅建筑供暖的典型案例。该小区位于吉林省长春市，建筑面积为 4 万平方米，气候分区属于严寒 B 区，供暖期为 167 天，居民主要为原沈阳军区退养的老干部，平均年龄高，畏寒怕冷是该群体的共性特征，采用电热地膜红外加热系统用于建筑供暖后受到用户的一致好评，尤其是原来供暖温度不容易达标的底层及边户居民，对于可以按照需求调节温度，并且可以自由设置耗电时段享受低谷电价政策的灵活、舒适的供暖方式尤为满意。

图 13-13　长春和馨园小区

让地面首先实现均匀升温，提高人体足部温度，符合人体温度舒适曲线，且地面升温的远红外辐射的感知温度比测量空气温度要高约 2 ℃。

13.2.6　红外辐射供暖的发展前景

习近平总书记在中央财经领导小组第十四次会议上提出："推进北方地区冬季清洁取暖，关系北方地区广大群众温暖过冬，关系雾霾天能不能减少，是能源生产和消费革命、农村生活方式革命的重要内容。要按照企业为主、政府推动、居民可承受的方针，宜气则气，宜电则电，尽可能利用清洁能源，加快提高清洁供暖比重。"

各级政府纷纷推进清洁能源供暖工作。2016 年 8 月，国家发改委、国家能源局、住建部等《关于推进电能替代的指导意见》（发改能源〔2016〕1054 号）提出，居民采暖领域在存在采暖刚性需求的北方地区和有采暖需求的长江沿线地区，重点对燃气（热力）管网覆盖范围以外的学校、商场、办公楼等热负荷不连续的公共建筑，大力推广碳晶、石墨烯发热器件、发热电缆、电热膜等分散电采暖替代燃煤采暖。2017 年 6 月住建部、国家发改委、财政部、能源局《关于推进北方采暖地区城镇清洁供暖的指导意见》(建城〔2017〕196 号)提出，编制专项规划,因地制宜推进天然气和电供暖,大力发展可再生能源供暖。2017 年 12 月,国家发改委等十部委印发《北方地区冬季清洁取暖规划(2017—2021 年)》提出,到 2019 年北方地区清洁取暖率达到 50%,到 2021 年北方地区清洁取暖率达到 70%,城市城区全部实现清洁取暖,县城和城乡接合部清洁取暖率达到 80%,农村地区清洁取暖率达到 60%以上。随着清洁能源发电比例的逐步提升,供暖舒适度的需求与日俱增,红外供暖作为舒适、健康供暖的典型技术,必将迎来高速发展,形成蓬勃繁荣的市场空间与格局。

13.3 典型碳纤维复合材料在地热采暖方面的研究进展

碳素材料可分为天然和人造两种,天然碳素材料有金刚石、石墨,还有无定形碳的几个变种,而碳纤维是固体或液体有机物受热分解留下的不挥发碳。由于碳纤维具有导电和耐高温等性能,故作为世界上第一批电灯灯丝材料而被发明。碳纤维是比头发还要细很多的一种纤维(直径 5~15 μm),其外观为黑色,具有强度高、质量轻的特点,而且还具有耐高温、导电和导热等诸多性能。碳纤维所具有的优异电热特性和力学特性,使其可以毡材、粒材、线材和片材等多种形式应用于电热领域。在民用取暖、道路融冰、交通车辆、医疗器械和碳超高温电热元件等领域具有广阔的发展前景。

能源改革和以电代煤政策的出台,推动了碳纤维电采暖的发展,碳纤维发热体的电热性能逐步应用于供暖电热板领域,碳纤维电热辐射供暖系统的应用将会有一定的发展。碳素电热材料常用的主要有短切和长丝碳纤维两种。以碳纤维发热体为供暖元件胶合在地板中间形成电采暖。目前,市场上按材料形式分类主要有以下几种方式:一是碳晶电热板;二是在多层实木复合板或高密度纤维中间夹放普通碳纤维纸,从而构成电加热板;三是将碳纤维线镶嵌在地板中间作为电供暖的元件。

下面主要就几种常用典型碳纤维复合材料,包括碳纤维纸、碳晶板及碳纤维线,结合碳素电热材料短切和长丝碳纤维两种碳纤维发热体电热性能的分析,重点从机理方面介绍其在地热采暖方面的应用及研究进展。

13.3.1 短切碳纤维电热性能分析研究进展

1. 碳纤维导电纸面状电热板的电热性能研究

碳纤维导电纸通常是将植物纤维与短切碳纤维通过混合抄造制备而成。其碳纤维含量一般为 5%~30%(质量分数,下同),电阻率为 $0.1\sim1\times10^4\,\Omega\cdot\text{cm}$。日本某株式会社在 20 世纪 90 年代初将碳纤维导电纸作为主要组件,开发了远红外辐射发热体。在国内,最早对碳纤维导电纸面状发热体展开研究的是北京化工大学碳纤维及复合材料研究所,其相关成果对碳纤维复合材料的应用具有推动作用。

杨小平等采用短切碳纤维和木质纤维素浆粕制成了碳纤维导电复合纸,并且将其作为发热体，通过硫化层压与橡胶和增强骨架层复合成一种新型低温面状发热板，对其电热性能进行分析，研究结果表明，该发热板具有类似金属电阻的欧姆特征，电流与电压曲线以及表面温度与功率密度呈良好的线性关系，并且具有长期通电保持功率稳定的特征。后来，杨小平等又选用不同材料 FR-4 溴化环氧树脂玻璃布与碳纤维导电纸层压复合成面状发热板，研究发现溴化环氧树脂固化过程对其电性能产生影响，对于不同规格的导电纸，其电阻下降率不同。面状发热板的电阻在升温和降温过程中存在不同程度的偏离，呈现正温度系数（PTC）效应或负温度系数（NTC）效应，数次热循环后，可以使室温电阻保持恒定。

电热板发热均匀性会影响其使用的舒适性、稳定性及安全性。国家标准《低温辐射电热膜》（JG/T 286—2010）规定，温度不均匀度≤ 7 ℃。袁全平为改善发热均匀性，选用了 4 种常用碳纤维纸，具体参数见表 13-1，通过红外热成像仪和 Smart View 软件测试了评价区域内温度最高值和最低值之差。在加载 500 W/m² 功率密度下，拓扑密度相（TCP）材料发热均匀性较好，TCP 材料的温度不均匀度为 15.77 ℃；而较大的是几何密排相（GCP）材料达到 26.47 ℃；DCP 材料为 16.68 ℃，与 TCP 接近，但其发热面上散布相对多的高温区域，红外热像图不均匀；纳米多孔碳（NCP）材料达到 25.95 ℃。由此发现并不满足温度不均匀度的要求。

表 13-1　碳纤维纸材料

项目	台丽（Tairyfil）碳纤维纸（TCP）	东丽（Toray）碳纤维纸（DCP）	1#国产碳纤维纸（GCP）	2#国产碳纤维纸（NCP）
厚度/mm	0.08	0.10	0.08	0.08
宽度/mm	140	100	80	90
体积电阻率/（Ω·cm）	1.093	2.201	3.470	1.936
最高温度/℃	60.05	57.34	70.30	68.03
最低温度/℃	44.28	40.66	43.83	42.08
温度不均匀度/℃	15.77	16.68	26.47	25.95

为了进一步研究发热不均匀度与电热单元搭接结构的分布，包括搭接点间电热单元长度、碳纤维及其搭接点的分布关系，通过扫描电子显微镜（S-4800 型）分析碳纤维纸中碳纤维单丝的分布情况，结果发现 TCP 材料中碳纤维长度较为一致，相比之下，GCP 和 NCP 材料存在明显短纤维堆积及空缺现象，分别导致高温和低温区域的形成。其中，NCP 材料碳纤维较长，其堆积搭接更严重，同样功率密度加载下产生的最高温度最大，达到 83.7 ℃。袁全平还从微米尺度进行了导热机理分析，选用两根东丽 TC35 单丝制成的单丝搭接电热元件，模拟无胶状态下碳纤维纸中碳纤维单丝的搭接模型，研究结果表明，电热效应是由碳纤维单丝及其搭接单元的电热效应叠加而形成的，而碳纤维纸中碳纤维单丝及单丝搭接点的分布均匀度和搭接点间碳纤维长度决定了其电热温度分布的均匀性。

因此，针对单丝及单丝搭接单元的电热效应和温度分布的研究对改善发热均匀性有重要意义。

关于生产工艺，碳纤维纸最突出的优点是大幅面制备工艺已经很成熟，且渗透性好，厚度一般在 0.08 mm 左右，柔韧性好，其中植物纤维有利于胶合，且成本低（市价约合 15 元/平方米）。目前，市面上部分碳纤维纸由于碳纤维分散工艺不成熟、均匀性较差、表面温度不均匀、碳纤维纸直接与基材叠层胶合，制备电热地板具有潜在的漏电危险。因此，应用时多采用环氧树脂膜片等材料与碳纤维纸双面复合制备绝缘碳纤维纸电热膜。

2. 碳晶电热板的电热性能研究

碳晶是对短小的碳纤维进行改性，然后进行打磨处理，形成碳元素的细小颗粒。碳晶电热板是由碳晶与远红外发射剂混合制成浆料，印刷或涂抹在基板上，再高温固化干燥成碳晶膜，最后在薄膜的两端连接导线。通电后，在电场的作用下，发热体中的碳晶微小颗粒通过做“布朗运动”剧烈的摩擦和撞击，以远红外辐射和对流的形式对外传递热能。张明强建立了碳纤维面状电热板结构模型和微观结构，指出碳晶微小颗粒组成点、线、面相互交错的空间结构，并且以面状形式均匀发热。

张海桥对碳晶电热板系统运行调节进行了实验及模拟研究，结果表明，碳晶电热板系统相比于发热电缆系统，具有更快的温度响应速度，并且在动态运行条件下具有更好的温度均匀性。付玉以碳晶电热板局部辐射采暖的适用性为关注点，发现在夏热冬冷地区的城市公共建筑、民用建筑以及在农村居住建筑中适用于碳晶电热板局部辐射采暖系统。谭羽非等以北京地区某建筑中间层 4 m × 4 m × 3 m 的房间为对象，对碳晶电热板系统进行了 24 h 温控调节过程模拟，给出了合理的温控调节方案，为该电采暖系统的节能运行提供了技术支撑与依据。

13.3.2　长丝碳纤维电热性能分析研究进展

碳纤维线是由长丝碳纤维束与外层绝缘材料组成的，其电能性能应用已从融雪化冰领域逐步扩展到其他领域。目前，碳纤维线的电热性能在供暖领域也得到了应用。其中，碳纤维线电热板是由面板、碳纤维线及基材组合而成的。基材与面板的选择以及长丝碳纤维的编织工艺会对电热转换效率产生影响。一般选用不良导热体材料为基材，选用导热性能较好的材料作为面板。

针对基材、面板的选择，杨保铈等选用低等级杉木六棱柱体锯解薄板为基材，橡木为面板，在 70 V、80 V、90 V 和 100 V 电压下对电热地板进行了热工性能测试，结果均符合《辐射供暖供冷技术规程》（JGJ 142—2012）中规定的地板表面设计平均温度。阙泽利等以小径级杉木六棱柱体锯制的层板为芯层和基层，并在芯层内置碳纤维电热线，制备 3 层结构地板，其导热效能满足《地采暖用木质地板》（LY/T 1700—2018）的要求。贺福就聚丙烯腈（PAN）基碳纤维电阻率与 K 数（碳纤维数量，1 K=1 000 根）、测试长度的关系进行了计算，发现在单丝数一定时，电阻率随长度增加而增加。曹伟伟等以 PAN 基碳纤维长丝为研究对象，选用 PAN 基长丝（3K、12K 两种规格）分析了编织加捻工艺对电热特性的影响，用电阻

变化率（ΔR）表示电阻随温度的变化特性，有

$$\Delta R = \frac{R - R_1}{R} \times 100\% \tag{13-4}$$

式中　R——冷态电阻（Ω）；

R_1——工作态电阻（Ω）。

曹伟伟等研究发现未加捻碳纤维、单纯加捻碳纤维和多股绳加捻碳纤维的电阻变化率都随温度升高而增加，其中未加捻碳纤维变化率最大。可见，加捻之后，在相同温度下电阻变化率有明显下降，并且其表面温升与输入功率基本均成正比。根据发射率与表面特性存在近似关系，即

$$\varepsilon_t = K\left[1 + \left(\frac{1}{\varepsilon_s} - 1\right)\beta\right] \tag{13-5}$$

式中　ε_t、ε_s——不同表面特性的发射率和理想光滑表面的发射率；

K——修正系数；

β——表面特性因子，$\beta = A_s/A_f$，其中 A_s 为理想光滑表面面积（mm^2），A_f 为实际表面面积（mm^2）。

由式（13-5）可知，β 与 ε_t 成反比。曹伟伟等通过建立碳素电热体单丝碳纤维的横向排布模型计算 β 值，发现相比其他编制工艺，多股绳碳纤维的 β 值最小，发射率 ε_t 最大。

复习题

1. 电热地膜红外加热的原理是什么？

2. 石墨基远红外浆料层的吸收光谱发射率在什么波段？

3. 楼宇、住宅内的换热属空腔与内包壁面间的辐射换热，空间与人体获得的热量与哪些因素有关？

4. 建筑采用红外加热系统具有哪些技术优势？

5. 某建筑室内准备采用石墨基远红外供暖方式进行供热，方案 1 是选择发热与吸收率为 95%的供热系统，方案 2 是选择发热与吸收率为 73%的供热系统，哪一种方案更节能？方案 1 的室内换热是方案 2 的多少？

6. 列出建筑红外辐射供暖的四项技术优势。

7. 电热地膜在楼宇、住宅供暖中与锅炉热水供暖在环保与投资方面有何不同？

8. 为什么公路收费站采用红外辐射供暖比电炉供暖温度均匀又省电？

9. 列举可以用于采暖领域的典型碳纤维复合材料。

10. 碳纤维复合材料的电热性能可以用于哪些工程领域？

11. 短切碳纤维电热材料常见形式有哪些？简单描述其电热性能。

12. 简单描述长丝碳纤维的电热性能特征。

参考文献

[1] 朱四荣,李卓球,宋显辉,等. PAN 基碳纤维毡的电热性能[J]. 武汉理工大学学报, 2004(9):13-16.

[2] 张海桥. 碳晶电热板系统运行调节的实验及模拟研究[D]. 哈尔滨:哈尔滨工业大学, 2010.

[3] 张明强. 碳晶电热板间歇供暖的热工性能研究[D]. 哈尔滨:哈尔滨工业大学, 2012.

[4] 张倩雯,赵艳华,吴智敏. 混凝土路面碳纤维发热线融雪化冰研究[J]. 公路交通科技, 2015(2):41-48.

[5] 沈真. 碳纤维复合材料在飞机结构中的应用[J]. 高科技纤维与应用, 2010, 35(4): 1-4, 24.

[6] 刘莉,王爽,邱晶,等. 一种碳纤维复合医用缝合线及其制备方法: CN105169468A [P].2015-12-23.

[7] 刘鹰. 常用碳纤维发热元件性能分析及应用[J]. 工业加热, 2015, 44(5):19-22.

[8] 曹伟伟,朱波,张敏,等. 加捻和编织工艺对聚丙烯腈基碳纤维电热元件电热辐射特性的影响[J]. 机械工程材料, 2007, 31(9):26-29, 57.

[9] 施云舟,王彪. 碳纤维导电纸的研究现状及其应用[J]. 化工新型材料, 2014, 42(4): 192-197.

[10] KABUSHIKI K , DAIRIN S. Sheet-like electric heater and a sheet-like thermal sensing element using carbon filber mixed paper: US 5582757[P].1996-12-10.

[11] 杨小平,荣浩鸣,戴小军. 橡胶/碳纤维层压复合导电发热板的电学性能研究[J]. 橡胶工业, 2001, 49(1):9-13.

[12] 杨小平,荣浩鸣,陆泽栋. 碳纤维导电复合材料的电学性能研究[J]. 材料工程, 2000, 45(9):11-14.

[13] 中华人民共和国住房和城乡建设部. 低温辐射电热膜: JG/T 286—2010[S]. 北京: 中国标准出版社, 2011.

[14] 袁全平. 木质电热复合材料的电热响应机理及性能研究[D]. 北京:中国林业科学研究院, 2015.

[15] 中华人民共和国住房和城乡建设部. 低温辐射电热地膜供暖系统应用技术规程: JGJ 319—2013[S]. 北京:中国建筑工业出版社,2014.

[16] 黑龙江省质量技术监督局,黑龙江省建设厅. 低温辐射电热膜供暖技术规程: DB23/T 696—2000[J].2000.

[17] 曾宇. 红外辐射电热技术及其在建筑供暖领域的应用[C]//全国第十六届红外加热暨红外医学发展研讨会论文集,2017.

第 14 章 热像仪应用：设计辐射加热器与生产过程检测

14.1 热像仪概述

20 世纪 50 年代，热像仪从军事应用转向民用，包括冶金、电子、电力、机械、化纤、化工、纺织等的科研与设计，房屋、机械、设备等表面温度场的测量，从而为节能环保提供依据，为森林防火提供预警。

14.2 热像仪的测温原理

热像仪扫描器中的光子探测器是一个变换器，通过光电效应将光子转换为电信号，此电信号的数值单位为热值，热值是温度的函数，据此热像仪可测量物体表面温度。利用普朗克图的黑体辐射炉事先标定的曲线，即可查得或计算出此热值对应的温度，此法称为热像仪的直接温度测量法，如图 14-1 中的 $A \to B \to C$。对生物与生命材料，如人体皮肤在黑体炉或样品炉中加高温会使其分解，从而测不出光谱曲线。因此，通常用一束光照射样品，得到常温下的傅里叶变换红外吸收光谱，这是按爱因斯坦的光量子理论进行测试。

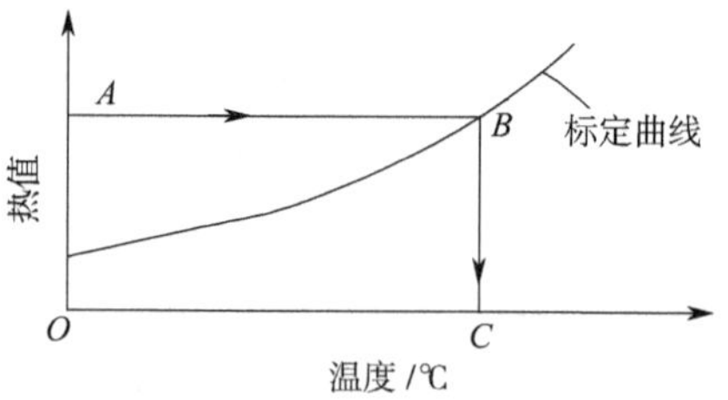

图 14-1 热像化的测温原理

热像仪测温图像现已从平面发展到立体，如图 14-2 和图 14-3 所示。

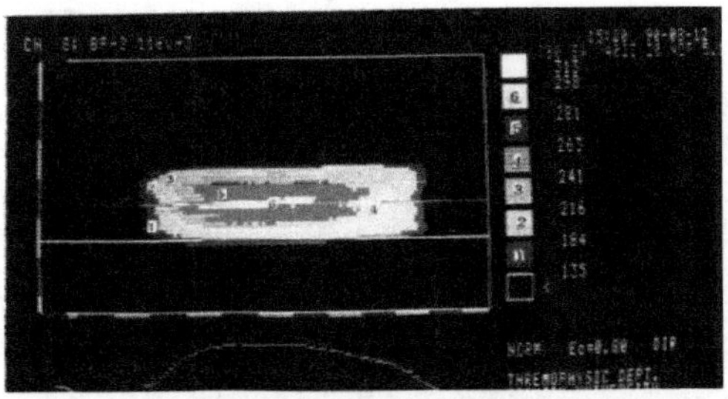

图 14-2 热像仪测温图像(平面)

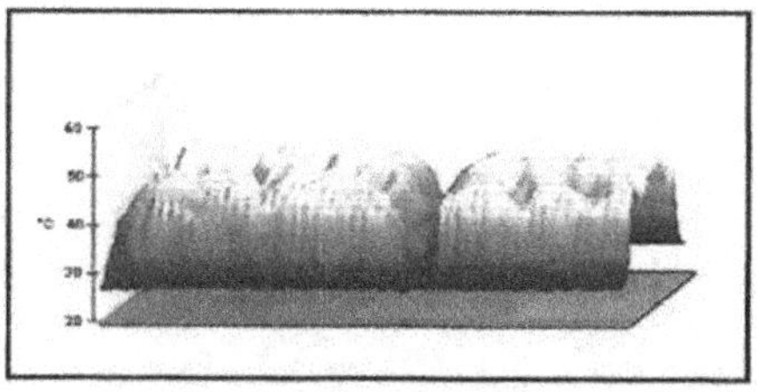

图 14-3 热像仪测温图像(立体)

14.3 用热像仪设计红外辐射加热

14.3.1 优化接线结构

图 14-4 所示为半圆式黑陶瓷板式辐射器,其对应的热像图如图 14-5 所示,但图像质量不好,中心温度低,为什么呢? 可能是因为有接线柱,且接线柱与周围温差大,产生的温度应力集中,使辐射器易断裂,因此需优化接线结构。

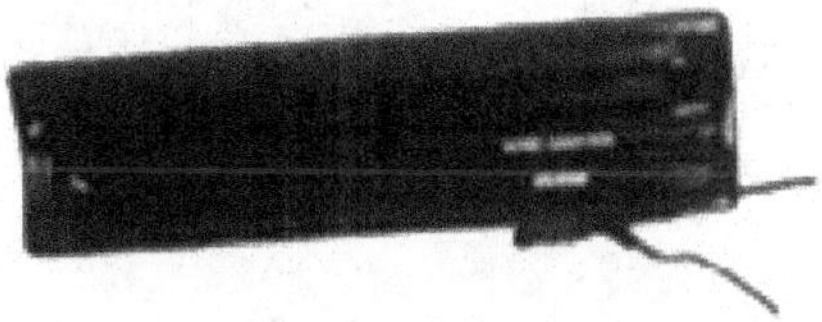

图 14-4 半圆式黑陶瓷板式辐射器

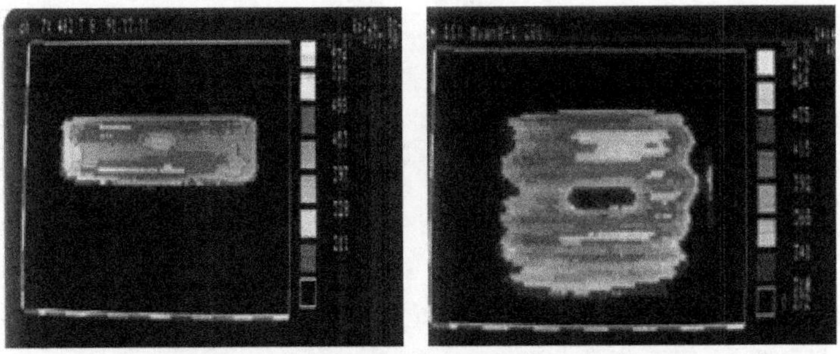

图 14-5 半圆式黑陶瓷板式辐射器热像图

14.3.2 优化辐射加热器表面温度及面积

Bp2 碳化硅板辐射器(图 14-6)的热像图如图 14-7 所示,可见中心高温区面积小,不如图 14-8 所示 YN 石英板定向辐射器的热像图(图 14-9)高温区面积大。

图 14-6　Bp2 碳化硅板辐射器外观

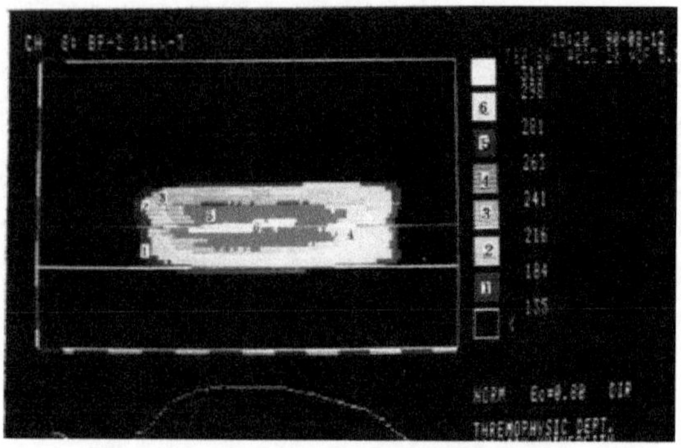

图 14-7　Bp2 碳化硅板辐射器热像图

图 14-8　YN 石英板定向辐射器外观

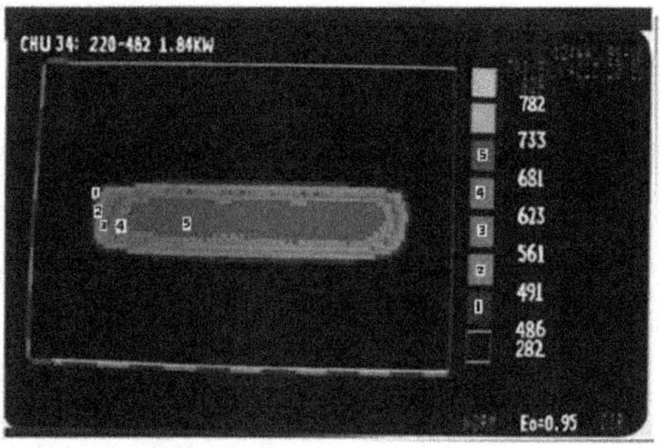

图 14-9　YN 石英板定向辐射器热像图

碳化硅板辐射器的发射率低，只有 0.8，YN 石英板定向辐射器的发射率为 0.95。

被加热工件所获得的能量为

$$Q_{1,2}=\frac{F_1C_0\left[\left(\frac{T_1}{100}\right)^4-\left(\frac{T_2}{100}\right)^4\right]}{\left(\frac{1}{\varepsilon_1}-1\right)+\frac{1}{X_{1,2}}+\frac{F_1}{F_2}\left(\frac{1}{\varepsilon_2}-1\right)}=5.67\varepsilon_sF_1\left[\left(\frac{T_1}{100}\right)^4-\left(\frac{T_2}{100}\right)^4\right] \tag{14-1}$$

式中　F_1——计算面积；

ε_s——任意位置的两个灰体表面的系统黑度。

从式（14-1）可见，F_1 大、ε_1 大，则系统黑度 ε_s 大，则被加热工件所获得的能量多。因此，YN 石英板定向辐射器给被加热工件的能量优于 Bp2 碳化硅板辐射器。

14.4 辐射加热器生产过程检测

对于 5 个来自同一厂家的白陶瓷板辐射加热器，图 14-10 和图 14-11 分别为某较好的和很差的热像图，后者高温区面积小，故质量差。可见，辐射加热器生产过程中需用热像仪进行检测。

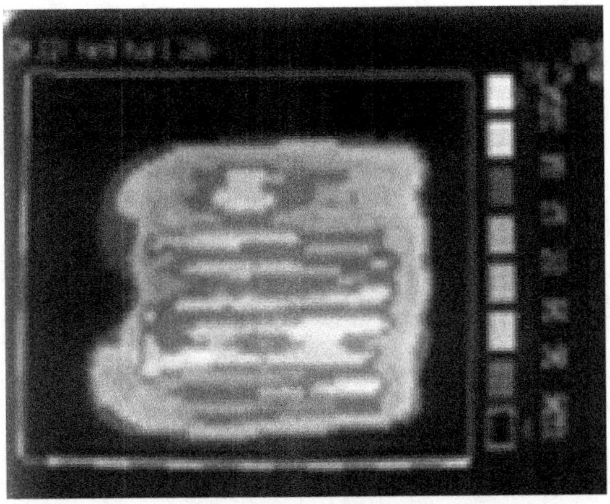

图 14-10　白陶瓷板辐射加热器较好的热像图

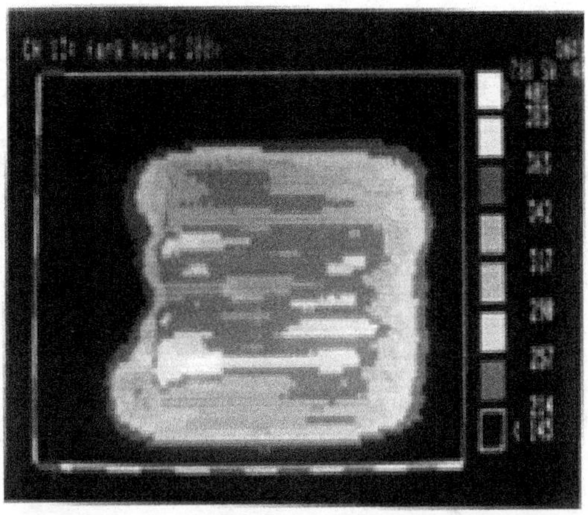

图 14-11　白陶瓷板辐射加热器较差的热像图

第15章 红外热成像技术检测人体疾病应用进展

15.1 红外热成像技术检测人体疾病

15.1.1 医用红外热成像技术的发展与历史

医用红外热成像技术指在医学、计算机学和物理学理论的指导下,通过红外摄像头采集人体发出的红外线,经过计算机软件处理,形成红外热像图,用来解析人体目前的健康状态和未来的发展趋势。

红外热成像技术应用于医学领域已有几十年的历史,1956年美国外科医师 Ran Lawson 用红外扫描技术证实了乳腺癌组织的温度高于正常部位,这一发现拉开了红外扫描技术临床应用研究的序幕;1961年英国医师 Walliams 用红外扫描仪拍摄了世界上第一张乳腺癌组织热像图;1971年 Meborme 在第九届国际医学生物工程学会议上正式提出了医用热像图摄影装置,标志着医用红外热成像技术日趋成熟,随后红外热成像技术的开发、应用热潮迅速在世界各地兴起。

我国自1965年开始由国家电子工业部第11研究所王泽普教授等进行红外热成像技术开发与军事应用研究,20世纪80年代初形成早期民用热像仪产品,随后逐步在工业、医学领域中推广应用;1979年姜宗桥等发表了第一篇国产热像仪临床应用的报道,表明我国医用红外热成像技术的开发应用基本达到与国际进展同步。同时期,北京肿瘤医院胡永升教授将热成像技术应用于临床乳腺疾病诊断领域,在乳腺疾病的早期发现中发挥了巨大的作用;重庆第三军医大学吴士明教授将红外热成像技术应用于临床疼痛诊疗领域;2000年,刘忠齐、王琛将一种以物理学半功率点为基础的图像解读方法申报了美国专利,由于光电技术和计算机技术的发展,使热成像仪的分辨能力、清晰度达到了可以满足临床需要的水平;

2000 年 6 月美国 CTI 公司率先通过了美国食品药品监督管理局（FDA）临床试用（用于诊断乳腺疾病）；随后美国、法国、日本、德国等在非制冷红外热成像仪方面也研制出了非常好的产品。

在国内红外热成像工作者的共同努力下，热成像技术的应用取得了较大的进步；目前约有 100 多家科研单位和医疗机构使用红外热成像技术，中华医学会已经举行多次全国红外热成像学术交流会。2006 年，于文等以现代医学临床为基础，将中医理论思想系统化地引入热成像图解分析，在中医辨体与辨证的应用研究方面取得了初步的成效；2008 年，我国开始正式立题组织全国专家进行深入、系统的红外热成像技术研究。

2008 年 11 月，在钟南山、余梦孙院士参与指导下完成的上呼吸道疾病快速筛查方法，红外检测技术通过了中华医学会组织的专家审评，成为抗击 SARS 和禽流感等重大流行病的有效筛查防线。近期检索到医用红外技术研究与应用较有价值的文献约 20 万篇，其中国外 10 万余篇，国内 9 万余篇。

医学模式的变迁已经经历三个阶段，即机器医学模式、生物医学模式、生物心理社会医学模式，提前发现人体的功能性变化，提倡“未病先防”的医学观念。

15.1.2 医用红外热成像技术的应用范围与前景

目前，医用红外热成像技术在中医基础理论研究、亚健康理论研究、辅助医学临床诊疗、大病早期预警，以及支撑重点专科、治未病中心、体检中心、亚健康专业调理机构等的建设中发挥日益重要的作用。

中医理论与红外热成像技术原理具有高度的吻合性，中医理论的核心是整体辩证观和动态平衡观，而红外热成像技术可以获得人体连续的、动态的功能代谢信息，呈现出机体的功能状态及发展趋势，因此用红外热成像技术来研究中医基本理论具有良好的可行性；而且红外热成像技术的特点是收集和分析人体表面热辐射信息，这也符合中医“有诸内，必形诸外”“司外揣内，以象测脏”的诊断思想。

红外热成像技术可以将传统只能通过“望、闻、问、切”四诊等原始手段获取的人体信息，通过数字化和可视化的影像形式客观地呈现出来，拓展中医四诊，对就诊者的脏腑、气血、阴阳的整体功能状态做出全面、客观、综合的评价，从而可以对就诊者提出合理的干预措施，对亚健康人群给出“治未病”的调理方案。可以预见，传统中医将不再神秘。

红外热成像技术用于中医研究已经有多年历史，特别是在经络穴位研究中取得了丰硕的成果。许多学者研究发现，中医寒热、阴阳证型变化可以归结为代谢、产热的不同，可以通过红外热像图测得的温度分布和温差分辨不同的中医证型。根据中医基础理论和现代物理理论，建立脏腑、寒热秩序偏离的定性红外分析方法，把人体体质、脏腑、经络、穴位、寒热态等与中医证候紧密联系在一起，有利于实现红外热成像检测辅助中医进行临床诊疗。

在中医理论的指导下，红外热成像检测技术在临床识别和诊断了许多患者和亚健康人群的健康问题，对于宫寒不孕、感染高热、疼痛、乳腺增生、乳腺癌、中风、冠心病、糖尿病、失眠、疲劳综合征等，都获得了良好的临床效果。此外，可用红外热成像技术获得治疗前后的热像图，对比发现受检者有客观、明显的改善，因此还可以用红外热成像技术来评价药物干预治疗的效果。目前，红外热成像技术在各医院临床科室、治未病中心、体检中心、健康管理中心已逐渐开始应用。

红外热成像技术最重要的一个优势就是早期预警。目前，心脑血管疾病和肿瘤的发病率日益增高，而 X 射线、B 超、CT、MRI 等影像技术都属于结构影像技术，只有在疾病形成病灶之后才能发现疾病，而疾病在出现组织结构和形态变化之前，细胞代谢就会发生异常，人体会发生温度的改变，温度的高低、温场的形状、温差的大小可以反映疾病的部位、性质和程度。红外热成像技术主要是检测功能状态的影像技术，根据人体温度的异常发现疾病，因此其能够在机体只有功能障碍，尚没有明显组织结构异常的情况下解读出潜在的隐患，更早地发现问题。有资料显示，远红外热像图比结构影像可提前半年乃至更早发现病变，为疾病的早期发现与诊治赢得宝贵的时间。红外热成像技术可实现早期发现疾病，便于早期干预，不但可以节省医疗费用，还可以提高患者的生活质量。

正是由于红外热成像技术的这种功能性影像学的存在，使得我们能对未病状态进行评估和量化，预知人体的疾病发生情况，目前该技术在亚健康领域得到了广泛的应用，包括评测亚健康及未病状态、指导亚健康干预调理、对干预前后客观化的疗效评价等，成为目前我们认知亚健康最有力的测评手段。

此外，医用红外热成像技术在中医舌诊、面诊研究，专科建设，药物研究，疗效评价等方面也有良好的应用，而且应用前景广泛。

15.1.5 健康人体与亚健康人体的红外热像图

健康人体是指人体处于“阴平阳秘”的动态平衡状态，经络内属腑脏，外络肢节，行气血，通阴阳，沟通表里内外。健康人体的红外热像图显示左右对称、气血调和的状态，且运行通畅、平和，经络处于“阴阳平衡”状态，如图 15-1 所示。

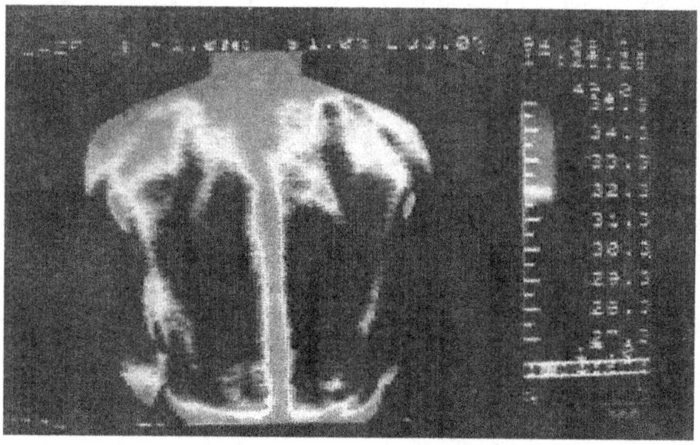

图 15-1　健康人体红外热像图

对于亚健康人体，尽管人体腑脏器官没有器质性改变，也检查不出什么结果，但经络红外热像图已经发生变化。图 15-2 所示阴虚体质人体红外热像图即表现出人体任脉线温度偏高，在人体的 1、2、3、4 位置，温度分别为 37.0 ℃、36.8 ℃、36.5 ℃、36.5 ℃。图 15-3 所示阳虚体质人体红外热像图即表现出人体任脉线温度偏低。

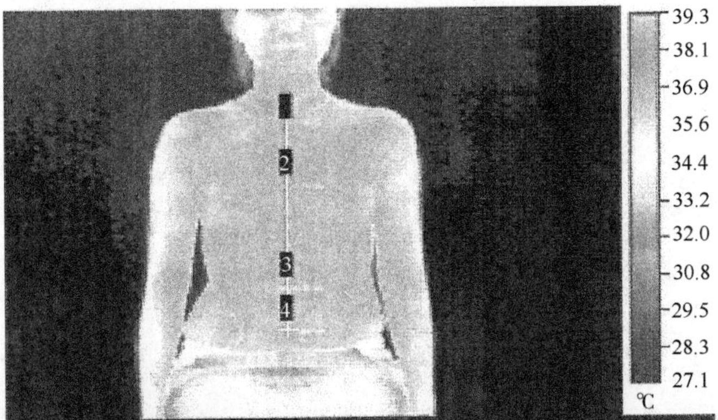

	Line 1	Point 2	Point 3	Point 4
Emissivity	1.00	1.00	1.00	1.00
Avg Temp ℃	36.5			
Min Temp ℃	36.2			
Max Temp ℃	37.0	36.8	36.5	36.5
Delta Ref ℃				

图 15-2　阴虚体质人体红外热像图

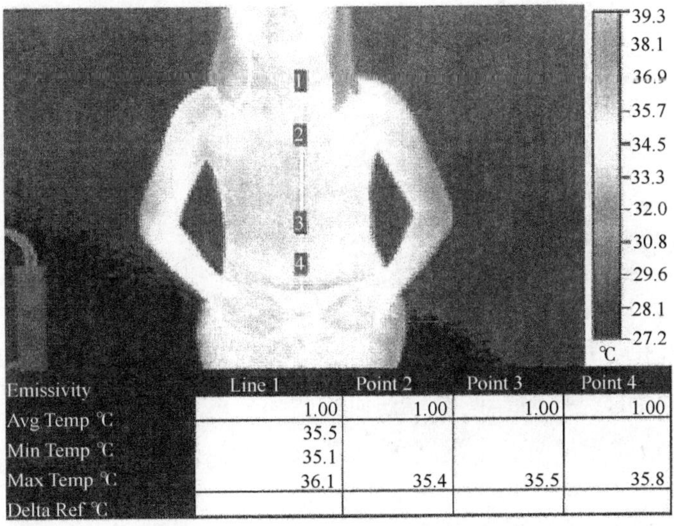

	Line 1	Point 2	Point 3	Point 4
Emissivity	1.00	1.00	1.00	1.00
Avg Temp ℃	35.5			
Min Temp ℃	35.1			
Max Temp ℃	36.1	35.4	35.5	35.8
Delta Ref ℃				

图 15-3　阳虚体质人体红外热像图

15.2 人舌红外热像应用研究

15.2.1 概述

应用红外热成像技术研究健康人体及不同中医证型患者舌面温度分布的特征，可初步探索舌面温度与人体脏腑状态的相关性。红外热成像测试技术的引入，使许多领域的科学研究得到了长足发展。对中医舌诊进行定量描述与分析，首推是舌体表面温度分布特征的测定研究，这也是迄今为止传统医学领域内最困难的课题之一。舌诊是传统医学四诊（望、闻、问、切）望诊中的重要内容，舌是机体唯一外窥脏腑的器官，舌肌纤维和心肌纤维有很多相似的结构。通过对舌质、舌苔的观察，可以了解病症的所在，并据此辨证论治。舌体表面温度分布的特征浓缩了人体脏器许多较为复杂的生理机制。中医认为舌面不同的区域可以反映不同脏腑的情况，并为此将舌面分为五个区域，其中舌尖主心，舌根主肾，舌中主脾胃，舌两旁主肝胆，如图 15-4 所示。

那么，传统中医的这种论点是否有科学依据呢？中医舌诊客观化的研究是传统中医进步的标志，舌体生物传热的研究将有助于中医四诊研究的发展，同时也是工程热物理科学与传统中医的一个新的结合点。

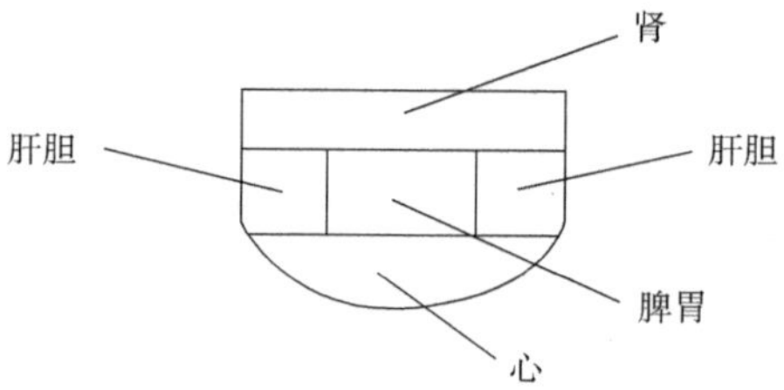

图 15-4　人体舌面的分区

15.2.2 红外热像仪测温系统与探针式热电偶的标定

1. 红外热像仪测温系统及其标定

红外热成像技术即由热像仪中的红外探测器接收被测目标所产生的热辐射，经处理后可形成被测物体实时的“热分布”图像。任何图像都是由无数个像素或像元组成的，红外热像图的每一个像素或像元都是一个温度点，即由无数个温度点构成被测物体表面的温度场。红外热像仪测温具有以下两个特点：

（1）非接触式测温，不会影响被测物体原有的温度分布；

（2）测温精度高，温度分辨力为 0.1 ℃，而且测定的是物体表面的整体温度分布，而不是像热电偶或光学温度计那样仅能测定几个点的温度。

实验所用的红外热像仪为瑞典产 AGA-782 型，该热像仪可以实时测取物体的温度，成像速度为 6.25 帧/s，故可以测量温度分布的动态变化，且配有录像、分析和专用的计算机系统，可以满足大多数热测量问题的需要。红外热像仪的测温原理是通过测定物体的热辐射强度，经热值标定函数的计算得到其物体表面的温度分布，因此其测温的准确性和精度依赖于热值-温度的标定，原标定曲线最低的温度范围是−20~150 ℃。

本实验研究所需要的测温范围为 30~40 ℃，这就意味着原标定曲线的温度范围过大。为了保证测量精度，在 30~40 ℃的小温差范围内重新进行标定，以得到一条本实验研究专用的温度标定曲线。标定实验采用红外热像仪生产厂家提供的 1010 型温度参考体，它是用于红外热像仪标定的专用黑体面源，使用时将其调节到所需的温度，该温度参考体即在此温度下产生近似于黑体的红外辐射（具体的标定过程略）。

标定曲线的数学模型为

$$I = A\left(e^{B/T}-1\right)$$

式中　I——对应于温度 T 的热值；

T——绝对温度；

A，B——标定常数。

对实验点进行拟合可以得到标定常数 A，B 值，拟合结果见表 15-1。

表 15-1　标定常数 A，B 值

镜头	A 值	B 值
7°（780）	2 727 340	3 552
20°（780）	2 727 313	3 550
7°（782）	689 230	3 084
20°（782）	689 230	3 084

标定常数 A，B 值确定以后，本实验研究专用 30~40 ℃小温差范围的标定曲线即可确定。上述工作为生物体温度的精确测定奠定了基础。

2. 人舌红外热像图的测取

1）舌温影响因素的分析

舌体伸出口腔后，舌面温度即受到一些因素的影响，如舌面与环境空气进行的自然对流换热；与周围物体间的热辐射交换；唾液的蒸发散热；呼吸作用使冷热空气交替与舌面进行受迫对流换热，而呼吸又涉及其频率、呼吸量以及环境温度等因素。为了减少这些因素带来的误差，本实验研究针对舌体伸出口腔的温度变化进行了观察与测量，检测同一个人在相同的环境下，在口腔和鼻腔两种呼吸状态下舌温的变化，以每 2 s 一幅的速率检测舌面的温度。研究发现，在口腔呼吸状态下，舌面温度降低较快，与鼻腔呼吸相比相差最大可接近 1 ℃；在鼻腔呼吸状态下，舌面温度变化比较平缓，说明呼吸是引起测量误差的主要因素。从测试结果可知，在 0~2 s 的时间内，可以不考虑呼吸的影响，由于伸出时间短暂，其他影响也可以消除。2 s 的时间已经足够红外热像仪测温，因此本实验研究确定按舌伸出后 2 s 的热像图计算温度。

2）舌面的发射率

人的皮肤发射率在长波段一般在0.98以上，但舌体表面的发射率尚未见文献报道。本实验研究采用两种方法对舌面发射率进行校核。

（1）采用直径0.05 mm的细丝裸露式热电偶直接测量舌面中心一点的温度，并同时拍摄热像图，计算表明只有当输入的发射率为0.99~1时，热像图显示的温度与热电偶测出的温度偏差在0.1 ℃以内。

（2）采用专用黑体源作为参考体，将温度调整到舌温附近与舌温进行对比测试，证实舌面发射率在0.99以上。

3）数据处理及结果

本实验研究先后摄制了380例健康人体及100余例3种证型患者的舌体热像图。按图15-4所示的比例，确定舌面各区域块的像元数以及相应的平均、最高、最低温度；按年龄、性别及舌质分类统计，进行其均值、方差等统计量计算；分析各参数的显著性差异，以检验统计数据是否可信。

4）健康人舌红外热像图的特征

人舌红外热像图显示，纵向方向舌体温度分布从舌根到舌尖递减；横向方向以舌体中心温度最高，并向舌两旁递减。但是对于不同的人，不同的证候，舌面温度的分布以及递减规律呈现出不同的特征。本实验研究从所摄制的红外热像图中，发现了4种比较典型的温度分布特征。

图15-5所示为健康人舌的可见光照片；图15-6所示为对应的红外热像图。该舌属于淡红舌、薄白苔；热像图所显示的特征是舌尖温度低、舌根温度高，并且温度梯度较大，且舌根高温区呈三峰状分布。虽然摄制了近500例人舌热像图，但尚不能肯定这四种类型就是人舌热像图的总体特征。

但是，通过应用红外热成像技术检测几千例人舌红外热像图的实验表明，中医舌诊的分区的确有其科学依据。通过双盲计算统计发现，舌面特定区域与对应的脏腑之间具有很强的相关性，即印证了舌诊分区与脏腑关联的中医理论，本实验研究为中医舌诊客观化研究提供了新的技术方法，也为用热科学方法揭示传统中医的奥秘开辟了一个切入点。

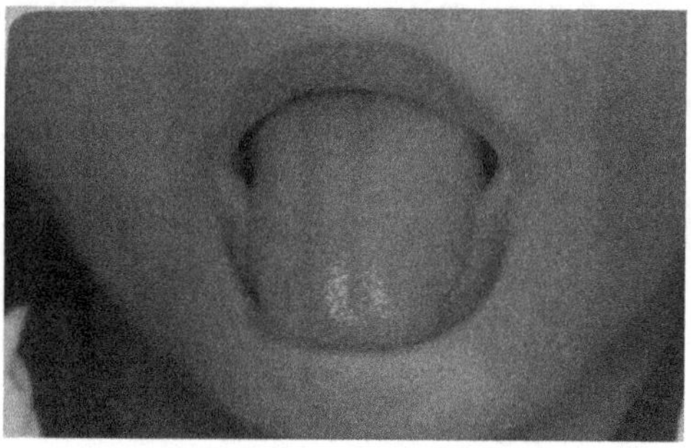

图15-5　健康人舌可见光照片

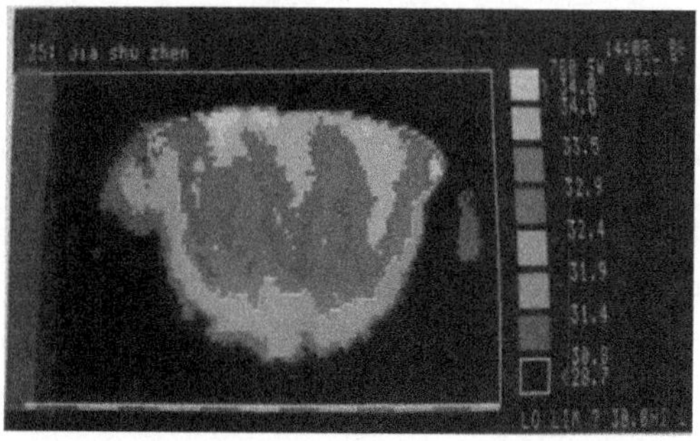

图15-6　健康人舌红外热像图

15.3 竹炭：新的红外保健功能材料

我国是竹类资源最丰富的国家，素有“竹子王国”之称。目前，我国有 500 多种竹子，竹林面积达 720 万公顷，竹林种类、面积和蓄积量均居世界前列。近几年，越来越多的人发现竹炭是一种很好的多功能材料。竹炭的红外发射率高，具有很强的吸附、调湿、净化、除味等功能，在保健、保暖、去湿、调温、净化水质、改良土壤等方面有明显的作用，可广泛应用于工业、农业、电子、军事、医疗卫生、环境保护、纺织等领域。从竹子到竹炭创造的经济价值相当可观，竹炭产业“钱”程无限。

15.3.1 竹炭的微观结构

竹炭与活性炭一样具有发达的孔隙结构，以及很大的比表面积和超强的吸附能力。将不同炭化最高温度竹炭的横切面经镀金属膜以后在扫描电子显微镜下进行观察，可发现竹炭与竹材相比，维管束鞘变得致密，维管束细胞腔中一些挥发性物质减少，且竹炭表面变得更光滑，主要是由于竹材发生热分解。随着炭化最高温度的升高，维管束有不同程度收缩，尤其是温度达到 1 000 ℃以后更加明显，维管束之间的薄壁组织细胞消失，细胞间隙变小。温度在 700 ℃以下的竹炭微观结构相近，800 ℃以后竹炭微观结构发生较大变化，如图 15-7 所示。

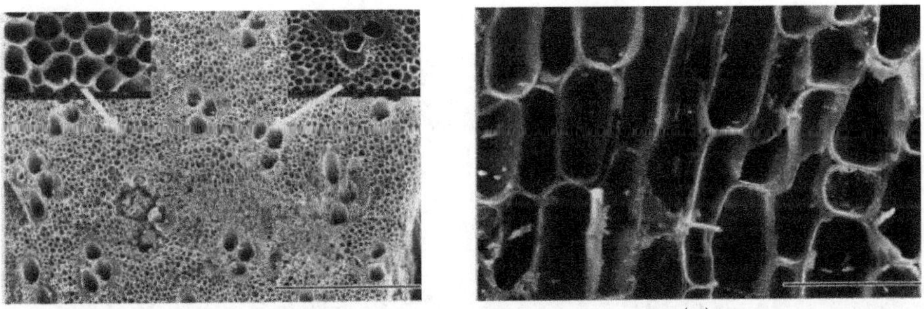
(a)　　(b)

图 15-7　竹炭电镜图（微观结构）

(a)温度在 700 ℃以下　(b)温度在 800 ℃以上

竹炭的孔隙是在高温炭化过程中，基本微晶之间的空间清除了各种含碳的化合物和非有机成分的碳，以及从基本微晶的结构中除去部分的碳所产生的孔隙。竹炭中的孔隙有些是毛细孔状，孔隙两端都开口，或有一端封闭；有些是两个平面之间的裂口、尖削的裂缝（V 形）等。竹炭的孔隙性能通常决定着其吸附能力的大小。根据不同炭化最高温度的竹炭的孔隙性能进行实验，结果表明竹炭的比孔容积和孔隙率是不相同的。

15.3.2 竹炭的性质

1. 吸附性

竹炭是一种多孔性的物质，具有发达的、大小不同的孔隙结构，因而竹炭的比表面积（250~300 m^2/g）比木炭大 10 倍。竹炭具有很强的吸附能力，能改善居住环境，如自动调节湿度，对硫化物、氢化物、甲醇、苯、酚等有害化学物质具有吸收、分解和消臭作用。由于竹炭对水分的吸放调节功能，可以遏制湿度上升和霉菌、微生物的繁衍，起到防菌、调湿的功效，可使住宅保持舒适宜人。日本某公司在制造家具用的木板上粘贴一层喷涂了竹炭粉的薄膜，以消除甲醛等有害化学物质引起的“新居综合征”。

2. 导电性

竹材本身是不良导体，但形成竹炭以后，其导电性能发生了极大的变化，炭化温度为 700 ℃左右的竹炭显示出良好的导电性能，且导电性能随炭化温度的升高而增强。竹炭的导电性使其具有遮蔽电磁波的功效，且导电性能越高，遮蔽效果越好。随着电子技术的广泛应用，电磁波污染日益严重，电磁波干扰已成为新的社会公害，电磁波干扰一方面对电子设备、计算机及通信设备造成干扰；另一方面对人类的健康有很大的影响，长时间处于电磁辐射作用下，人很容易产生失眠、嗜睡等植物神经功能紊乱症。日本专家石原茂久、井出勇等研究发现在频率为 10~1 000 MHz 的范围内，3 mm 厚的竹炭复合材料的电磁屏蔽效果为 45~75 dB。竹炭的良好导电性有别于金属导体材料，其对制取轻质静电屏蔽材料具有重要意义。将竹炭放置在电脑、电视和微波炉等旁边，可遮挡电磁波辐射，有利于健康。利用高级竹炭遮蔽电磁波，借助于人造板生产设备和技术，可进一步开发出适合 IT 产业的竹炭人造板。另外，利用不同的生产工艺条件可以分别获得具有绝缘体和导体特性的竹炭，将其填入基体材料中可以得到可调控电阻的电热材料，并在取暖、保温和干燥等场合得到广泛应用。

3. 远红外性能

利用 Nicolet 5DX 傅里叶红外光谱仪测试微米级竹炭粉末，其在 5~15 μm 波段的法向红外发射率为 0.93，如图 15-8 所示。将竹炭粉末添加到纺织品中，可制成红外保健纺织品，目前已开发出竹炭纤维，并做成内衣、袜子等。这种纺织品具有良好的发射远红外线的功能，能促进血液循环、改善微循环，对人体有保健作用；还具有防菌抑菌、排汗吸湿、吸附异味功能。

4. 释放负离子

当竹炭与空气中的水分子接触时，可使水分子发生电解生成负离子，增加空气中的负氧离子。

5. 制作矿泉水

在自来水中放入竹炭，能除去水中的氯，净化水，释放出对人体有益的矿物质，提高水的 pH 值，制成含有天然矿物质的弱碱性矿泉水。

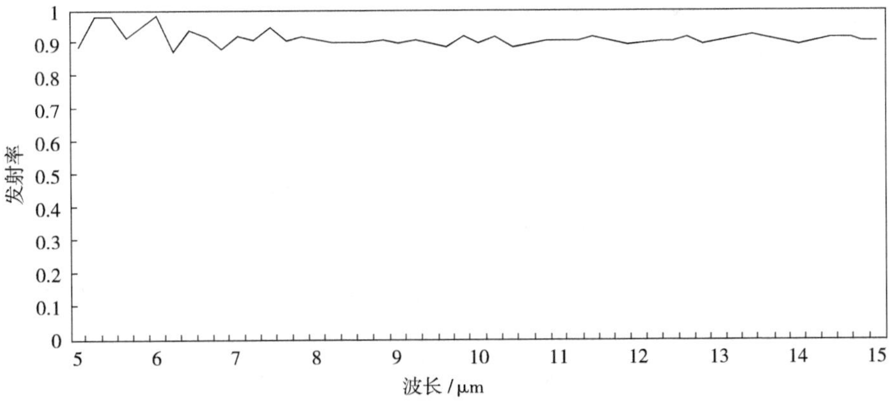

图 15-8　竹炭粉末发射率光谱图

随着人们对竹炭认识的加深和生产工艺的不断改进,一定会开发出越来越多的竹炭新产品。

复习题

1. 如何认识医用红外热成像技术的应用范围与前景?
2. 如何认识红外热成像技术在大病早期预警中的应用?
3. 如何理解健康人体红外热像图与亚健康人体红外热像经络图?
4. 人舌红外热像图重要么?
5. 竹炭粉末在 5~15 μm 波段法向发射率约为多少?
6. 竹炭有几种形态?
7. 竹炭的孔隙是如何产生的?

参考文献

[1]　诸凯,马一太,李艳,等. 中医舌诊中的生物传热问题研究概况[J]. 上海中医药杂志,2003, 37(2):58-61.

[2]　北京中医学院中医系中医基础理论教研室. 中医舌诊[M]. 北京:人民卫生出版社,1980.

[3]　张沁芳. 现代红外热图技术在中医舌诊中应用的研究[D]. 天津:天津大学,1988.

[4]　张伯礼. 中医舌诊客观化系列研究[J]. 天津中医药大学学报, 1992(4):35.

[5]　诸凯,魏璠,何坚,等. 不同人群舌红外热像观察及动物舌血液灌注率测定[J]. 中医杂志, 2004,45(1):49-50.

[6]　王如愿,诸凯,陈瑞球,等. 基于有限元的舌体三维温度场数值模拟[J]. 工程热物理学报,2007,28(3):463-465.

[7]　张艳,张于峰,诸凯,等. 生物组织光学参数与热物性参数的相关性研究[J]. 工程热

物理学报，2007，28(2)：295-297.

[8] 马印，李青山，徐明双，等. 竹炭研究新进展[J]. 针织工业，2011(4)：25-29.

[9] 杨丽，刘洪波，张东升，等. 竹炭微观结构的电子显微学研究[J]. 电子显微学报，2011，30(2)：137-142.

[10] 郭兴忠，张玲洁，杨辉，等. 竹炭/电气石复合材料的远红外性能分析[J]. 中国陶瓷工业，2010，17(1)：1-3.

[11] 许金森. 人体健康与经络调控关系探讨[C]//全国第十七届红外加热暨红外医学发展研讨会论文集，2019.

第 16 章
充分利用高品位能源提高效率

16.1 高品位的能量

高品位的能量就是高端能量，即高温能量，只有充分地利用好这部分能量，才能达到高效、节能、减排、少污染、少雾霾，才能保护我们的生态环境，才能保卫我们的地球家园，才能充分利用能源资源。

16.2 从工程热力学看如何高效节能减排

能源有品位高低之分，高温属高品位，低温属低品位。只有利用好高温、高品位的能源，才能实现高效率。根据热力学第二定律，理想气体的卡诺循环热效率公式为

$$\eta = 1 - \frac{T_2}{T_1} \tag{16-1}$$

式中 T_1、T_2——高温热源与低温热源的绝对温度（K）。

式（16-1）表明，当 T_1 越高，T_2 越低时，η 就越高。可见，温度决定效率，高温、高品位才有高效率。

因此，节能减排的基本概念是利用好高温能量即高端能量，以实现高效率，低温低端能量也应尽量回收利用。下面对高效与低效发电的能源利用率进行分析。

（1）高效燃气轮机发电：燃气轮机进口温度提高到 1 000 ℃以上，进而提高能源利用率，如 T_1=1 200+273=1 473 K，T_2=550+273=823 K，则

$$\eta = 1-823/1\,473 = 1-0.56 = 0.44 = 44\%$$

目前，采用现代气冷叶片和水冷叶片技术，可使燃气轮机的 T_1 提高到 1 227 K。

（2）蒸汽轮机发电：将高效燃气轮机发电排出的 550 ℃低温气排入废热锅炉，转换成 500 ℃的蒸汽进行蒸汽轮机发电，而蒸汽轮机的排气作为地区采暖、制冷、工厂工艺蒸气等的热源，如 T_1=500+273=773 K，T_2=200+273=473 K，则

$$\eta=1-473/773=1-0.61=0.39=39\%$$

这样，高效燃气轮机发电与蒸汽轮机发电相结合的总效率为

$$\eta_{总}=44\%+39\%=83\%$$

（3）超临界发电：我国掌握了先进的超临界燃煤火力发电技术，国家 863 计划项目中的 4 台 100 万千瓦机组，蒸气压为 26.25 MPa，热蒸汽温度达 600 ℃，从 2004 年开始，由哈尔滨锅炉厂、上海汽轮机公司与上海汽轮发电机公司完成 100 多项技术攻关，在华能玉环电厂建成了超临界压力发电机组。由西安热工研究院测试该机组热效率高达 45.4%，二氧化碳排放浓度为 12.6 mg/m³，优于发达国家，达到国际先进水平。如 T_1=600+273=873 K，T_2=203+273= 476 K，则超临界发电的效率为

$$\eta=1-476/873=1-0.545=0.454=45.4\%$$

（4）小电厂发电：包括中温中压机组，锅炉压力为 3.8 MPa，高温只有 247 ℃，且以 117 ℃排出，如 T_1=247+273=520 K，T_2=117+273=390 K，则小电厂发电效率为

$$\eta=1-390/520=1-0.75=0.25=25\%$$

小电厂的发电效率为 25%，即损失了 75%的能量排放到周围环境中，不仅浪费了资源，而且污染了环境。因此，我国要坚决取缔小发电厂。

16.3 戴安娜法罗的建议

麦肯锡全球研究院（McKinsey Global Institute）院长、国际友人戴安娜法罗在《商业周刊》撰文，提出了全球二氧化碳减排和节能的一套方案，并认为对中国来说存在三个机遇。其中最大的机遇在中国的工业部门，中国在能源方面的需求占世界总需求的三分之一，而中国将近一半的能源需求来自工业部门。由于中国相对来说处于发展的早期，中国在能源生产力方面具有实现蛙跳式超越其他发达国家的绝好机遇，中国应采用最前沿的节能技术，三环转筒干燥机等就是最前沿的节能技术之一。

16.4 传质（干燥、脱水、蒸发）过程的热效率

通常将传质（干燥、脱水、蒸发）过程的热效率 η 定义为

$$\eta=\frac{干燥过程脱出水分所需的热量}{向干燥过程系统输入的总热量}\times100\% \tag{16-2}$$

可见没有传质也就没有热效率，就得不到过程的热效率 η，因此只讲传热不讲传质，就

达不到过程的节能减排指标，即只是空谈。

复习题

1. 为什么三环转筒干燥机的热效率高、干燥质量好？

2. 为什么说要提高能源利用率就要利用好高温能量即高品位能源？

参考文献

[1] 卢英林，刘庆春，汪宝峰，等. 干燥机实现高效、节能的重要措施：高温、快速干燥的机理及相应设备[C]//第十三届全国红外加热暨红外医学研讨会论文集，2011.

[2] 糜正瑜，褚治德，等. 红外辐射加热干燥原理与应用[M]. 北京：机械工业出版社，1996.

[3] 褚治德. 中药槟榔的红外辐射振动流化干燥动力学实验研究[C]//中国工程热物理学会传热传质学学术会议论文集，1996.

[4] 陈常贵，柴诚敬，姚玉英. 化工原理[M]. 天津：天津大学出版社，2010.

[5] 刘相东，李占勇. 现代干燥技术[M].3 版. 北京：化学工业出版社，2022.

部分符号说明

符号	含义和单位	符号	含义和单位
A	吸收率,%	f	容积系数,一般取 3~5 kW/m^3
R	反射率,%	T_{Ri}	辐射器瞬时表面温度,K
T	透过率,%	T_{Si}	物料瞬时表面温度,K
E	辐射力,W/m^2	h_t	湿物料的热导率,W/(m·℃)
E_λ	单色辐射力,W/m^3	T_{gi}	湿蒸气温度,K
$E_{b\lambda}$	黑体单色辐射力,W/m^3	t_{si}	物料瞬时表面温度, ℃
c	光速,m/s	a_g	气体吸收率
ν	频率,1/s	C_w	水分的比热容,J/(kg·℃)
λ	波长,μm	τ	时间,s
C_0	黑体辐射系数,5.67 W/(m^2·K^4)	γ_w	对应不同物料表面温度的水的汽化潜热,J/kg
q	热流密度,W/m^2	t_{di}	空气瞬时干球温度, ℃
T	绝对温度,K	ρ	物料的密度,kg/m^3
t	摄氏温度,℃	ρ_w	湿物料的密度,kg/m^3
I	定向辐射强度,W/(m^2·Sr)	C_a	绝干物质的比热容,J/(kg·℃)
ε	黑度	G_0	物料的绝干质量,kg
ε_s	系统黑度	$\Delta\gamma$	水和物料的结合能,J/kg
A	振幅,m	h_c	对流换热系数,W/m^2
ω	角速度,rad/s	X	干基含水率,%
δ	料层厚度,m	t	物料的平均表面温度, ℃
ρ	密度,kg/m^3	ε_g	气体辐射率
R	干燥速率,kg/(kg$_{干}$·h)	t_{li}	螺旋槽体的温度, ℃
dM	脱去的水分变化量,kg	V	烘干室炉膛容积,m^3
λ_m	峰值波长,μm	M_{as}	绝干物料质量, kg
$d\tau$	时间变化量, min	F	表面积, m^2
Δt	温差, ℃	K	利用系数,一般取 15~20
$X_{1,2}$	辐射表面之间的角系数	N	烘干室安装功率,kW